Sezin TOPÇU
LA FRANCE NUCLÉAIRE :
L'art de gouverner une technologie contestée

核エネルギー大国 フランス
「統治」の視座から

セジン・トプシュ 著

斎藤かぐみ 訳

Sezin TOPÇU
LA FRANCE NUCLÉAIRE : L'art de gouverner une technologie contestée

Copyright © Éditions du Seuil, 2013
Japanese translation rights arranged with
Éditions du Seuil
through Japan UNI Agency, Inc., Tokyo

核エネルギー大国フランス

「統治」の視座から

目　次

日本語版のための序章
フランスから日本へ、日本からフランスへ
── 福島後の核物質リスクとその統治 …………………… 8

［地図］　本書で言及しているフランスの核施設その他 ………… 33

序　論 ……………………………………………………………… 37

第1部　1970年代の強硬な核事業
── 抗議活動を意に介さない国威発揚 ………………… 49

第1章　1974年のメスメール計画の誕生 ……………… 50
　1. 石油危機以前の大きな胎動　50
　2. 大量消費社会の「安価なエネルギー」なる触れこみ　55
　3.「エネルギー自立」の実態　58
　4. リスク社会の創出へ　60

第2章　抗議するフランス──原子力への幻滅 ……… 65
　1. 草創期のアクター・ネットワーク──メスメール計画以前　67
　2. オイルショックから、原発ショックへ　72
　3. 科学者たちの批判活動　79

第3章　エコロジスト活動家たちの監視と馴致 ……… 89
　1. 穴だらけの公衆意見調査　89
　2. 適正化は後づけで　92

3. 経済による統治　95
　　4. 情報提供および秘密化による統治　97
　　5. 社会科学の専門要員　98
　　6. 世論調査による統治　102
　　7. 批判活動に対する統治の「新たな精神」　107

第2部　チェルノブィリに続く10年間
　　——専門評価と透明化へ、誘導された批判活動 ………… 121

第4章　1986年4月26日の直後——秘密化による統治 ……… 122
　　1.「国境で止まったプルーム」　122
　　2. 秘密主義の規範化／常態視　126

第5章　衣替えした抗議活動 ……………………………………… 137
　　1. チェルノブィリ後の推進体制　137
　　2. 批判活動の専門科学化——CRIIRADとACROの誕生　139
　　3. 対抗調査というアクション　141
　　4.「透明化」の運用——ラ・アーグ情報委の事例　154

第6章　ニュークスピーク——用語による統治 ……………… 163
　　1. 端緒は冷戦期　163
　　2. 神聖化から脱神聖化へ　164
　　3. チェルノブィリ後の核用語　167

第3部　1990年代以降
　　——「参加」と「エコロジー主義」の至上命令 ……………… 179

第7章　汚染地における「参加型デモクラシー」……………… 180
　　1. チェルノブィリという「人類規模の衝撃」　181
　　2. エートス・プロジェクト——汚染地での暮らし方、教えます　186

3. 事故後管理の新たなパラダイム　194
　　4. そこに異議あり　199
　第8章　原子力大国フランスにおける「専門式デモクラシー」……203
　　1. ラ・アーグの白血病問題　203
　　2. 旧ウラン鉱山の汚染問題　213
　　3.「グリーン」な核エネルギー vs「脱核ネット」　219
　　4. 欧州新型炉に関する公衆討議　225
　第9章　ニジェールにおけるアレヴァのウラン事業…………233
　　1. ニジェールの逆説　233
　　2. 立ち上がったアーリット市民社会　235
　　3. CRIIRADと「シェルパ」の現地調査　238
　　4. フランスで論争が再燃　243
　　5.「アギル・インマン」と鉱山会社の間の緊張　245
　　6.「植民地化やめろ！」　247
　　7. 排除されるニジェールの社会運動　249

終　章 …………………………………………………… 253

本書に登場する組織、団体名の正式名称と原著中の略号……………270
補遺──情報源 ………………………………………………273

訳者あとがき ………………………………………… 275

解　説　神里 達博 ……………………………………… 276

日本語版のための序章

フランスから日本へ、日本からフランスへ
―― 福島後の核物質リスクとその統治[1]

「日本の民主主義のもろさが、この(福島の)惨事によって明らかになっています。私たちはリアクションを起こすことができるのでしょうか、それとも押し黙っているのでしょうか。日本が依然として民主国家の名に値するかどうかは、10年後にわかることになるでしょう」

大江健三郎、2012年3月[2]

放射性廃棄物という「頭痛の種」、事故リスクやテロの脅威や拡散問題、日々の放射能公害、下請作業員の過剰被曝、秘密主義文化(カルチャー)、安全性についての教養(カルチャー)(のなさ)、そして一般市民(パブリック)[i]による反対活動や拒絶――核エネルギーの提起する問題は、核事業「システム」が始動したところ、ごり押しを続けるところでは、世界的に大きく重なり合っている。それぞれ「国ごと」の特徴を備えつつも、物質・製品・ノウハウ・サービスの移転・流通・事業化、安全基準・放射線防護基準の国際化といった面で、原子力利用国の原発群は相互に強く結びついている。そうした世界的な連動は、抗議の余地、あるいは受容の余地に関しても同様だ。どこかの国で重大な決定や事件があると、たとえば事故が現実に起きたり、国民投票で脱原発を定めたり、一部の事業が(高速増殖炉のように)廃用化されたり、見直しによって一部の路線が(再処理のように)危険視されたりすると、その影響は多くの場合、諸外国にも及ぶ。本書をお読みになるかたがたは、(属性あるいは自認が)アクティビストであれ、科学者な

---

1 この序章を丹念に読んで助言してくれたフルールとダヴィド・ボワイエに感謝する。
2 Philippe Pons, « 'Sommes-nous un peuple aussi facile à berner ?' Entretien avec Kenzaburô Oé », *Le Monde*, 15 mars 2012.
(i) 英語「パブリック」に相当する訳語には、複合表現を除き原則として「公衆」ではなく「一般市民」をあてるが、個々人ではなく集合を表していることに留意されたい〔訳注〕。

いし専門家であれ、政策決定者であれ、一市民であれ、フランスの流儀と日本の流儀が多くの点でよく似ていることを見出すだろう。それは、核事業とそのリスクに関わる思考、専門評価、政策決定、管理、抗議活動、議論、論争の流儀だけではない。両国は経験の流儀においても、換言すれば、核事業とそのリスクとともに暮らす流儀の面でもよく似ている。

核事業と抗議活動——フランスと日本の力学の符合

　フランスでは1973年以降、核事業が国策的な重点事業となる。「わが国には石油がありませんが、アイデアがあります」。最大の原発事業者フランス電力（EDF）は、当時の広告ポスターでそう豪語した。70年代の日本を突き動かした動機もまた、フランスと同様だった。国内に化石資源のない日本が〈近代的〉な国（つまり経済大国、さらには経済超大国）になるには〈核利用〉が必要だという発想である。日本はフランスと同様に高速で核エネルギー化を進め、2011年には世界第3の原発大国となっていた。〔86年の〕チェルノブイリ事故に続く時期、米国や他のヨーロッパ諸国で計画のペースダウンや凍結（英国、ドイツ）、脱原発路線の確定（イタリア、オーストリア）などの動きが起きるなか、両国は原発路線を下方修正しなかった二つの主要国として異彩を放つ。福島事故が起こる前、現役の原発を日本は54基（原発比率は総発電量の3分の1、政府は2030年をめどに50％への引き上げを検討）、フランスは58基（原発比率は総発電量の4分の3）擁していた。

　両国の足取りは一見よく似ているが、大きな違いがひとつある。計画が始まった70年代、日本はすでにして二つの都市を破壊され、数十万の人命が失われる体験を経た原子力の〈被害者〉だった。他方でフランスの計画は、マリ・キュリー、〔フレデリック・〕ジョリオ＝キュリー、アンリ・ベクレルら、原子物理学のパイオニアたちの英雄列伝をよりどころとした。50〜60年代を通じて、日本では広島と長崎、さらに後〔54年〕の第五福竜丸の悲劇からの「経験学習」は、断片的なものにとどまっていた。日本は原爆の巨大な破壊力に見舞われた全面的な敗者という位置づけに替

え、平和国家ながらも原子力時代に追随できる国という位置づけを必要としていた。秀逸な妥協策を考え出したのがアイゼンハワーだ。米国はその展開に積極的に関与していく。世界の核産業の始動に決定的な役割を演じた53年の「平和のための原子力」戦略は、もし日本が全面的に採用し、復興とからめた国策としていなければ、あれほどの効果を発揮しなかったはずである。日本は原子力に関し、少なくとも表向きは軍事用といわゆる民生用を峻別した[3]。両者の明白な（技術の点でも潜在的被害の点でも明白な）関連をぼやかすことで、（苦しみに満ちた追憶をともなう）過去と（輝かしいものとなるべき）未来とのつながりをいわば断ち切った。

　米国もまた、このような過去の棚上げ、「忘却」の動きを後押しした。45年の原爆投下の影響に関する情報と調査は、米国が全面的に統制下に置いた。あの悲劇に関わる公の研究と議論を52年まで厳しく検閲し、その後も生存者の健康状態に関する研究を牛耳った。ひとたび占領期が終わると、今度は米国の原発テクノロジーとノウハウの日本向け輸出が開始される。核エネルギーは平和的で将来性があり、安全で安価なエネルギーだとする強力なプロパガンダが展開された。数々のリスクは矮小化され、度外視された[4]。60年代の日本は、（水俣をはじめとする）産業災害に関してはみごとな勝利を収めた反公害の圧力団体でさえ、激甚な核事故の際に起こりうる放射能汚染や被曝の問題はさほど顧みない状況にあった[5]。

　45年に起きた人類最大の悲劇のひとつから、原子力に関わる教訓を得

---

[3] この点に関し、核事業に批判的な多くの日本の論者は、国内の一部の原子力関係者や政治家が核兵器保有願望を心中に秘めているために、かねて再処理技術に固執してきたとの指摘を行い、また現在も行っている。歴史家の吉岡斉は、核事業の計画と研究が50年代中盤に始動した際、日本政府が軍事的な意図を「秘め」ているのではないかとの論争が、とりわけ科学界で起きたと述べている。Hitoshi Yoshioka, « Nuclear Power Research and the Scientists' Role » in Shigeru Nakayama (dir.), *A Social History of Science & Technology in Contemporary Japan. Vol.2. Road to Self-reliance 1952-1959*, Melbourne, Trans Pacific Press, 2005, pp.104-124.〔吉岡斉「原子力研究と科学界」、中山茂ほか責任編『通史 日本の科学技術』第2巻、学陽書房、1995年、77〜93ページ〕

[4] HaeRan Shin, « Risk politics and the pro-nuclear growth coalition in Japan in relation to the Fukushima », *Energy & Environment*, 28, 4, 2017, pp.518-529.

[5] Simon Avenell, « From fearsome pollution to Fukushima : Environmental activism and nuclear blindspot in contemporary Japan », *Environmental History*, 17, April, 2012, pp.244-276.

るべきだったという点に関し、戦後のフランスは日本とはまた異なる壁に突き当たった。第一に、直接的・早発的な被害者とはならなかったため、広島と長崎が受けた健康被害・人的被害についての認識が乏しかった。しかも45年当時には、原爆は画期的な先端技術、むごたらしい戦争を終わらせた崇高な技術だというのが、主要メディアと一流の専門家の論調だった。アルベール・カミュは45年8月8日に、「機械文明はこのほど野蛮の極みに達した[6]」と論じているが、彼のような批判的知識人はごく少数であり、そうした声は人々の心象や信念を変えるには至っていない。二つめの壁は、フランスが国の威信、国際的な威信の回復という名目の下に、核兵器開発に踏み切ったことだ。そこでは日本の苦しみも、平和主義者による原水爆・核実験反対活動も眼中になかった。フランスは60年に「抑止力」をもつ大国クラブの一員となり、60年代終盤からは核産業の分野でも国威発揚をめざしていく。石油危機さなかの74年に、フランス政府は「万事の電化、万事の核エネルギー化」計画を発表する。世界で最も野心的な計画であり、85年までに80基、2000年までにのべ170基を建設し、原発比率を100％に引き上げるという。激しい反対活動が沸き起こった。だが、このフランスの計画はおおむね完遂された。〔79年の〕スリーマイル島の事故も、さらにはチェルノブイリの事故でさえ、計画の見直しにはつながっていない。

　フランスの推進勢力は70年代、80年代を通じて、核事業だけにとどまらず、それにまつわる神話もまた大々的に推進した。「重大事故はフランスでは起こりようがない」、重大事故の可能性は「隕石が落ちてくるより低い」、放射性廃棄物は50mプール1面にそっくり収容できるような量だ、といった神話である。その種の神話を浴びせられたのは、日本の一般市民も同様だった。わが国の原子炉は地震にも津波にも完全に耐えられる、といった類（たぐい）の記述が教科書にまで登場した[7]。周期的に日本を見舞う自然

6　Albert Camus, « Combat » (éditorial), *Combat*, 8 août 1945.
7　Akira Nakamura, Masao Kikuchi, « What We Know and What We Have not Yet Learned : Triple Disasters and the Fukushima Nuclear Fiasco in Japan », *Public Administration Review*, Nov-Dec., 2011, pp.893-899.

災害に対する原発の脆弱性は、すでに70年代から高木仁三郎のような科学者によって指摘されていたが、彼らの警告は無視されている。

　フランスの反原発運動もまた、さまざまな神話の粉砕を最大の目標とした。両国の反原発運動の大義、形態、変遷、高揚、後退は、折にふれて交錯する。いずれも70年代中盤に全国規模に拡大し、チェルノブイリ事故の後に再び盛り上がった[8]。フランスでは、独立的な科学者やエコロジスト団体が情報提供や対抗的な専門調査を進めていった。彼らの活動は、核事業の提起するリスクに対する一般市民の意識向上に大いに寄与した。そして、フランスの核利用路線を議論の俎上に乗せ、規制を改善させ、原発推進の国策を多少なりともペースダウンさせるのに貢献した（原発比率100％の目標は達成されず）。日本でも同様の活動が「原子力資料情報室」「反原発運動全国連絡会」「グリーンピース・ジャパン」などによって展開された[9]。だが、こうした活動がそれなりに継続しているにもかかわらず、着手済みの建設計画をほとんど止められなかった点は、両国とも同じだった。とはいえ「失敗」として括るのは無意味である。批判活動（クリティーク）は失敗どころか、力強く続けられてきた。しかし同時に、さまざまな制約をこうむってきた事実がある。広範で、かつ流動的な制約の中身は、批判活動の対象でも妥協の相手でもある国家（核エネルギー国家）の構造によりけりだ。核事業はかねて進歩や国威の象徴となっているから、ある国でつくり出される制約は、そこで核事業をめぐって構築・解体されてきた心象にも左右される。本書では、絶えず更新される制約群を深刻に受けとめ、「批判活動に対する統治手段」として論じている。核エネルギーに対する抗議活動を食い止めるために、言い換えれば、骨抜きにするまでには至らずとも少なくとも封じこめるために、さまざまな手段がフランスで、日本で、あるいは他の国々で講じられ、また現在でも講じられているのである。

8　Peter Dauvergne, « Nuclear Power Development in Japan : 'Outside Forces' and the Politics of Reciprocal Consent », *Asian Survey*, 33, 6, 1993, pp.576-591.
9　Simon Avenell, « Antinuclear Radicals : Scientific Experts and Antinuclear Activism in Japan », *Science, Technology & Society*, 21, 1, 2016, pp.88-109.

フランスでは70年代に核事業複合体の広報専門家が大挙して、反対運動を「反原発の伝染」という防疫用語に言い換えた。彼らの見方によれば、反原発運動の阻止は感染症対策と同じであり、地元あるいは全国の世論に「うつされる」前に手を打たなければならない。ただし感染症と違って、「防護」の対象は市民の身体ではなく精神であるから、この「敵」を前にして取るべき対策とは、フランス国民の〈合理性〉のコントロール、すなわち原子力のリスク（と便益）に関する判断・認識や、原子力との関係の取り方のコントロールを意味する。それらを診察と監視(サーベイランス)の対象とし、必要に応じて治療やリハビリを施しておく必要があった。国家理性にしたがえば、核エネルギーの大々的な利用はまさに一般利益にほかならない。エコロジストや原発糾弾勢力の前にそびえ立ったのが、この壁である。

　本書で詳述しているように、核事業推進のために批判活動と世論を「うまく管理する」目的で、数々の戦略と制度設計が駆使された（そして現在も駆使されている）。たとえば補助金の交付、地元雇用の約束、最新式のインフラの整備などが、候補地による受け容れの決め手となった。日本の多くの小さな田舎町が、歳入増加や経済的便宜を通じて、原発に完全に依存するようになったのとまったく同様である[10]。フランスでは、このようにさまざまな戦略が、核事業推進のために展開された。にもかかわらず、それらが防ぐはずの事態の招来を完全には防げなかった。世論は時として明確に反原発に転じた（76年の高速増殖炉スーパーフェニックス反対闘争の際、チェルノブイリ事故の後、福島事故の後など）。建設工事を止めようとする裁判が、判決を得るに至らないまでも、繰り返し提起された。あまりに偏った公衆意見調査〔＝民意調査〕[(i)]や討議はボイコットされた。予定地が占拠されたこともあったし、放射性廃棄物の輸送が足止めされたこともある。とはいえ、核エネルギーへの拒絶反応を防ごうとす

10　詳細については前掲論文 Akira Nakamura, Masao Kikuchi, 2011 を参照。また佐藤嘉幸のように、「内なる植民地化」を示唆する論者もいる。cf. Yoshiyuki Sato, « Quelle philosophie est possible après Fukushima ? », *Revue du MAUSS*, 23 janvier 2014 (http://www.journaldumauss.net/./?Quelle-philosophie-est-possible).

(i)　予定地の基礎自治体の役所で事業者側資料が縦覧に供される。土地の収用に必要な公益認定に先立つものと、設置許可令に先立つものがあるが、実際には1回で両者を兼ねることが多いようだ。本書第3章第1節を参照〔訳注〕。

る核産業と国家の戦略が、まったく功を奏さなかったわけではない。本書が論じているのは、こうした複雑で入り組んだ歴史である。巧妙で目立たない計画、政治レベル・専門レベル・言説レベルでの不断の戦略、そして一般市民による抗議活動と論争からなる歴史である。その舞台はフランスではあるが、そこであぶり出される政治・環境・保健・民主性の問題は、一国の狭い枠内にとどまるものではない。原子力、政治、リスク、デモクラシーの間の緊張関係には、フランスの枠組みを超えた一種の普遍性があるからだ。

　本書を通じて、日本の読者の皆さんには、フランスの反原発活動からの政治的教訓を存分に引き出していただきたい。日本でかつて作動し、また一部は現在でも作動している推進・反対の力学を捉え直すために、そうした教訓を役立てていただきたい。ただし歴史の流れは、本書の扱った期間と分析の範囲を超えて続いており、とくに福島第一原発事故以後、さらに複雑化している。2011年3月11日以降の周知の展開のうち、いくつかの要素に注目してみたい。

福島以後、一変したこと、続いていること

　本書は世界最大の核利用国フランスにおける原子力とデモクラシーとのつながり、いやむしろ落差に関する論考である。フランスの核事業複合体に対する公共的・社会的な批判活動、その変遷、高揚と低迷、再起を扱い、それが過去数十年にわたり事業者・国家・規制機関に対して、どのような問題を提起したかも視野に入れている。本書の主要部分は2011年3月11日直前に書き上げていた博士論文を骨子とする。この論文は当時、一般市民の関心を惹きそうにないという理由から、なかなか刊行に踏み切ってくれる出版社がいなかった。社会科学やジャーナリズムでもてはやされていたのは、ナノテクノロジーや合成生物学、クローニング、気候変動、地球工学、内分泌攪乱物質〔環境ホルモン〕、頁岩ガス（シェール）などだった。社会的な「激論」の的になっていた科学技術はそれらであって、核事業をめぐる議論は著しい鎮静化の段階に入っていた。90年代終盤から

推進勢力は、気候変動に立ち向かう環境派というイメージを巧妙に打ち出しており、この新たなイメージ戦略が大きく効いていたのである。そして著者が本書の最終的な推敲を行っていた時、あの惨事が日本を見舞い、現地に未曾有の苦しみを引き起こした。また国際的には新たな〈再帰性〉だけでなく、新たな無頓着と〈無知〉を生み出していった。7年という距離を置いて、あの惨事の社会・政治的影響を検討すると、一変したこともあれば、続いていることもあるといってよい。ドイツのように、核事業とその法外なリスクから手を引くことにした諸国もある。他方では、核利用の続行に固執する諸国もある。それまで原子力の火遊びをしたことがないのに、福島の惨事〈にもかかわらず〉核利用に踏み切ろうという諸国もある。当の日本の状況もまた、コントラストに満ちている。一時期は国内の原発群は停止していた。次いで政府当局は、途切れた核事業の道を再びたどることを最終的に選択した。

　だが、福島原発で3基の爆発が起きた直後から、日本の一般市民は次々にリアクションを起こした。それはじきに大規模で組織的な動きとなる。知識人、科学者、農業者、女性、母親、プレカリアートの若者、避難した人々、そして被爆者たちが声を大にして、核事業にはっきりと否を告げたのだ。その種の行動は初めての者もいた。2011年9月、「さようなら原発」が開催され、近年では最大規模の反原発集会となった。ノーベル賞受賞者の大江健三郎など第一級の知識人の呼びかけに応じて、参加した人々は6万人にのぼる[11]。核事業の放棄を求める大規模な署名活動も展開された。集まった署名は2012年6月時点で700万筆にのぼった。その前月から、日本の原発は安全性検査のために、全基停止状態になっていた。これをフランスその他のメディアは、「日本が脱原発に向かう第一歩」だと報じた。さまざまなエコロジスト団体は一様に、原発なしでも（推進勢力が以前から主張しているように）「ロウソクの時代に戻る」ことにはならない証拠だと歓迎した。2012年5〜7月の日本の「原発なし実

11　Akihiro Ogawa, « Young precariat at the forefront : anti-nuclear rallies in post-Fukushima Japan », *Inter-Asia Cultural Studies*, 14, 2, 2013, pp.317-326.

験」期には、これを既定路線にしなければならないといわんばかりに大規模なデモが繰り返され、同年夏には数十万人が街頭に繰り出している。世論調査でも12〜13年には脱原発支持が70％という記録的な水準に達した。

　フランスと同じく国家が中心的な役割を演じる核事業複合体[12]たる「原子力ムラ」は、早急な立て直しを模索した。当初の生き残り戦略は、メイド・イン・ジャパンの原発の輸出「攻勢」を第三国、とりわけ新興諸国に仕掛けることだった。惨事の起こるたびに核産業は、それを機に安全性を改良したとして再起を図ってきたが、この種の「経験学習」をセールス・トークの柱に据えたのは日本の原発の場合も同じである。日本企業は福島から貴重な教訓を引き出しており、事故の〈経験〉を踏まえて世界でも最高水準の安全性向上を実現している、と推進勢力は主張した。こうして今世紀最大級の産業災害は、たちまち産業界によって積極活用されるようになる。日本の主要な原発企業は巨大国際企業連合（アレヴァと三菱、日立とゼネラル・エレクトリック、東芝とウェスチングハウス）の一翼をなしており、日本の主導による輸出の成否には、世界的にも福島後の核産業の存続がかかっていた。2014年1月、日本と同じ地震多発国のトルコで、仏日企業連合が黒海沿岸の町シノップに計画中の原発プロジェクトへの反対勢力が、日本の国会宛てに要請書を送っている。日本の国会議員一同に対して、「健康で豊かな生活を送る住民の権利を尊重しないご都合主義の政治家という判断を歴史的に下され[13]」ないよう、責任をもってトルコとの原子力協定締結を拒否してほしいと求めたものである。この要請書は、問題の協定に署名したトルコ側の閣僚に関わる重大な汚職疑惑も指摘していたが、功を奏することなく終わった。

12　日本国家は原子力分野において、核エネルギー事業の推進に関しても監督や防護に関しても（政府保証や補助金、次いで損害賠償）、歴史的に中心的な役割を演じてきた。Richard Samuels, *The Business of the Japanese State : Energy Markets in Comparative and Historical Perspective*, Ithaca, Cornell University Press, 1987.〔リチャード・J・サミュエルス『日本における国家と企業——エネルギー産業の歴史と国際比較』、廣松毅監訳、多賀出版、1999年〕

13　トルコ反核プラットフォーム（Nükleer Karşıtı Platform）が日本の国会に宛てた書簡、2014年1月、イスタンブール。

その一方で、原発輸出を成功させるためには、日本国内での核事業の再開が欠かせなくなっていた。2012年末に実施された国会選挙〔衆院総選挙〕では、推進を公然と主張する政治勢力が勝利した。ただし、国内原発事業の政策決定と推進を歴史的に行ってきた政党でもある現与党の選挙運動は、福島にはほとんど触れず、争点を巧みに経済問題と安全保障問題にしぼりこんでいた。日本の核事業の再開はまもなく公式路線となり[14]、核エネルギーを再び国家エネルギー政策に組み入れた計画が（2014年4月11日に）決定された。福島の「平常復帰」を国家的重点課題にしたのと同じ時期のことである[15]。

　以上の展開を振り返るなら、福島は新たな再帰性の契機となったのだろうか。それとも逆に、新たな無頓着・無知の契機となったのか。少なくとも日本政府の政策に関するかぎり、答えは後者ではなかろうか。その点は、フランス政府の政策に関しても同様である。

　2011年以後のフランスでは、核エネルギーとその位置づけや将来をめぐる議論は様変わりした。とはいえ、核事業が国家によって強力に推進・支持された産業部門であるという事実は微動だにしていない。福島の直後、2012年〔4〜5月〕の大統領選で、核事業が争点に浮上するのは必然的な展開だった。フランソワ・オランド候補を当選に導いた公約の中には、原発比率を75％から50％へと引き下げ、最も古い原発を閉鎖する、という項目が含まれていた。最も古い原発というのは、2018年春現在で運転開始から41年が経過した〔北東部アルザス地方の〕フェセナイム原発のことである。

　政権に復帰した社会党は、〈上からの〉エネルギー・シフトを進めようとし、2012〜13年に国民的議論を組織した。この緊張に満ちた議論の場で、核事業の将来に関わる激しい交渉が繰り広げられた。フランス電

---

14 とはいえ実際には、再稼働に至った原子炉がごく少数であることも記しておきたい。損壊または廃炉決定が23基に対し、再稼働が9基、現時点で営業運転中が7基である。また情勢からして、廃炉決定は今後増加すると考えられ、日本の原発のうち3分の1以上は二度と再稼働されないだろう〔基数については2019年5月現在でアップデート〕。

15 Jeff Kingston, « Abe's nuclear renaissance : Energy Politics in Post 3.11 Japan », *Critical Asian Studies*, 46, 3, 2014, pp.461-484.

力が自社の「資産」を守ろうとする一方、政治家には選挙で掲げた公約があった。さまざまな計画や試算、巧妙な戦術がぶつかり合うのは当然のなりゆきだった。核産業の側は、新設を行わないかわりに原発の寿命を50年、さらには60年に延長し、古い原発を1基閉鎖するごとに新たな原発を1基建設する、という方針を認めさせようと試みた（現在も同様である）。原発比率自体についても、仮に50%まで引き下げるはめになるならば、既設原発の設備容量の縮小ではなく、たとえば電力消費の拡大という道筋をとればよいと考えた。かくして電気自動車の宣伝が大々的に展開された。2015年8月に、エネルギー・シフト法が成立する。同法では、2025年をめどに原発比率を50%に引き下げることが規定されるとともに、既設原発の設備容量（63GW＝6300万kW）が、超えてはならない上限値として定められた。この数値をエコロジストと政府は「上限」と見なし、原発事業者は是が非でも維持すべき「しきい値」と位置づけた。言説レベルの新たな戦いが、エネルギー・シフトという至上命令をめぐって始まった。が、そうこうしているうちにオランド政権の任期は、フェセナイム原発の閉鎖すら実現せずに終わることになる。

　フランスには、政府が20年前から北東部ビュールで進めてきた放射性廃棄物の深部地下保管[i]計画がある。この地層保管集中処理産業施設（Cigéo）に対する反対活動の激化も、福島以後のフランスの特徴をなす。2013年に反対派は、設置許可の事前手続きである公衆討議〔＝公開討論〕[ii]をボイコットした。そんな施設は無用で危険、強要された大規模事業であり、国家が他の代替策を本気で探ることもないまま、ひそかに裁可したプロジェクトでしかないという理由である。法律で義務づけられた市民の意見聴聞の代わりに実施されたのは、実質的にボイコットしにくいオンラインの討議、次いでボイコットされないよう直前まで会場を伏せた市民会議だった。こうした公式の回路に乗せられまいとして、反対派は2016年夏、建設予定地の山林の占拠に踏み切った。人口わずか80人程度で、まさに

(i) 日本語でいう「処分」に相当する〔訳注〕。
(ii) 社会・経済・環境への影響が大きい公的プロジェクトに関し、構想段階で、国家レベルの常設委員会の判断によって開催される。実際の運営には案件ごとに組織される特任委員会があたる。この制度は95年に法定され、常設委員会は2002年に独立行政法人化された〔訳注〕。

それゆえに選定されたビュールでさえ[16]、無人地帯ではないことを見せつける行為だった。占拠は2018年2月のある日まで続行された。その日の明け方に500人の機動憲兵隊が、占拠を続けていた数十人の活動家を強制排除した。数時間後に、担当の閣外大臣が現地入りする。訪問の目的は、公式発表によれば「協議再開」だった。

福島原発の3基の事故に続く時期は、核事業分野で警鐘が相次いだ時期でもある。それらは安全性と輸出事業、また事業者の財務状況にも関わるものだった。2015年、〔北西部ノルマンディ地方〕フラマンヴィルの欧州加圧水型原子炉（EPR、以下「欧州新型炉」）[(i)]の圧力容器に製造上の欠陥があることが、核事業安全規制当局（ASN、以下「安全当局」）によって発見された（鋼鉄中の炭素含有量が高すぎて、熱衝撃が生じた場合に亀裂拡大に耐えられる強度がない）。新世代の原子炉とされる欧州新型炉は、フランスではフラマンヴィルが1号機であり、他に中国（台山(タイシャン)1号機、2号機）とフィンランド（オルキルオト）でも建設中だ[(ii)]。深刻な欠陥のある圧力容器の製造元は、アレヴァ（現オラノ）のクルゾ・フォルジュ工場、フラマンヴィルと台山の調達先である。オルキルオトは幸い、この件とは無関係だった。日本メーカーを調達先としており、同様の問題は生じていなかった。フランス国内ではまもなく、さらにまずい事態が起きた。既設原発の一部でも、同工場製の圧力容器の欠陥が見つかったのだ。加えて（蒸気発生器や配管など）他の「不具合」まで露見した[17]。しかもクルゾ・フォルジュ工場では、品質への疑念を安全当局が抱いた時期から、関係書類の一部を「改竄(かいざん)」していた可能性がある。少なくとも一部の検査結果の提供を怠った事実があり、問題の時期は2007年にまでさかのぼる。2015年に圧力容器問題が発覚した時、フラマンヴィルとオルキルオトの建設工事はすでに遅れに遅れており、さまざまな技術上、財務上の問題が噴出して、建設費用は当初の予定ではまったく足りなくなっていた。

---

16 Julie Blanck, *Gouverner par le temps : la gestion des déchets radioactifs en France, entre changements organisationnels et construction de solutions techniques irréversibles (1950-2014)*, Thèse de doctorat en sociologie, Paris, Sciences Po, 2017.

17 たとえば以下を参照。ASN, « Irrégularités détectées dans l'usine d'Areva de Creusot Forge : l'ASN fait un point d'étape », *Note d'information*, 16 juin 2016.

(i) 本書40ページ、序論の脚注2を参照〔訳注〕。
(ii) 台山1号機は2018年12月に営業運転を開始した〔訳注〕。

2016年、アレヴァは経営破綻の瀬戸際に立たされる。かつて原発建設と再処理事業の雄だった同社は、過剰債務を抱え、〔旧仏領〕ニジェール（でのウラミン社の買収）などの投資事業を問題視されていた。原子炉部門に関しては2017年に、同じく慢性赤字状態のフランス電力（国家が83.5％の資本を保有）による吸収という救済措置が講じられた。燃料部門はごく最近〔2018年1月に〕再編されて、オラノに改称された。新社名はギリシアの天空神、ウラノスに由来する。天王星（ウラヌス）の名はウラノスにちなみ、原子炉の燃料であるウランの名は天王星にちなむ[18]。

　2017年春の大統領選は、このような状況の下に展開されることになり、〈脱・脱原発タブー〉的な現象が起こった。第1回投票で（19.2％の得票を集めて）第4の政治勢力となった政党をはじめ、複数の左派政党が公約に（前回2012年のように国民投票だけでなく）核事業の放棄を掲げる、という前代未聞の事態である。しかし、決選投票はまったく異なる方向を示した。当選候補はじきに、過去の政策の一変ではなく継続を明言するようになる。

　したがって、わずか数か月後にエマニュエル・マクロン政権が、2025年をめどに原発比率50％という引き下げ目標は今後「忘れる」べきで、新たな期限の検討もいたしかたないと発表したのは、当然のなりゆきである[(i)]。気候変動問題は喫緊の要であり、原発比率の引き下げはCO_2排出量の急増につながると政府当局は主張した。推進派は国家に「理性」がよみがえったと歓迎し、他方の側はめちゃくちゃな話だと怒号した。議論の対立軸はかつてと同じであり、「核エネルギーが気候を救う」という福島以前の言説と論法が完全に復活する。まるで2011年3月11日などなかったかのようだった。まるで「すべてが変わるのは何も変わらないようにするためだ」といわんばかりだった。「まったくの政治的」な決定（たる原発比率の50％への引き下げ）の見直しを喜んだ業界関係者は、さらに勢いこんでフェセナイム原発についても、閉鎖などという政局的な約束で

18　Jean-Christophe Feraud, « Areva devient Orano pour garder les pieds dans l'atome », *Libération*, 23 janvier 2018.

(i)　その後2018年11月発表のエネルギー計画で、2035年に先送りすることを明言した〔訳注〕。

はなく、維持こそが理性の、科学の、ひいては良識の選択であると言い出した。要するに推進派の中には、停止すべき施設も廃止すべき施設も存在しないとする見方があるということだ。呆れたことに彼らは、「もしフェセナイムがいつの日か実際に閉鎖になるとすれば」との前置きを常とする。昨今話題の「計画的陳腐化」のご時世に、維持以外の想定は不条理だといわんばかりの口ぶりだ。

　「福島の経験から学習したおかげで、安全性は強化されている」。彼らの言う強化、日本の原子炉の大破から学習したという強化は、いわば寿命の近づいたフランスやヨーロッパの原子炉がかけた生命保険のようなもの、人体に施されるアンチエイジング・クリーム、美容外科手術、その他もろもろの生物医学応用技術と同様のものではなかろうか。つまり永遠の若さ、永遠の生命という幻想の源である。だが、民主国家で暮らしている以上は、もっと高い期待を抱いてよいはずだ。激甚な核事故が受忍可能なものかどうか、広く社会で熟考・議論することを早急に期待してよいはずである。1980年代にスリーマイル事故の技術上・組織上の原因を綿密に分析した米国の社会学者チャールズ・ペロー[19]の認識、桁違いの被害をもたらす激甚な核事故は世界のどこでも決して完全には避けられず、今後も避けようがないという認識は、フランスその他の安全性の専門家の間でも広範に共有されているのだから。

激甚事故、その被害者、その「最悪の事態」を招きかねない威力を一般市民が受忍する余地、論争する余地について

　このように矛盾した政治的現実があり、従来どおりの政治(ポリティクス・アズ・ユージュアル)が続けられ、フランスやヨーロッパの原発は安全で永続的だとする立て直しの動きがある。しかし福島の放射能という物理的な現実がそれらを超えて突きつけているのは、核の激甚事故が受忍可能なものなのかという問題にほかな

19　Charles Perrow, *Normal Accidents : Living with High Risk Technologies*, New York, Basic Books, 1984.

らない。原子炉は大破し、環境は蹂躙されている。被害者たちは、移住したにせよ、残留したにせよ、すでに亡くなったり、病気になったり、あるいは病気になるのではないかと不安を抱えている。原発の構造物は言うことを聞かず、今日でも大半はコントロールされていない。管理できないほど大量の廃棄物が生み出されており、区域内で働く作業員たちは、予想どおり使い捨てられようとしている[20]。

にもかかわらずフランスの多くの指導者、政策決定者、専門家、ジャーナリストはすでに、こうした福島の現実をなかば受け流しているように見える。受忍することも、生活の一部とすることも難しい現実。この現実を知らしめること、議論の俎上に乗せることすら難しいありさまだ。あるフランスの専門家（核物質リスクと組織リスクの専門家）はごく最近、「福島は、一件落着なのか？」と、苦渋をこめて自問した[21]。

惨事から7年を機にフランスを行脚した菅直人元首相もまた、2018年3月13日の国民議会〔下院〕での記者会見で、複数の原子炉の爆発に直面した日本の壮絶な試練について、ただごとならぬ苦渋をこめて語った。今や内部告発者の役回りを演じる元首相は、2011年3月11日の事故が日本国家を「崩壊」させかねなかったこと、退避[(i)]区域が30kmや50kmどころか250km圏に広がる寸前だったこと、菅内閣が国民の4割にあたる5000万人の移住に踏み切る可能性もあったこと、「最悪の事態」は避けられたとはいえ依然として切迫していたことを力説した[22]。そのような最悪のシナリオはどこの国でも起こりうるものであり、安全地帯にいる者などいないとも強調した。福島に関する数々の証言と同様に、背筋の凍る証言である。だが彼のメッセージは、しかと受けとめられたのだろうか。いずれは受けとめられるのだろうか。記者会見に来ていたジャーナリストのうち、そのありうべき恐ろしい「最悪」のシナリオについて、質疑応答の際に問い質した者はいない。別の角度からの質問がひとつあっただけだ。

---

20 Gabrielle Hecht, « Nuclear Janitors : Contract Workers at the Fukushima Reactors and Beyond », *The Asia-Pacific Journal*, 11, 2, 2013, pp.1-13.
21 Franck Guarnieri, « Sept ans après : Fukushima, affaire classée ? », *The Conversation*, 10 March 2018.
22 フィールド・ノート、菅直人氏の国民議会での記者会見、2018年3月13日、パリ。

(i) 日本語では「避難」だが、原語には日本語よりも「強制的」の含意が強いため、原則として「退避」とした〔訳注〕。

その男性ジャーナリストは、元首相の話は〈あおり〉ではないかと危ぶんで、おそらくは答えを知りながら、ただちに死亡した者の正確な人数を教えてほしいと尋ねた。ただちに死亡した者はいないという、ややあっけない答えが返された[23]。ただし、とくに子どもの間で甲状腺のがんが大きく増えており、おそらく作業員や生存者の間でがんが多発することになるだろうとのコメントが加えられ、この件の質疑はそこで終わった[24]。

　周知のとおり、核事故は必ずしも即死を招くわけではない。それは被害者を概してゆっくりと、苦しみのうちに〈死ぬがままにさせる〉。だが、すぐに大量の死者が出ないからといって、泰然としていてよいはずがない。さまざまな保健機関による冷淡で過小な公式発表値、たとえばチェルノブィリに関して世界保健機関（WHO）が長年堅持した「死者32名」という例の数字に対し、86年から異議を唱えてきた人々はそう憤慨する。福島の惨事は現在も進行中である。チェルノブィリの惨事も部分的に続いている。さらに、それらほど激烈ではない、あるいは被害者の限定された事故（や悲劇）が、核実験の被曝者（やその子孫）、ウラン鉱山の労働者、原発の作業員を過去に見舞い、また現在でも見舞っている。「チェルノブィリの犠牲者の中には、まだ生まれていない者もいる。まだ生まれてさえいないのだ！」と、数年前にドイツの社会学者ウルリッヒ・ベックは怒りをこめて述べた[25]。それは福島の場合も同様であり、同様であり続けるだろう。核事故の特殊性は、膨大な空間と時間を抵当にとってしまうことだ。その痕跡は、ゆっくりと長期にわたって、被害者の身体のうちで形をなし、発現するだけでなく、移転すらする。問題の中核はそこにある。核事故の被害者が完全に数え上げられ、認知されることは決してあるまい。そこでは時間が重要な証人となるが、その間にも当の証拠は弱まり、かき消え、薄まっていく。多くの被害者が得るのはせいぜい〈統計上の死亡者（あるいは罹患者）〉という位置づけにすぎない。しかも、核事故に続く時期は、

---

23 福島事故では、緊急局面においても（双葉町の病院）、事故後局面においても、退避と直結した多数の死亡例が報告されていることを記しておく。
24 前掲フィールド・ノート。
25 渡辺健一のドキュメンタリー映画、『フクシマ後の世界』中の証言、2013年3月5日にテレビ局アルテで放映。

無知の積極的な創出が常套手段である。たいていは各国レベルと国際レベルで同時並行的に、検閲や工作が実施され、疫学データは穴だらけになる。と同時に、事故は徹底的に常態に落としこまれる。さらにフランスのように激甚事故をまだこうむっていない国では、「他者の事故」という区分へと早期に押しこめられる。

「他者の事故」症候群――「我々」として生き抜くための道筋

　86年にチェルノブイリ原発4号機の事故が起きた時、これは核事故というよりソ連の事故、共産圏の事故だとする言説をフランス政府当局は振りまいた。いわば〈他者のところでしか起こらない他者の事故〉である。日本でも同様の安心言説が広められた。日本の技術はソ連の技術よりも「必然的に優秀」であり、その種の過ちはありえない。これはよそで起きた事故であり、過失を犯したのは〈他者〉である。独立的な立場から警告を発している人々がいることや、核事業のゼロ・リスクが専門家の統一見解ではないことは、こうした言説によって塗りこめられた。西側の原発は「安全」だという物語が各国でつむがれた。なかでも突出していたのがフランスと日本であり、1986年4月26日の事故以降も原発プロジェクトはまったくペースダウンしていない。この時期、メディアの反応はどうだったかというと、〈他者〉の降下物・汚染たるプルームに対する驚愕や愁嘆に満ちあふれていた。フランスの新聞では、〈他者のプルーム〉が〈他者〉たるドイツその他の国境に達したが、〈我々〉たるフランスはそれを「免れた」と書き立てた。日本のメディアも同様で、〈他者〉の事故によって汚染された〈他者〉の食品（とくにヨーロッパの食品）が輸入され、〈我々〉たる日本の国境を越えたのは嘆かわしいといった論調だった。

　原発を以前から、あるいは新たに糾弾する勢力は、専門家や政治家の言説に欠けている共感(エンパシー)を呼び起こそうとする。他者はまた〈我々〉でもあり、地上に原発があるかぎり、我々は誰しも激甚事故の潜在的な被害者であると訴えたのだ。エコロジスト団体や反原発団体、市民団体は世界各地でチェルノブイリの周年行事を繰り返し、それは儀式の性質を帯び

るようになった。チェルノブイリとその被害者という〈他者〉の忘却を食い止めなければならなかった。彼らは我々と同様であり、我々もいつか彼らのように苦しむことになるかもしれないからだ。それに、チェルノブイリの被害者はヨーロッパにも出現していた。たとえばフランスでは、甲状腺を患った数百人の人々が、自分たちの病気はチェルノブイリのプルームのせいだと考えて、2001年にフランス国家を相手どり、対策の不備の責任を問う裁判を起こした。この裁判は、福島事故の数日後、公訴棄却の結果に終わっている。

　福島の事故は（1986年のソ連と違って）、経済発展の点でも使用技術の点でも、フランスとよく似た国で起きた。以後、「他者の事故症候群」は解消されたのだろうか。そうは言い難い。2011年8月、当時81歳になっていた長崎の被爆者が、『ニューヨーク・タイムズ』紙のインタビューで次のように嘆いている。「放射線の危険について、世界に繰り返し警告する役割を務めるのが、日本の運命なのでしょうか[26]」。今や、こんなふうに言い換えるべきかもしれない。福島の事故は世界に対し、フランスに対して警告、教訓の役割をはたして務めたのだろうか。そうは思えない。2012年に着任した安全当局の現長官〔～2018年末〕は、業界関係者の不興もいとわず、福島のような事故はフランスでも起こりうると何度となく述べているが、これは例外の部類に属するからだ。

　変化の見られない理由はいくつもある。原子力を熱烈に擁護する勢力が、福島の惨事の原因は津波だけだと言い切ったことがまずは大きい。その一部は「学界の一員」の肩書きで、あるいは気候変動問題の活動家として、一般向けの広報を取り仕切っている。彼らはくだんの長官のことをおとしめて、心配性で不安をかき立てるだけで、適材とは言い難いと述べてはばからなかった。彼らによれば、フランスには津波のおそれはなく、地震のおそれすらなく、福島は根本的に「他者の事故」だった。だ

---

26 Martin Fackler, « Atomic Bomb Survivors Join Nuclear Opposition », *New York Times*, 6 August 2011 (également cité par Susan Lindee, « Survivors and Scientists : Hiroshima, Fukushima, and the Radiatioin Effects Research Foundation, 1975-2014 », *Social Studies of Science*, 46, 2, 2016, pp.184-209).

が、その後に当の日本から、まったく異なる公式調査結果が発表される[(i)]。「自然」の責任はたしかに明白だが、東電と規制機関にはそれ以上に責任があるというものだ[27]。しかし、ここでもまたフランスの推進勢力は、都合よく報告書をつまみ食いした。いかにも、日本の調査委員会は、単に「人災」であると結論したわけでない。「メイド・イン・ジャパンの事故」という表現を用い、事故の原因はとりわけ「日本文化の欠点」にあると批判していた（「服従の習い性、権威を疑おうとしない姿勢、一所懸命な『計画遵守』、集団順応主義、島国根性」）。フランスの推進派が、この文化主義的な罪状告白を大々的に広めることで、福島を「他者の事故」として語り語らせる話法戦略をアップデートしたのは、当然すぎるなりゆきだった[28]。

　福島の惨事がフランスで「他者の事故」扱いされ、そう受けとめられる傾向が強まっている理由がもうひとつある。それは日本の政府当局自身の姿勢に関わっている。事故の即発的な影響と長期的な影響の認識に関して、「我々」意識をもって福島の連鎖的事故を内面化する姿勢がないように思えるからだ。政府当局による過去数年の現地管理は示唆的だ。日本の核エネルギー化の歴史では「中心」と「周縁」、つまり東京その他の決定中枢と、大部分は農村地域である原発立地との二分法が、政治的にも物理的にも顕著である。それが今回も作用しているのは確実だろう[29]。惨事が起きたのは「周縁」のほうであり、事業者たる東電の施設からの電力の供給先は、福島ではなく、中心たる東京にほかならない。そして今では、この周縁の克服が、中心から、国益として図られている。政府が2011年から実施してきた原状回復措置は、異論の余地のある仮定、福島の3基の事故による汚染が可逆的であるという仮定に立つ。放射能の置

27　Jeff Kingston, « Nuclear Politics in Japan 2011-2013 », *Asian Perspective*, 37, 2013, pp.501-521.
28　たとえば以下のニュース動画などを参照。Société française d'énergie nucléaire, « Fukushima 2017, État des lieux », 2017.
29　Yoshiyuki Sato, Université de Tsukuba, « Quelle philosophie est possible après Fukushima ? », *Revue du MAUSS*, 23 janvier 2014 (http://www.journaldumauss.net/./?Quelle-philosophie-est-possible) ; François Armanet, « Kenzaburô Oé : "Il y a eu Hiroshima, il y a Fukushima, une troisième tragédie est envisageable"», BiblioObs (NouvelObs), 28 juin 2015.

(i)　以下、国会事故調報告書からの引用箇所は、和文版に必ずしも該当部分のない英文版に由来する〔訳注〕。

き土産を国全体で引き受けることにはもう堪えきれないから、なんとしても目の届かないところ、考えの及ばないところ、ごく小さな空間の中に封じこめ、〈閉じこめて〉おく必要がある、とでもいわんばかりだ。

　政府当局は2011年以前のこと、すなわち原因の考察に関しては、そんなことが日本で起こるとは思わなかったと釈明する。現在のこと、すなわち影響の考察に関しては、不可逆的であるとは思わないということらしい。政策措置の方針はあくまでも「平常復帰」であり、被災地への避難者の帰還とセットにされている。チェルノブイリの際のソ連とその後継諸国の措置にもまして、日本の措置は区切りをつけること、福島を〈忘れ去る〉ことを意図している[30]。まるで惨事はもはや跡形もなく、それは「我々」ではなく過去——さもなくば過去を清算できない〈他者〉、つまり帰還を拒否する避難者——に属しているといわんばかりだ。こうした措置の狙いは、秩序を回復し、巨額化必至の補償の支払いをやめることだけではない。全国的に核事業を再開し、いわば2011年3月10日に戻ることにある。もし一般市民が同意するなら、国家の許可なく乱入した日付をカレンダーから破り捨てようというのだ。フランスその他の国々が、「他者」を「我々」に引き寄せる一線、「他者の事故」症候群から抜け出す一線をなかなか越えられない現状には、以上のような姿勢も間違いなく荷担している。

　天災や産業災害による被災地の原状回復措置は、いかにも望ましく、かつ必要不可欠である。さらには国家が自分たちに対し、変貌した生活の場に対して支援、つまり配慮(ケア)を行うべきだという市民の正当な期待への応答でもある。しかし原状回復措置が、環境と生体に加えられた被害を尋常なもの、ごく普通のもの、ささいなものと片づける戦略に役立てられたり、そうした戦略と混同されることがあってはならない。2011年3月の核惨事によって汚染された地域に関する日本の措置はどうだったか。政府当局はすでに2012年から、被災地の原状回復だけでなく常態視／規範化(ノルマリザシヨン)もまた、重点政策として進めてきた。核事故による失地は、できるだけ迅

30　この点は、ごく早い時期に、無名の活動家グループが批判していた。Cf. Arkadi Filine, *Oublier Fukushima. Textes et documents*, Les éditions du Bout de la Ville, 2012.

速に〈奪回〉せねばならなかった。侵略者の手に落ちた国土の奪回をめざすのと同様である。こうして大規模な除染作業が開始され、莫大な予算と多大な人手が投入された。

　16万人近くの（指示による、あるいは自主的な）初期避難を引き起こした政府の汚染状況・区域指定地図もほどなく改訂された。居住の是非を定める汚染度の定義もまた、福島の炉心の暴走が発覚した直後に改訂されている。住民の被曝上限は、年間1mSvから20mSvへと20倍に引き上げられた。20mSvというのは、世界の大半の国で核施設作業員の上限とされる数値である。いわば公衆衛生緊急事態が、惨事の管理の一環として発令されたに等しい。子どももおとなも誰もが核施設作業員になったようなものだ。核施設作業員の防護レベルのほうは、20mSvから250mSvへと12.5分の1に縮められた。除染作業にあたっては（風その他の偶発要因に左右される放射性元素の移動はコントロールできないし、続々と発生する廃棄物や、汚染を続ける地下水も統御できないから、そもそも完全な除染はありえないが）、この20mSvという新たな汚染度ないしクリーン度が目標値とされ、現在も目標値とされている。その結果、事故からわずか3年後に〔ともに一部区域に避難指示が出ていた〕田村市と川内村〔の一部〕、2015年に〔ほぼ全域に避難指示が出ていた〕楢葉町、2016年に（一部区域に避難指示が出ていた）南相馬市〔の一部〕と〔全域に避難指示が出ていた〕葛尾村〔の一部と川内村の残りの区域〕、2017年3〜4月に〔全域に避難指示が出ていた〕浪江町〔の一部〕、〔一部区域に避難指示が出ていた〕川俣町、〔全域に避難指示が出ていた〕飯舘村〔の一部〕、〔全域に避難指示が出ていた〕富岡町〔の一部〕が、居住可能区域に移されることになる。2013年には1150km^{2}に及んでいた避難指示は、大部分の地域で2017年4月1日までに解除された[31]。とはいえ、日本国家が居住可能、つまりクリーンという区分に移した区域への帰還を受け容れ、あるいは決意した避難者は少数でしかない。大破した原子炉による汚染を可逆

31　IRSN, « Conséquences sanitaires de l'accident de Fukushima Daiichi 2011-2018 : évolution du périmètre des zones évacuées. Point de la situation en mars 2018 », mars 2018.

的だという政府の主張に対しても、国民的義務のごとく求められる失地回復の至上命令に対しても、深い不信感を抱いているからだ[32]。また、もとの生活の場が再び居住可能とされたことにともない、避難者つまり被害者たちは、それまで付与されていた権利（補償金、健康診断、健全な環境で暮らす権利）をあらかた奪われた。この事態は人権侵害として問題視され、ヨーロッパ数か国の支援の下、国連人権理事会でも取り上げられている[33]。これら数か国にフランスは含まれない。

　フランスの推進派は、日本が初期避難の対象としていた区域の除染作業を行い、常態視／規範化を進める動きを歓迎している。核事故の被害はおおむね「統御」可能であること、広範囲の（超）長期的な退避の検討や懸念は無益であることの証明になるからだ。フランスも関与し、現在も関与している日本の実例のおかげで、〈除染のノウハウが得られた〉というわけだ。核事故が起きた場合の退避区域の範囲をめぐり、フランスでは現在も激論が戦わされている。にもかかわらず、〈唯一の害〉は退避によるストレスやトラウマだけであり、退避を至上命令とする発想から抜け出す必要があるといった発言が、放射線防護を担当する高官の口から飛び出している[34]。被害者がその種のトラウマも抱えるのは無論のことだが、それ以外は考慮に値しないとでもいうのだろうか。他に手立てがないために残留あるいは帰還した場合には、トラウマは生じないとでもいうのだろうか。放射線防護の専門家の中には、似たり寄ったりの考えを売りこむために、かつてはチェルノブイリ事故の汚染地域で「参加型」「対話型」方式の復興に従事し、現在は国際放射線防護委員会（ICRP）の肩書を引っさげて福島で活動している者もいる[35]。ただし彼らは、日本の

32　David Boilley, « Fukushima : l'obstination de la reconquête », *L'Acronique de Fukushima*, 2017 (http://fukushima.eu.org/fukushima-lobstination-de-la-reconquete/).

33　Conseil des droits de l'homme de l'ONU, 37ème session, « Rapport du groupe de travail sur l'examen périodique universel : Japon » (A.HRC/37/15), janvier 2018 [United Nations Human Rights Council, 37th Session, « Report of the Working Group on the Universal Periodic Review - Japan » (A.HRC/37/15), January 2018].

34　Romain Loury, Valéry Laramée de Tannenberg, « Jacques Repussard vous salue bien », *Journal de l'environnement*, 18 février 2016 (http://www.journaldelenvironnement.net/article/jacques-repussard-vous-salue-bien,67407).

35　この問題に関しては、『コントロール』誌201号（2016年12月）その他の論文などを参照。

政府当局があらぬ希望、故郷の汚染は可逆的だという希望を避難者にかき立てた点には批判的だ。彼らに言わせれば、汚染の可逆性は完全ではなく、とはいえ可逆性の証明はそれほど重要ではない。重要なのは一般市民に対し、汚染が可逆的でないからといって、もとの生活の場が現在・将来にわたり居住不能というわけではないと理解させることだ。放射能とともに暮らすことを学習すれば、居住は充分に可能になる。具体的には、自分がどこをどう移動するか、放射能があるかもしれない食品をどれぐらい摂取するかの最適化を図ればよい。そのためにガイガー・カウンターを日々、肌身離さず使えばよい。

このような彼らの戦略は、90年代終盤から業界関係者の間で推奨されている戦略に合致する。フランスやヨーロッパで激甚事故が起きた場合に備える管理計画が立てられた際に、その基本理念に祭り上げられた戦略である。全方位的な退避を求めるのは無茶であり、放射能とともに暮らすことを被害者に教えなければいけない、という理念である。これにもうひとつ、日本の御用専門家によって、次の点が付け加えられた。一般市民も被害者も「正しく怖がる」ことを学習しなければいけない。安全と安心を区別して、客観的な安全と（必然的に主観的な）安心（や不安）の感覚、理性と感情[36]、風評と事実[37]を分けなければいけない。要するに、生き抜くためにあらゆることを学習すべきは被害者のほうであり、専門家と政策決定者は是が非でも以前と変わらない振る舞いを続けるというわけだ……。

ドイツの哲学者ギュンター・アンダースは、86年6月に次のように記している。「今日、チェルノブイリの後では、誰ひとりとして無知を装うことはできないのだから、それ〔軍事用と民生用は区別できるとするテーゼ〕を擁

---

36 Masahi Shirabe, Christine Fassert, Reiko Hasegawa, « From Risk Communication to Participatory Radiation Risk Assessment », *Fukushima Global Communication Program Working Paper Series* 21, pp.1-8, 2015.
37 Sezin Topçu (forthcoming), « From Toxic Lands to Toxic Rumours : Nuclear Accidents, Contaminated Territories and the Production of (Radio)active Ignorance », *in* Livia Monnet (dir.), *Toxic Immanence : Nuclear Legacies, Futures, and the Place of Twenty-First Century Nuclear Environmental Humanities*, Montreal, McGill-Queen's University Press.

護する者たちは意識的に犯罪を犯すに至っているのだ。この罪の名は単に『民の虐殺(ジェノサイド)』というだけではない——副詞『単に』のなんたる用法だろうか！——。この罪の別名は『地球の虐殺(グロボサイド)』、地球の破壊である[38]」。そうした認識の根底にあるのは、さまざまな社会にはある種の能力が備わっているという信頼感だ。すなわち社会は、みずからの創出したテクノロジーの潜在的な破壊力に対して、（ひとたび〈潜在〉が〈現実〉に転じた時点で）さほど「無知」ではいられなくなると信じられている。この認識は現時点で、進行中の力学からすると、控えめにいっても楽観論ではなかろうか。

　とはいえ、歴史が前もって書かれることは決してない。ギュンター・アンダースが賭けに負けたとは言い切れない。少なくとも著者にとっては、各種のエコロジー運動、知識人運動、市民運動、原子力の被害者と将来世代とを守ろうとする人々、放射能を取り巻く権威主義と現状維持に抵抗する人々、専門式(テクニカル)デモクラシーあるいはデモクラシー自体を求めて闘争する人々が、日本で、フランスで、世界各地で現に取り組んでいて、先々たゆまず取り組んでいくべきは、そうした壮大な仕事であるように思われる。ギュンター・アンダースは正しかった、と語るための活動だ。原子力主義・放射能主義・核エネルギー主義の反啓蒙論者、無知の創出者、エキスパート政策決定者どもから、現在と未来を取り戻し、その本当の持ち主に返そうとする活動でもある。彼らは過去の間違いを繰り返す以外の将来展望をもてないのだから。

2018年4月　著者

38　Günther Anders, *La Menace nucléaire. Considérations radicales sur l'âge atomique*, Paris, Serpent à plumes, 2006. Cf. Annexe « Dix thèses pour Tchernobyl », p.317-318.〔*Die atomare Drohung : Radikale Überlegungen zum atomaren Zeitalter*, Beck, 1986 ; ギュンター・アンダース『核の脅威——原子力時代についての徹底的考察』、青木隆嘉訳、法政大学出版局、2016年。引用元の論文は仏語版が独自に収録：« 10 Thesen zu Tschernobyl », *Psychosozial*, Nr.29, 1986, S.7.〕

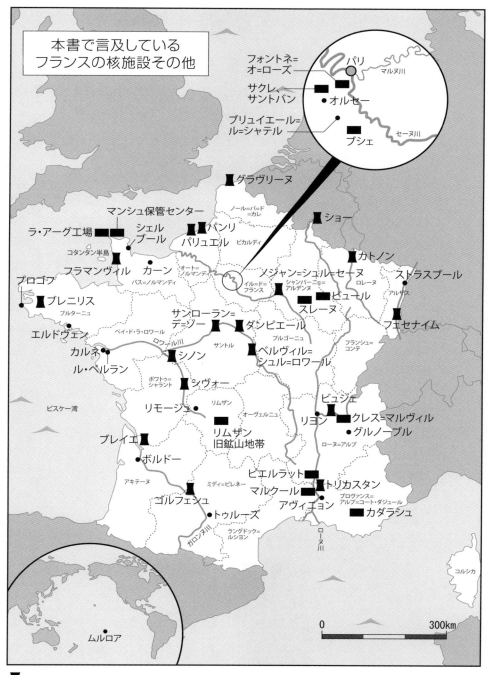

セレナイとタンへ

ディオゴへ

リュトフィエ&ブルハン・トプシュへ

序論

序　論

「根本的に邪悪であるような権力を想定できるものでしょうか？　善を行うことを機能とし、本分とし、根拠づけとしないような権力を想定できるものでしょうか？（……）権力の特徴は、それが善を行うというだけでなく、それが絶大な力をもち、富と絢爛たる象徴に包まれている、ということになるでしょう。権力の定義は、敵を制覇し、打ち破り、隷属状態におとしめる能力、ということになるでしょう[1]」

ミシェル・フーコー

「原発なんて、クソくらえ！」。1970年代に、反原発グループが叫んだシュプレヒコールのひとつだ。「脱原発だ、生き地獄になる前に！」。こちらは40年後、福島の事故から1周年の機会に、〔フランス南東部〕ローヌ=アルプ地方で大規模な「人間の鎖」がつくられた時のものだ。核エネルギーに向けられる批判活動の形態は、時代につれて変転した。とはいえ、これほど長期にわたって異議を立てられ続けている科学技術分野もあまりない。核事業はフランスの確固たる一大産業部門だというのに、どうしたことなのだろうか。核エネルギーは国の誇りとして、世界的にも異例の発展を遂げている。それを〈生かしめている技法〉は何なのか。フランス人は、70年代には疑心暗鬼だったのに、やがて「好感」をもち、ともかくも容認するようになる。この間に、どのような経緯があったのか。40年前には、フランスだけでなく欧米各国で、反原発運動が大きく盛り上がっていた。その後はどういう推移をたどったのか。推進組織体[(i)]の側は、核テクノロジーに対する批判活動への対処を迫られた。彼らが繰り

1　M. Foucault, « Leçon du 8 février 1978 », in Sécurité, territoire, population. Cours au Collège de France, 1977-1978, Paris, Gallimard-Seuil, 2004, p. 130.〔ミシェル・フーコー講義集成7『安全・領土・人口──コレージュ・ド・フランス講義1977-1978年度』、高桑和己訳、筑摩書房、2007年、156ページ〕

(i)　補遺中での著者の例示によれば、事業体と監督機関の双方を含む〔訳注〕。

出している戦略はどのようなものか。批判活動はやがて、公的な制度に組み入れられていった。それにより、原子力時代における集合行為は、そして市民権のあり方は、いかに方向づけられているのか。

　本書が説明を試みるのは、市民の強い抵抗にもかかわらず、フランスの核エネルギー化が成功した経緯である。分析に際しては、よくあるような文化論に立って、なにかしらのフランスの特異性と短絡的に結びつけることはしない。批判活動を〈封じこめる〉ための統治戦略を記述する方法をとる。抑えこみ、かわし、先回りし、メンバーに取り立て、誘導し、「専門科学化する」といった戦略だ。本書は40年間にわたる科学技術と抗議勢力の力関係を再検討し、批判活動の高揚期だけでなく変遷、後退、再興も考察していく。

「運動」を探して

　70年代から現在までの間に、核エネルギーとそのリスクに関する批判の圏域は大きく変わった。第一は抗議活動の強度である。36年前〔1977年〕に〔ローヌ＝アルプ地方〕クレス＝マルヴィルで、高速増殖炉スーパーフェニックスの建設に反対するデモがあった時には、10万人近くの人々が集結した。その後に三つの激甚な核事故が起きているが、これほどの規模の反原発デモは今日のフランスでは考えにくい。2011年3月、日本の福島第1原発で最初の爆発が起こった直後、ドイツでは6万人がデモ行進した。同じ週末、パリのデモには300人程度しか集まらなかった。それが1年後の3月には、フランスでも6万人に膨れ上がり、〔ローヌ＝アルプ地方〕リヨンから〔南部〕アヴィニヨンにかけて230kmにわたり「核事業に反対する人間の鎖」を形づくった。〔続く春の〕大統領選において、この結集行動は期待されたような影響を与えることなく、与野党双方が掲げる核エネルギー（推進）政策は変わらなかった。81年にフランソワ・ミッテランが当選した時は、エコロジー主義・反原発が勝利のための「要チェック項目」のひとつだった。それから31年後に同じ社会党から出馬した候補〔原著刊行時の現職であるオランド〕は、核事業に関する凍結措置や国民投票を公約する

ことも、異議を立てられた EPR ＝欧州新型炉[2]の見直しを示唆することもないまま、大統領に選出されている。

　70年代から現在までに起きた大きな変化は、街頭行動や選挙での動員力だけではない。どのような種類のアクター〔＝行為者〕が抗議活動を担い、政治的なアクションをどのような形で進め、どのような論拠と「正義の市民体(シテ)[3]」を掲げているか、という点もまた変化した。80年代中盤から、ある重要な変化が始まった。核エネルギーに向けられた批判活動の専門科学化の進行である。70年代には、核利用を選ぶかどうかは社会的な選択として位置づけられ、核エネルギー社会は権威主義社会・警察社会・技術至上社会であると指弾されていた。80年代になると、デモクラシーにとってのリスク（警察の出動、個人の自由の制限など）よりも、核エネルギーに内在する技術リスク（事故リスク、低線量被曝の健康への作用など）を焦点とした批判や論争に変わり、活動形態がいつのまにか専門化していく。ウォルター・リップマンの言う「関わりのある公衆」[4]が専門技能を駆使する一方、科学者たちは次第に撤収して、賛同勢力と反対勢力の線引きが一時的に判然としなくなった[5]。90年代終盤になると、脱原発を目標とした全国的な反原発闘争がフランスに復活する。核利用度(ニュークリアリティ)[6]がゼロなのに放射能被害を受ける旧仏領諸国で、「進歩の犠牲者たち」が姿を現し、フランスの闘争は彼らを含めた国際的な運動との連携に支えられるようになる。とはいえ、福島第1原発で連鎖的に事故が起きた時、フ

2　注記：略号リストを巻末に付す。欧州加圧水型原子炉（EPR）は「第3世代」と呼ばれる新型原子炉で、設計事業者によれば出力も安全性も向上しているという。輸出だけでなく、2025年をめどとする国内老朽原発群の建て替えも想定されており、その「第1号」が目下フラマンヴィルで建設中である。

3　論戦や交渉に臨むさまざまなアクターが、それをもって自分を正当化し、みずからの価値や「偉大さ」を主張する、（論争の力だけではない）試練の総体をいう。Cf. L. Boltanski, *L'Amour et la justice comme compétence : trois essais de sociologie de l'action*, Paris, Métailié, 1990.

4　ウォルター・リップマンは、あらゆる物事に関心をもつ「総称的な公衆」など存在せず、個別の問題や争点に応じて固有の公衆が構築されると論じた。Cf. W. Lippmann, *Le Public fantôme*, Paris, Démopolis, 2008.〔*The Phantom Public*, Harcourt, 1925；ウォルター・リップマン『幻の公衆』、河崎吉紀訳、柏書房、2007年〕

5　F. Chateauraynaud et D. Torny, *Les Sombres Précurseurs : une sociologie pragmatique de l'alerte et du risque*, Paris, Éditions de l'EHESS, 1999.

6　「ニュークリアリティ」という観念の政治的構築については次の文献を参照。G. Hecht, *Being Nuclear : Africans and the Global Uranium Trade*, Cambridge-London, MIT Press, 2012.

ランスの闘争が弱体化していたのは事実である。この間に核エネルギーは気候変動をめぐる議論に乗じて、「エコロジカル」なエネルギー、ひいては「再生可能」なエネルギーというイメージを世界的につくり上げていた。

　本書では、これらの変化がどのような性質のものであり、どこまで及んでいるのかを検討する。福島のような特異な核惨事は、長い間ありえないとされていた。それが忌々しい現実となった時、フランスで少なくとも最初のうちは、ほとんど反発や憤激が起こらなかったのはなぜなのか。より一般的に述べるなら、批判活動が展開され、それが公的制度に組み入れられる、というせめぎ合いの力学を捉えていかなければなるまい。そのために、60年代終盤から福島の惨事の発生までの歴史のうち、三つの時期に注目する。本書の意図は、世界随一の核利用大国における批判活動の過去の状況、そして現在に至る変化を分析するために、過去に行った広範な社会歴史学的研究[7]をベースとして、多彩なツールボックスを用意するところにある。批判活動の未来のあり方を考えるために、本書からどのような政治的教訓を引き出すかは、研究者や市民たる読者の皆さんに委ねたい。（複数の）惨事を経験した今この時期に起きているのは、複数の次元にまたがる激変である。社会と環境が一変した。15万人以上の日本人が原発〈疎開者〉となり[(i)]、事故原発の周囲50km〈ゾーン〉は永続的に汚染されている。地政学も一変した。共産主義体制の下にあり、「したがって」テクノロジーもデモクラシーも会得していない東側諸国でしか、重大事故は起こらないという主張は、福島以後は成り立たない。政策もまた一変した。多くの国が2011年3月11日以降、核事業の将来計画を下方修正した。先頭に立ったのが、それまで時の首相〔アンゲラ・メルケル〕が推進姿勢をとっていたドイツである。これを見たウルリッヒ・ベックは、ポスト核時代の幕が開けたと断じている[8]。

7　S. Topçu, *L'Agir contestataire à l'épreuve de l'atome. Critique et gouvernement de la critique dans l'histoire de l'énergie nucléaire en France (1968-2008)*, thèse de doctorat, Éditions de l'EHESS, 2010.

8　U. Beck, « Enfin l'ère post-nucléaire », *Le Monde*, 9 juillet 2011.

(i)　本書の原著の刊行は2013年9月である〔訳注〕。

「専門式デモクラシー」から批判活動に対する統治へ

過去20年ほどの間に、いわゆる「参加型」方式、「対話型」方式による科学のガバナンス、また広く公共問題のガバナンスが、大きな政治的成功を収めた。もはやフランスでもヨーロッパでも、政策措置上の至上命令だと主張する論者もいるほどだ[9]。この変化に決定的な役割を果たしたのが、社会学研究や政治学研究、そして科学の社会的文化的研究（サイエンス・スタディーズ[10]）である。これらの研究は、テクノクラート〔=専門官僚〕が政策を決定する従来の形式から、参加型の「共同生産」のしくみ[11]、「異種混合型(ハイブリッド)フォーラム」[12]に切り替えるべきだと論陣を張った。

だが今日、科学の新たなガバナンスのツールとして推進されてきた公衆参加や専門式デモクラシーには、多くの限界が見えてきた。参加制度の大半は、手続きの面で重大な欠陥を抱えている[13]。公衆参加といっても、上から課せられた枠組み設定(フレーミング)が制約となるため、政策決定に実効的に関与できるわけではない[14]。推進する人々の期待や意図は必ずしも一致していないから[15]、マネージメントの具にされるおそれもある。位置づけが明確

---

9 L. Blondiaux et Y. Sintomer, « L'impératif délibératif », *Politix*, 15, 57, 2002, p. 17-35 ; L. Blondiaux, *Le Nouvel Esprit de la démocratie : actualité de la démocratie participative*, Paris, Seuil, 2008.
10 D. Pestre, *Introduction aux* Science Studies, Paris, La Découverte, 2006.
11 M. Gibbons, C. Limoges, H. Nowotny, S. Schwartzman, P. Scott and M. Trow, *The New Production of Knowledge : The Dynamics of Science and Research in Contemporary Societies*, London, Sage, 1994.〔マイケル・ギボンズ編著『現代社会と知の創造——モード論とは何か』、小林信一監訳、丸善、1997年〕
12 M. Callon, « Des différentes formes de démocratie technique », *Les Cahiers de la sécurité intérieure*, 38, 1999, p. 37-54.
13 L. Simard, L. Lepage, J. M. Fourniau, M. Gariepy et M. Gauthier (dir.), *Le Débat public en apprentissage : aménagement et environnement. Regards croisés sur les expériences française et québécoise*, Paris, L'Harmattan, 2006 ; M. Revel, C. Blatrix, L. Blondiaux, J.-M. Fourniau, B. Hériard-Dubreuil et R. Lefebvre (dir.), *Le Débat public. Une expérience française de démocratie participative*, Paris, La Découverte, 2007
14 M. P. Ferretti, « What Do We Expect from Public Participation ? The Case of Authorizing GMO Products in the European Union », *Science as Culture*, 16, 4, 2007, pp.377-395.
15 B. Wynne, « Elephants in the Rooms where Publics Encounter "Science" ? A Response to Darrin Durant », *Public Understanding of Science*, 17, 1, 2008, pp.21-33.

に規定されていないので、決定プロセスを左右する権限を欠いたものが多い。このような実情から、参加という理念に公然と疑義を挟む者が続出するようになった。そうした人々は距離を置いたり[16]、公然と非難したり、市民的不服従に訴えたり[17]した。2006年に欧州新型炉に関する公衆討議がボイコットされ、その3年後にナノテクノロジーに関する公衆討議が妨害されたのを見ても、潮目が変わったことは明らかだ。

　公衆参加、専門式デモクラシーに主眼を置いた研究に対し、近年は次のような学術的批判も加えられている[18]。これらの研究は、意見交換と対話の場が開けるだけで科学技術に民意が反映されるようになると仮定するが、専門機関・事業体の集団と市民の集団、体制機構とNGOの間にある権力とリソース——資金、専門知識、メディアとの関係——の非対称性を過小評価している。さまざまな制約が社会的な結集行動に課せられていることを直視していない。今日では科学技術の舵取りにおいて市場の役割が拡大し、したがってデモクラシーの論理と市場の論理がつねに緊張関係にあるというのに、そうした側面も看過、さもなくば無視している、

16　R. Barbier, « Quand le public prend ses distances avec la participation. Topiques de l'ironie ordinaire », *Natures, Sciences, Sociétés*, 13, 3, 2005, p. 258-265 ; S. Rui et A. Villechaise-Dupont, « Les associations face à la participation institutionnalisée : les ressorts d'une adhésion distanciée », *Espaces et sociétés*, 1, 123, 2006, p. 21-36.

17　市民的不服従の立場表明は必ずしもデモクラシーの理念に反するわけではなく、それどころかデモクラシー（この場合は参加デモクラシー）創設的な行為と見ることができよう。Cf. A. Ogien et S. Laugier, *Pourquoi désobéir en démocratie ?*, Paris, La Découverte, 2010.

18　例示にとどまるが、A. Irwin, « The Politics of Talk : Coming to Terms with the "New" Scientific Governance », *Social Studies of Science*, 36, 2, 2006, pp.299-320 ; S. Frickel and K. Moore (eds.), *The New Political Sociology of Science : Institutions, Networks and Power*, Madison, University of Wisconsin Press, 2006 ; D. Pestre, « Challenges for the Democratic Management of Technoscience : Governance, Participation and the Political Today », *Science as Culture*, 17, 2, 2008, pp.101-119 ; P. B. Joly and A. Kaufmann, « Lost in Translation ? The Need for Upstream Engagement with Nanotechnology on Trial », *Science as Culture*, 17, 3, 2008, pp.225-247 ; L. Levidow and S. Carr, *GM Food on Trial : Testing European Democracy*, New York-London, Routledge, 2009 ; C. Blatrix, « La démocratie participative en représentation », *Sociétés contemporaines*, 2, 74, 2009, p. 97-118 ; C. Thorpe, « Participation as Post-Fordist Politics : Demos, New Labour and Science Policy », *Minerva*, 48, 2010, pp.389-411 ; J. Clarke, « Enrolling Ordinary People : Governmental Strategies and the Avoidance of Politics ? », *Citizenship Studies*, 14, 6, 2010, pp.637-650.

といった批判である[19]。

「素人」[20]ないし「市民社会」[21]の権力や技能にしぼりこんだ研究だけでは事足りない。体制機構の権力に焦点を合わせ直すことが急務だろう。批判活動が論戦[22]やアクションを展開する能力だけではなく、科学技術体制機構が批判活動を調査・規制・統制し、有効利用し、あるいは逆に不可視化するメカニズムにも関心を向けるべきだ。だからこそ、本書は全編を通じて、「批判活動に対する統治」を主題に据える。推進サイドの専門機関・事業体は、みずからの作り出したモノによって影響される人々（受益者、リスクの共同負担者、ことによると被害者）の抵抗にもかかわらず、みずからの作り出したモノを生かしめ、持続させ、容認させるために、彼らの抵抗に対して多彩な戦略や手段、手続きや措置を駆使している。それが「批判活動に対する統治」である。

この主題の構成要素の一方をなす「批判活動」は、核エネルギーを一般市民の評価判断にかける目的で、主にNGOの「アリーナ」[23]で繰り広げられる言論とアクションのすべてを意味する。本書は「批判活動」を集合行為の、ないしは自主独立化（エマンシペーション）[24]の、「多元的な作動様式（レジーム）」[25]として検討していく。核エネルギーへの真っ向からの反対だけではない。問題を明るみに出し、警鐘を鳴らし、専門的な対抗調査を行い、裁判を起こし、といったアクションも取り上げる。そのような多元性をもってしか、現在に至るまでの変化は把握できないからだ。

構成要素のもう一方は、フーコーが用いた意味での「統治（ガバメント）」である。一

---

[19] 総論として、D. Pestre, *À contre-science. Politiques et savoirs des sociétés contemporaines*, Paris, Seuil, 2013.
[20] T. Fromentin et S. Wojcik (dir.), *Le Profane en politique. Compétences et engagements du citoyen*, Paris, L'Harmattan, 2008.
[21] この概念の批判的研究としては、P. Rosanvallon, *Le Capitalisme utopique. Histoire de l'idée de marché*, Paris, Seuil, 1999 ; D. Pestre, À contre-science, *op. cit.*
[22] この点に関する刺激的な近刊として、Francis Chateauraynaud, *Argumenter dans un champ de forces. Essai de balistique sociologique*, Paris, Petra, 2011.
[23] S. Hilgartner and C. L. Bosk, « The Rise and Fall of Social Problems : A Public Arenas Model », *American Journal of Sociology*, 94, 1, 1988, pp.53-78.
[24] L. Boltanski, *De la critique. Précis de sociologie de l'émancipation*, Paris, Gallimard, 2009.
[25] L. Thévenot, *L'Action au pluriel. Sociologie des régimes d'engagement*, Paris, La Découverte, 2006.

方向的・権威主義的・抑圧的な支配形態を指すわけではなく、権力生産の様式に重きを置いた観念である。それが捉えているのは、支配テクノロジーと自家テクノロジーを組み合わせた「実利的」な戦略を用いながら、増進と強化を遂げる権力である[26]。ジル・ドゥルーズの言葉を借りれば、統治の観念によって「立てられる問いは、『権力とは何か、権力はどこに由来するのか』ではなく、『権力はいかにして行使されるのか』である[27]」。ここでは「権力」は、あるアクターが他のアクターの挙動を決定する戦略ゲームの総体として浮かび上がる[28]。挙動が決定されるからといって、自由が圧殺されるわけではない。むしろ〔ドイツの社会学者〕トーマス・レムケが分析したように、個々の人々がエンパワーメント[29]され、「自己責任化」されるといえるかもしれない。あらかじめ決められた制約的な枠組み（フレーム）の中で、自由な行動を促される、ということだ[30]。本書でいう統治は、抗議活動の単なる管理には限定されない。「管理」では、政治的な意味合いよりも技術的な意味合いが強いからだ。本書でいう統治は、ガバナンスとも異なる。「ガバナンス」は規準化を含みこんでおり、マネージメントの近代化と密接に結びつくからだ。統治という視座に本書が依拠するのは、現時点で社会成員が何をどのように区分し、何を自明と見なしているかを分析的に捉え直し、再帰的に検討していくためである。

したがって本書の分析対象には、批判活動に対する統治を陰に陽に、直接的・間接的に改善しようとする言説や慣行をつくり出している主要アクター、とりわけフランス電力と原子力本部[(i)]（CEA）が含まれる。前者は1946年に設立された国有企業であり、70年代序盤から設置が始まった原

---

26 P. Lascoumes et P. Le Galès (dir.), *Gouverner par les instruments*, Paris, Presses de Sciences Po, 2004.
27 G. Deleuze, *Foucault*, Paris, Éditions de Minuit, 2004, p. 78.〔ジル・ドゥルーズ『フーコー』、宇野邦一訳、河出書房新社、1987年、113ページ〕
28 N. Rose and P. Miller, « Political Power Beyond the State : Problematics of Government », *British Journal of Sociology*, 43, 2, 1992, pp.173-205.
29 個々の人々が自分に関係する分野で行動する権能を獲得できるようにするプロセスや方策をいう。現時点でフランス語の定訳はなく、さまざまな訳語（capacitation, empouvoirement, autonomisation...）が示唆されている。
30 T. Lemke, « Foucault, Governmentality and Critique », *Rethinking Marxism*, 14, 3, 2002, pp.49-64.
(i) 「原子力庁」と訳されることが多いが、本書で詳述されるように規制機関ではなく国策事業体であり、誤解を避けるために「原子力本部」とした〔訳注〕。

発群の大部分を運転している。後者は45年に創設され、70年代に始まる核燃料「サイクル」を主要事業のひとつとして、76年設置の関連会社コジェマ〔核物質総合公社、現オラノ〕を通じて展開する。この二つに加え、核事業の監督にあたる機関と部局をはじめとする行政アクターも取り上げる。

*

　本書は3部、9章からなる。第1部では1970年代を扱う。石油危機を受けて（フランスのエネルギー自立の保障になるという）大規模な原発事業計画が登場した。と同時に、68年5月の運動の流れを汲んだ反原発運動が全国的に盛り上がった。第1章では、74年の原発事業計画を記述する。テクノロジーによるバラ色の未来が描き出され、専門家たちは楽観論を語り、国家と事業体と個人の間の責任負担が再編された。フランスは専門機関・事業体が近代化される新時代に突入するのだと喧伝された。だが、そこで全面的な〈激突〉が起こる。専門家と「民衆」との、統べる側と統べられる側との、本書が「核エネルギー主義者」と呼ぶ人々、つまり原発事業計画という「システム」の確立に尽力するアクターと、そのようなシステムの全般化を拒否する糾弾勢力、「反核エネルギー主義者」との衝突だ。70年代の反原発運動は、多様な大義を掲げて展開された。第2章では、それらの大義の間に生じた亀裂や矛盾を分析する。第3章では、いかなる統治手段が用いられたかを特定する。批判活動が主要な政策決定サークルから排除されつつ、推進組織体による捕捉と調査の対象とされた実態が、この作業を通じて明らかになるだろう。
　第2部では、チェルノブイリに続く10年間に、批判の圏域に起きた変化を分析する。第4章では、フランスが事態をどう管理したかを検討する。さまざまなアリーナ――事業体、規制機関、科学者、ジャーナリズム、ひいては抗議勢力――において、秘密主義の規範化／常態視が進んだことがあらわになる。第5章では、放射能調査専門の二つの市民団体を取り上げる。両者は「国家の嘘」への対抗策として出現し、市民が専門評価を行う権利、透明性を確保する権利を掲げて闘争した。とはいえ、彼ら

の闘争によって、核分野に民意が反映されるようになったわけではない。この時期には、むしろ行為遂行的(パフォーマティブ)な用語と言説が伸長した。一般市民への情報提供制度の整備、という抗議勢力に与えたアメと、用語による統治とが表裏一体であったことを第6章で示す。

　第3部では、核エネルギーが90年代から、「エコ」で「参加型」の事業としてイメージチェンジを図り、批判の圏域に影響を及ぼした経緯を分析する。第7章では、超長期汚染地の新たな管理方式と銘打って、90年代後半にベラルーシで推進された「参加型の復興」の意味と射程を検討する。第8章では別の参加モデル、いわゆる多元的専門評価の制度に注目し、それが一般市民への無条件の門戸開放ではなく、一定の枠組み設定の下で、細分化され、抑制された参加でしかないことを示す。そうした細分化戦略が顕著に現れているのが、ニジェールのウラン鉱山をめぐる論争である。最後の第9章では、このフランス核産業の「悩みの種」を取り上げ、次の問いを立てる。旧植民地諸国では経済と政治の問題だけでなく、健康と環境の問題も激化している。そのような状況を背景にしたがえながら、「グリーン」で「民意を反映」した核エネルギー事業という言説が予告する新たな社会秩序とは、いったい何を意味するものであるのか。

第 1 部

1970年代の強硬な核事業
―― 抗議活動を意に介さない国威発揚 ――

第1章 １９７４年のメスメール計画の誕生

「核エネルギーの絶大な威力は、不和の種であり、私たちの狂気を後世に語り継ぐ証人だ。それはバベルの塔である（……）。この技術の威力は、国家によって固い結び目にされていて、今では解きほぐせないように見える[1]」

ルイ・ピュイズー、フランス電力のエコノミスト、１９７０年代

1. 石油危機以前の大きな胎動

フランスの核エネルギー化が進行した過程を振り返ると、転機は1973年の「石油危機[2]」にあった。年末に4倍に跳ね上がった原油価格の急騰に直面した政府は、フランスのエネルギー自立の保障をめざして、「万事の電化、万事の核エネルギー化」と銘打った事業計画を74年に決定し、世界最大の核エネルギー化への道を歩み始める。「これほど力を入れている国は、米国を除けば世界のどこにもない。我々はまさに大いなる事績を挙げようとしているのだ[3]」。計画の広報を開始した11月22日に、ピエール・メスメール首相はこうぶち上げた。

「メスメール計画」の規模は壮大だった。85年までに80基前後、2000年までにのべ170基の原子炉を建設する。これが実現していれば、現状でも〔総発電量ベースで〕世界最大のフランスの原発群は、さらに大規模になっていただろう。メスメール内閣は、年に6〜7基のペースで建設を進め、総発電量に占める原発比率を85年に70％、以後段階的に100％ま

1　L. Puiseux, *La Babel nucléaire*, Paris, Galilée, 1981, p. 248.
2　物理的な問題のみを強調し、この転換期に資本主義に起きていた大きな変化を隠蔽する「石油危機」なる観念によって目をくらまされた無思慮に対する批判として、T. Mitchell, *Petrocratia. La démocratie à l'âge du carbone*, Alfortville, Ère, 2011 [*Carbon Democracy : Political Power in the Age of Oil*, Verso, 2011].
3　M. Ambroise-Rendu, « Le pari nucléaire », *Le Monde*, 22 novembre 1974 中の引用より。

で引き上げるつもりだった。節目となる85年には、300万世帯に電気暖房が備わっているという青写真である。「万事の核エネルギー化」に向けて「万事の電化」が始動した。

　フランスの全方位的な核エネルギー化計画をつくり上げたのは、高級官僚団を母体とする少数の専門家であり、その大部分は原子力本部とフランス電力のいずれかに籍があった。この二つの公的機関はさまざまな決定レベルで重要な地位を占めていた。今回の計画の規模は、55年に設置されたペオン委員会（核エネルギー由来発電委員会）の経済試算に基づいている。委員会には両者のハイレベルの幹部と専門家が多数、委員として入っていた。両者は産業省の内部でも大きな影響力をもっていた。稼働中の原発や建設予定の原発に関する中間報告・暫定報告・最終報告の大部分は、原子力本部とフランス電力が文案を作成している。産業省の重要ポストへの出向が、両者の経営陣のキャリアパスになっていた。原子力本部はさらに、核施設の安全性の監督にもあたっていた。監督機能は73年に産業省内の核施設安全規制中央局（SCSIN、以下「安全中央局」）に移管される。しかし原子力本部からの分離は、じりじりとしか進まなかった。

　74年の大規模計画は、73年の石油危機に迫られての応急の技術的解決ではまったくない。フランスの核エネルギー化を急ピッチで進めるべく、石油危機が起こる以前の60年代終盤から準備されていたものだ。ウランの採掘と濃縮から廃棄物の再処理と高速増殖炉に至るまで、あらゆるレベルで原子力事業を押さえることにより、産業・軍事分野で「国威」を発揚する「国家的事績」を挙げるという計画である。

　フランスの核エネルギー化は、第4共和政〔1946～58年〕の時代に人知れず始まった。目標は原子力兵器の保有であり[4]、その中核となったのが、45年の創設当初から軍事的任務も与えられている原子力本部である。政治権力による監督をほとんど受けない特例的な地位を付与されており、権力の離れ小島のような存在として、政治的変動に左右されることなく、

4　L. Scheinman, *Atomic Energy Policy in France under the Fourth Republic*, Princeton, Princeton University Press, 1965 ; A. Bendjebbard, *Histoire secrète de la bombe atomique française*, Paris, Le Cherche Midi, 2000.

原子力という「国威」を打ち立てる役割を担った[5]。最初期の主な事業は、直接的な軍事開発ではないものの、プルトニウムの生産に関わる研究である。初めて成功した再処理作業は49年、〔パリ近郊フォール・ド・シャティヨン試験工場の〕ゾエ実験炉の照射済み燃料を用いて、〔首都圏の〕ブシェ工場で実施された。続いて、最初の軍産両用の核事業計画、第1次5か年計画（52～57年）がスタートした。50kg前後のプルトニウム239の生産という目標が明確に掲げられた。6～8個の爆弾を製造できる量である。この計画の下で黒鉛炉2基（G1、G2）が建設され、その使用済み燃料が〔南部ラングドック地方の〕マルクール抽出工場（UP1）とフォール・ド・シャティヨン「試験工場」で製造される軍事用プルトニウムの原料となっていく。54年には原子力本部の内部に、部署名が意図的にぼかされた「総合研究調査室」が設けられた。プルトニウム製造、ウラン濃縮、水素融合を研究する部署であり、58年に軍事応用局（DAM）に改称される。核兵器用プルトニウムに関しては、生産能力を拡充するために、〔ノルマンディ地方〕ラ・アーグに再処理工場を建設することが59年に決定された。マルクールのUP1に続く「第2プルトニウム生産工場」＝UP2が当初の呼称である。続けて第2次5か年計画（57～61年）の下で、同位体分離法を用いるウラン濃縮工場を〔ローヌ＝アルプ地方〕ピエルラットに建設することが決定された。濃縮ウランの用途は潜水艦ルドゥターブル号〔の動力源〕である。

　核武装のためのインフラと並行して、核発電能力の整備も推進された。第2次5か年計画の下では、さまざまな技術方式の原発が建設された。〔北東部〕ショーにはベルギーとの共同事業で軽水炉、〔北西部ブルターニュ地方〕ブレニリスには重水炉、さらに高速増殖原型炉フェニックスの前身となった高速中性子研究炉ラプソディが〔南部カダラシュに〕建設された。60年代後半になると、大規模な核エネルギー利用へと舵を切る決定や措置が相次いだ。メスメール計画で建設予定の原発に用いる技術が決定さ

---

[5] G. Hecht, *Le Rayonnement de la France : énergie nucléaire et identité nationale après la Seconde Guerre mondiale*, Paris, La Découverte, 2004 [*The Radiance of France : Nuclear Power and National Identity after World War II*, MIT Press, 1998].

れたのは、69年のことである。米企業ウェスチングハウスの軽水炉技術が採用され、原子力本部の開発した天然ウラン黒鉛ガス炉（UNGG）、いわゆる国産技術は不採用になった。原子力本部とフランス電力は、この決定をめぐって火花を散らしていた。そして決定の結果、両者の勢力関係が変わった。米国技術を支持していたフランス電力が、原子力事業の主導権を奪い取ったのである。核事業計画の方向も大きく転換する。黒鉛ガス炉の予定で70年に着工されたフェセナイム原発は、落成時にはフランスの軽水炉1号機に変わっていた。続く72年に着工された〔ローヌ＝アルプ地方の〕ビュジェ2号機と3号機にも軽水炉が採用された。同じ72年にペオン委員会が、向こう30年単位の原発事業の青写真を作成している[6]。消費電力量が2000年には1000TWh〔1兆kWh〕に達するとの予測に基づき、25か所前後の新たな立地を示唆したものだ[7]。メスメール計画の実施に向けて、軍事用施設の段階的な転換も進められた。たとえばラ・アーグ再処理工場では、当初は黒鉛ガス炉からの廃棄物しか想定していなかったのが、76年に軽水炉からの廃棄物の受け入れ区画を整備している。これらの動きと並行して60年代中盤から、「万事の電化」政策が進められていく。その背景にはフランス電力の新たな事業哲学、すなわち従来の「生産主義の倫理」に替わる「消費の倫理」がある[8]。65年に同社の総合経済調査課から、万事の電化を推進する必要を謳った複数のレポートが出されている。「数年前には考えられず、現在もわずかでしかない電気暖房が、今後10年で登場し、次の10年で普及するはずだ[9]」

技術が確立していない高速増殖炉は、長らく二の次にされていたが、

---

6 Commission Péon, « Recherche d'un programme nucléoélectrique optimal », 4 octobre 1972 ; Groupe de travail Péon, « Perspectives nucléaires à plus long terme : approvisionnement en matières fissiles riches et filières d'avenir », 26 décembre 1972 (archives d'EDF).
7 Commission Péon, « Problèmes relatifs aux sites nucléaires », 16 octobre 1972 (archives d'EDF).
8 R. Frost, « La technocratie au pouvoir... avec le consentement des syndicats : la technologie, les syndicats et la direction à l'Électricité de France. 1946-1968 », *Mouvement social*, 130, 1985, p. 81-96.
9 EDF, Département commercial, « Perspective du chauffage électrique en France dans le secteur résidentiel et tertiaire », *Études économiques générales*, mai 1965 (archives du Centre d'archives contemporaines).

69年を機に原子力本部、そしてフランスの最優先課題に躍り出た[10]。ある業界幹部の表現によれば、軽水炉で米国の後塵を拝し、「この世代の原発で出遅れた」フランスは、「その後続、つまり高速増殖炉の研究に注力」し、「首位に立ちつつ」あった[11]。高速増殖炉の特徴は、使用済み燃料から新品の燃料を生み出すところにある。フランスは当時からウラン調達を旧仏領諸国に依存していたが、この問題は高速増殖炉の実現により80～90年頃には「決定的」に解決される公算だった。その公算の下で、史上最大の出力となる高速中性子炉スーパーフェニックスが、メスメール計画の大きな柱に据えられる。74年にジョイント・ベンチャー、欧州原子炉株式会社（NERSA、以下「ネルサ」）が設立され、プロジェクトはヨーロッパ規模で推進されていく。同社には筆頭株主のフランス電力（51％）のほか、イタリア電力公社ENEL（33％）、ドイツ[(i)]・ベルギー・オランダ・英国の会社（合同で16％）が資本参加した。

同じ時期にもうひとつのヨーロッパ規模の大型プロジェクト、欧州ガス拡散法ウラン濃縮コンソーシアム（ユーロディフ）が始動する。69年に原子力本部は、これから建設が進む（軽水炉型）原発に濃縮ウランを供給する施設を立ち上げるべく、諸国の関係機関との協議に乗り出した。ガス拡散法は原子力本部が開発した方法であり、その事業性調査（フィジビリティ・スタディ）を目的とする企業体が72年3月に設立される。調査はわずか1年半で完了し、石油危機の兆しの現れた73年11月に、工場建設の正式決定があわただしく下された。ユーロディフには筆頭株主のフランス（原子力本部）のほか、イタリア（25％）、スペイン（11％）、ベルギー（11％）が資本参加した。しかしフランスは当面の間、濃縮ウランを米国に依存するようになる。既存施設のピエルラット工場は、軍事用に設計されていたため、原発事業計画の必要量に足りないからだ。

メスメール計画が60年代終盤から準備されていたことの例証はほかにもある。核産業の廃棄物の大部分を四半世紀にわたって受け入れること

---

10 H. P. Kitschelt, « Theories of Public Policy Making and Fast Breeder Reactor Development », *International Organization*, 40, 1, 1986, pp.65-104.

11 M. Boiteux, *Haute Tension*, Paris, Odile Jacob, 1993, p. 145.

(i) 以下、90年10月3日の再統一以前の「ドイツ」は、ドイツ連邦共和国（西独）を指すと考えてよい〔訳注〕。

になるマンシュ集中保管施設（CSM、以下「マンシュ保管センター」）は、69年に〔ノルマンディ地方に〕開設されている。78年に操業を開始したマルクールの放射性廃棄物ガラス固化集中処理施設も、建設の決定は同じ69年だ。メスメール計画は、73年の石油危機の所産ではない。石油危機はフランスの全方位的な核エネルギー化に恰好の口実を提供しただけだ。核エネルギーは政治的には「フランスのエネルギー自立の保障」、経済的には「安価なエネルギー」という強力な根拠づけ〔＝正当化〕を得たのだった。

2. 大量消費社会の「安価なエネルギー」なる触れこみ

　73年10月に起きた第4次中東戦争〔による石油危機〕前夜のフランスを見ると、石油・天然ガスの輸入依存度が非常に高く、72年には消費エネルギーの75％を占める状態だった。直接の原因は、過去20年間の「万事の石油化」政策にある。フランスは国産の石炭に替え、北アフリカと中東から石油・天然ガスを輸入していた。71年に、第6次計画と通称されるエネルギー計画が発表されている。この計画では、石油依存率が根本的に問題視されることはなかったものの、総合エネルギー収支に占める原発比率の大幅な引き上げという発想が登場した。75年に2％、80年に5.5％、85年に10％（またはそれ以上）にする算段である[12]。原発事業でのフランスの遅れを取り戻し、電力消費の底上げも進めようという狙いから、他の欧米諸国との比較も示された。計画の立案者は、総合エネルギー収支を所轄していた経済企画庁エネルギー委員会だ。「長期的には、エネルギー資源の持続的な多角化を実現する最も確実な手段は核エネルギーであるように思われる（……）。この観点からすると、フランスは他のヨーロッパ諸国よりも不利な状況にある（……）。差をつけられた一因は、第5次計画の実施中に遅れをとったことである。66年半ばから70年半ばの時期に、

12　Commission Énergie du Commissariat général du plan d'équipement et de la productivité, « Note sur les problèmes de sécurité d'approvisionnement en énergie », janvier 1971 (archives du CAC).

フランスではフェニックス以外の原発が進展を見なかった。(……)第2の原因は、最終消費者によるエネルギー消費の様態にある。最終消費は世界的には、燃料の直接利用から電気へと次第に移行しつつある。しかるにフランスは、先進国の中で移行が立ち遅れ、過去10年は最後尾を喫している[13]」

　85年頃までにフランスのエネルギー消費が大幅に伸びるという想定、大幅に伸ばすという意気込みが、74年のメスメール計画の方向を大きく決定した。原発事業計画を推進した人々の第1の特徴は、高度経済成長に絶対不可欠の条件として、エネルギー大量消費社会を構想したことだったとすらいえよう。85年までのエネルギー消費予測は、したがって過大に見積もられ[14]、この過大な予測をそのまま「目標」とする形で、需要つまりニーズが積極的に創出されていく。

　そこでは必ずといっていいほど、米国というモデル、ないしは夢が持ち出された。フランスの消費者を米国の消費者と同列に〈引き上げる〉ためには、70年代序盤の時点で4.5石炭換算トン（TCE）の1人あたり消費量は、2000年には10TCEかそれ以上にならなければいけない。このような将来展望は、73年の石油危機後も見直されてはいない。石油危機の問題は代替エネルギー資源をどこに求めるかの問題であり、核エネルギーの急速な――数年間で総発電量の25％、85年までに70％への――伸長が新たに目標として設定される。「万事の石油化」から「万事の核エネルギー化」への急速な転換が始まった。

　油価の高騰に直面するフランスで、原子力しかないという風向きをさらにあおったのが、ペオン委員会の75年の試算である。核エネルギーには過大なほどの競争力があり、原価は石油の半分にも満たないという[15]。ただし、ウラン市場は予測不能であるから、試算値はあまり確実でないとの留保もみずから付している。「濃縮と再処理のコストが産業の論理に

---

[13] Ibid.
[14] J.-M. Martin, « Expertise et exploration du futur : le cas des consommations d'énergie », Annales des Mines, février 1998, p. 121-125.
[15] Commission Péon, Groupe prospective sur l'énergie, « L'énergie nucléaire. Situation actuelle et perspective », 27 janvier 1975 (archives du CAC).

したがう点を踏まえると（……）、不安材料は天然ウランのコストに収束し（……）、天然ウラン価格が倍増した場合、〔核燃料〕サイクルのコストは40％、発電段階でkWhあたり12％上昇する」と委員会報告は記す[16]。試算の確度があまりに低かったので、フランス電力では75年の5.3サンチーム[(i)]から、76年に8サンチーム、77年に10サンチームへと、kWhあたりのコスト計算を上方修正するはめになる[17]。

　経済性が確実でないという要因は、米国と違いフランスでは、原発の先行きにほとんど影響しなかった。国家が中心的な役割を演じたからである。フランス電力の国内外での資金調達には、国家の債務保証がつけられた。75年時点での見積もりによれば、80年まで毎年6基のペースでの建設コストは総額500億フランにのぼる[18]。そのうちフランス電力が自己資金で負担できるのは25％だけで[19]、34％は国内市場で調達し、加えて国外からも借入を行った[20]。たとえば72年に着工したビュジェ2号機では、欧州投資銀行（EIB）から融資を受けている[21]。75年には米国市場で5億ドル規模の調達を実施した[22]。さらに外国の電力会社との間では、稼働どころか建設もしていない原発が（将来）生み出す電気を売るという手法も用いている。フェセナイム原発はこの方式で、スイスの複数の電力会社から資金提供を受けた。フランス電力以外の事業体も、資金調達をあれこれと工夫している。76年にラ・アーグ再処理工場の移管を受けたコジェマ社は、工場の拡張資金を捻出するために複数の外国政府と契約を交わした。原子力本部は75年1月、ユーロディフのウラン濃縮工場の建設資金に充当するために、保有株式52.3％の半分近くをイランに売却した。だが、これらの手法をもってしても、国外からの多額の借入の慢性化は防げなかった。10年に及ぶメスメール計画の実施期間に、フランス電力の対

16　Ibid.
17　GSIEN, *Électronucléaire : danger*, Paris, Seuil, 1977, p. 13.
18　CFDT, *L'Électronucléaire en France*, Paris, Seuil, 1975, p. 125.
19　*Revue générale nucléaire*, 1, 1976 などを参照。
20　CFDT, *L'Électronucléaire en France, op. cit.*
21　Ibid.
22　J. Jasper, *Nuclear Politics : Energy and the State in the United States, Sweden and France*, Princeton, Princeton University Press, 1990.

(i)　2002年にユーロに切り替わる前の1サンチームは100分の1フラン、70年代後半のレートは1フラン＝約43〜73円〔訳注〕。

外債務は930億フラン[(i)]に膨らんだ。フランスの対外債務総額の15.6％にあたる金額である[23]。

借入金に関しては体制機構内からも批判が起きたが、歯止めはかからなかった。77年11月に国民議会財政委員会が公表したシュレジング報告がその一例である。原発事業計画は規模が大きすぎ、コストが高すぎ、債務を増やしている点を問題視された。しかし、フランス電力と産業省の方針は微動だにしなかった。米国の社会学者ジェイムズ・ジャスパーの記すところ、フランス電力の当時の関係者の大半はシュレジング報告の存在すら知らなかった[24]という。なんとも象徴的な逸話である。

3.「エネルギー自立」の実態

50〜60年代のプロジェクトと違って、メスメール計画の目標は技術上・軍事上の優位ではなく、採算性と国際競争力の確保にあった。それを象徴するのが原子力本部とフランス電力の「路線闘争」である。〔米国の歴史家〕ガブリエル・ヘクトが行った分析によれば、フランス電力は「舶来国産路線」(ナショナライズ)をとり、経済的な将来性を重視していた。原子力本部は「純粋国産路線」(ナショナル)をとり、フランスの国防と威信のために国産技術の開発を重視していた。そして前者が優越した。これが60年代の状況である[25]。その結果、米国式の軽水炉が採用された。採算性があって量産に適した技術だと判断されたからだ。

フランス電力は同じく市場資本主義の要請にしたがって、以前は競争相手と見なしていた私企業と次々に提携した[26]。軽水炉の採用が決まると、競合する2種類の原子炉の両方を契約した。契約相手は、ウェスチングハ

---

23 M. Bess, *La France vert clair : écologie et modernité technoloique, 1960-2000*, Seyssel, Champ Vallon, 2011, p. 138 [*The Light-Green Society : Ecology and Technological Modernity in France, 1960-2000*, University of Chicago Press, 2003].
24 J. Jasper, *Nuclear Politics, op. cit.,* pp.241ff.
25 G. Hecht, *Le Rayonnement de la France* [*The Radiance of France*], *op. cit.*
26 J.-F. Picard, A. Beltran et M. Bungener, *Histoires de l'EDF : comment se sont prises les décisions de 1946 à nos jours*, Paris, Dunod, 1985.

(i) この時期のレートは1フラン＝約25〜29円〔訳注〕。

ウスの加圧水型原子炉（PWR）のライセンスをもつクルゾ・ロワールの系列会社フラマトム⁽ⁱ⁾、ゼネラル・エレクトリックの沸騰水型原子炉（BWR）のライセンスをもつCGE〔電力総合社〕と系列会社アルストムだ。実際に運転して採算性と信頼性を試したうえで、どちらが適しているかを決めるためである。調達先を多角化しておく、複数の選択肢を維持する、競合させれば価格が下がる、といった思惑もあった。そこへ石油危機が発生する。フランス電力は事業化を急ぎ、標準化へと舵を切った[27]。同型炉を「経験学習」しながら増設していくほうが簡単だからだ。標準化すれば発注をまとめやすくなり、提示される価格が下がることも、何件かの入札を行った時点で判明していた。こうして75年8月に、万事の核エネルギー化は「万事のPWR化」に変貌する。フラマトムのほうが、原子力本部（この年に同社株式の30％を取得）と行政当局の支援の下に[28]、フランス電力の原子炉メーカーとしてしぼりこまれたからだ。ただし、CGEも市場から消えたわけではない。タービン発電設備の分野、とくに輸出向けの「ターン・キー方式」原発用のタービン事業では、系列会社アルストムがトップメーカーの座を維持した⁽ⁱⁱ⁾。アルストムはスーパーフェニックスの建設にも、米国やイタリアの企業グループとともに関与している。

　74年のメスメール計画の下で、フランスは国営企業と私企業、国産技術と米国技術の壁を取り払った。その目的は、国内外の市場で影響力をもち、核エネルギーの世界的リーダーになることだ。「フランスの自立」の意味は大きく変質した。ド＝ゴール主義的な意味でのフランスの自立を保障するのは、もはや技術の種類（国産かどうか）ではなく、核エネルギー事業がどれほどの力をもてるかである。高い競争力、高い信頼性を備え、大規模に展開することで、世界に冠たる地歩を固め、影響力を発揮し、ひいては世界を変える力をもたなければいけない。もろもろの対外依存など、たいした問題ではない。軽水炉のライセンスを米国から受けているとか、濃縮ウランを向こう何年も米国から輸入せざるをえないとか、そんな

27　M. Boiteux, *Haute Tension, op. cit.*, p. 151-152.
28　H. Morsel (dir.), *Une œuvre nationale : l'équipement, la croissance de la demande, le nucléaire (1946-1987)*, Paris, Fayard, 1996, p. 741.

(i)　現在はフランス電力の系列会社となっており、三菱重工が19.5％の資本参加を行っている〔訳注〕。
(ii)　タービン事業は本書の原著刊行後の2015年にゼネラル・エレクトリックに買収された〔訳注〕。

ことは些末な問題だ……。最後の黒鉛ガス炉となる〔中北部の〕サンローラン＝デ＝ゾー原発が69年に落成した時、67年にフランス電力総裁に就任したマルセル・ボワトゥは、以下のようなダメ押しのスピーチを行った。「世界には現在、建設中あるいは発注済みの軽水炉が約8万MW〔8000万kW〕分あります。それに対して、稼働中あるいは発注済みの黒鉛ガス炉は8000MW〔800万kW〕分です。大変な開きがあるわけです……。フランスの狭い国境の内側で、世界が関心をもたない技術を追求するのは、もはや無意味なことでしかありません。世界市場が明らかに軽水炉に向かっている以上、わが国の企業が業界の一角を占めるためには、世界が関心をもつ事業分野において、意味のある経験を身につける必要があるのです[29]」

4. リスク社会の創出へ

メスメール計画は、単に壮大な規模の事業計画というだけではない。さまざまな社会科学研究によって70年代終盤から、リスク社会が理論化されていくが[30]、メスメール計画はリスク社会の創出を大きく促した一個の〈事績〉にほかならない。この74年の原発計画の規模は、リスクの全般化と問題の累積が全国的、さらには世界的に進行する事態を予告していた。なかでも廃棄物の問題は、これといった管理方式のめどが立っていなかった。検討されていた「解決策」はいずれも試験段階か構想段階にすぎなかった。いつかは実現するだろうとの期待の下に、確立されたかのように喧伝されたものもある。事業ベースに乗る以前の段階だったガラス固化技術は、75年にフランス電力が一般市民向けに作成した文書では、

---

29 C. Foasso, *Histoire de la sûreté de l'énergie nucléaire civile en France (1945-2000) : technique d'ingénieur, processus d'expertise, questions de société*, thèse de doctorat, université Lumière-Lyon II, 2003, p. 289. 中の引用より。
30 P. Lagadec, *La Civilisation du risque*, Paris, Seuil, 1981 ; F. Ewald, *L'État-providence*, Paris, Grasset, 1986 ; U. Beck, *La Société du risque. Sur la voie d'une autre modernité* (1986), Paris, Flammarion, 2001. 〔*Risikogesellschaft. Auf dem Weg in eine andere Moderne*, Suhrkamp, 1986 ; ウルリッヒ・ベック『危険社会——新しい近代への道』、東廉・伊藤美登里訳、法政大学出版局、1998年〕

廃棄物を適切に保管できる方法だと吹聴された。核種変換も同様に、今日でさえ実現可能かどうかわからない技術だというのに、極度に危険な廃棄物の放射能を減らす方法だと謳われた。それだけではない。再処理後に高速増殖炉で利用すれば、廃棄物の大半は核燃料サイクルの中に「解消」されるというのが、メスメール計画の発表時点での推進勢力の考えだった。現実には、再処理が軽水炉にも対応するようになったのは76年のことにすぎない。高速増殖炉なるものは構想段階でしかない。しかし公式言説においては、廃棄物問題は存在しなかった。そうした安心言説は、各種の神話によって補強されていた。一例はこうだ。「放射性廃棄物はまったくかさばらず、50mプールが1面あれば収容できるほどです」

　メスメール計画が告げていたのは、核エネルギー社会の到来であり、リスク社会の到来だった。両者は対をなしている。必然的に増大するリスクの矮小化にもまして、万事の核エネルギー化という方向は、社会的・経済的に受け容れられるようなリスク管理体制の構築につながっているからだ。この時期にフランス電力が安全コストについて監督当局と協議した事実も[31]、「核エネルギー価格の上昇要因があるとすれば過度な安全願望だけだ」とペオン委員会が断じた事実も[32]、それを指し示すものである。同様に意味深い事実がもうひとつある。事故リスクを少なくとも企業にとって許容範囲におさめるために、国家と事業体と個人の間の責任負担を明確に規定した制度が、メスメール計画に先立って整備されているのだ。

　激甚事故はすでに50年代から、推進勢力の懸念の中核を占めており、原発産業の最大の減速要因になりかねないと考えられていた。しかも、メディアの扱いは必ずしも大きくなかったが、事故は現実の「経験」と化していた。カナダでチョーク・リヴァー事故（52年）、英国でウィンズケール事故（57年）、ソ連でキシュテム事故（57年）、ユーゴスラヴィアでヴィンチャ事故（58年）が起き、フランスでもマルクール（58年）、〔中西部〕シノン（66年）、サン＝ローラン＝デ＝ゾー（69年）などで重大な異変(インシデント)が起きて

31　J. Jasper, *Nuclear Politics, op. cit.*
32　ペオン委員会議事録、1972年10月11日（フランス電力所蔵文書）。

いる。こうした状況下で事故リスクがつぶさに検討される。とりわけ米国は、原子力委員会（AEC）を中心に54年から検討を開始し、事故時の被害者補償に関する法令を整備した。その基本的な枠組みが、1957年9月2日に成立したプライス＝アンダーソン法である。同法の特色は、米国産業史上初めて、企業の民事責任に上限を設けた点にある。上限を超えた分については国家が対処する義務を負う。57年当初に規定された電力事業者の責任限度は、事故時の最大保険金額と同じ6000万ドルである。これを超えた分については、最大5億ドルまで国家が補償を行う。

　この法律ができた背景には、強烈な内容のAEC公式報告、通称「ブルックヘヴン報告[33]」の存在がある。国立ブルックヘヴン研究所の科学者たちが執筆し、57年に公表されて激しい論争を引き起こした。もし500MW〔50万kW〕の原子炉に事故が起き、格納容器が損傷すれば、3400人が死亡、約4万人が被曝、24万km^{2}もの地域が汚染され、経済的なコストは70億ドルに達するという[34]。メディアではほとんど報じられなかったが、産業界にとってはまさに青天の霹靂だった[35]。7か月後に、プライス＝アンダーソン法が公布される。同法は一般市民を安心させる手段として、核事故の被害者に法的保護を与えただけではない。責任限度の設定により、企業も財務上のリスクから法的に保護されるようになった。この法律の成立を受けて初めて、米国の原発産業は軌道に乗っていく。

　ヨーロッパでもすぐに法整備が進められる。2年後には英国・ドイツ・スイスが同様の核物質リスク規制法を制定した。60年にはフランスを含むヨーロッパ17か国によって、プライス＝アンダーソン法をモデルとした経済協力開発機構（OECD）核エネルギー機関[(i)]（NEA）のパリ条約が調印される。条約が目的に掲げたのは、「核事故によって被害を受けた人々に対し、適切かつ公平な補償を確実に行う[36]」ことである。だが、それだ

33　United States Atomic Energy Commission, « Theoretical Possibilities and Consequences of Major Accidents in Large Nuclear Power Plants » (報告書), March 1957.
34　C. Foasso, *Histoire de la sûreté de l'énergie nucléaire civile en France, op. cit.*, p. 85-86.
35　*Ibid.*
36　AEN, *Convention sur la responsabilité civile dans le domaine de l'énergie nucléaire. 29 juillet 1960*, Paris, Éditions de l'OCDE, 1964, p. 1.

(i)　日本語では通例「原子力機関」と訳されている〔訳注〕。

けではなく、プライス=アンダーソン法と同様に、核事業者を将来的に保護することも意図していた。「原子力の生産と利用には未曾有のリスクもある[37]」との認識を立案理由に掲げたパリ条約は、「異例のリスク」に対処する「特例制度[38]」であるとして、事業者の責任に上限を設定する。60年当初に規定された限度額は「1500万欧州通貨協定会計単位」(EMA単位、当時は金本位制)である。ただし各国は別途、事業者の保険に応じた金額や、〔施設の性質などに応じて〕500万EMA単位を下限とする金額を定めてもよい。核産業の発展には責任限度の設定が絶対不可欠だという考えは、条約文書の中に明記されている。「特別民事責任制度が必要とされるのは諸般の理由による。第1に、現行法の下では核施設事業者は無限責任を負うことになる。第2に、核施設操業の関係者全員が保護されることもまた同様に重要である。(……)無限責任によって非常に重い財務負担を課されるようなことがあれば、核産業の発展にとって深刻な障害となりかねない[39]」

　上限を超えた損害の補償について国家がどのような措置を講ずるかは、条約には規定されず、各国の決定に委ねられていた[40]。この重要項目を補完したのが、1963年1月31日付のブリュッセル条約だ。規定された責任は3段がまえである。第1は事業者の有限責任で、先に見たように1500万EMA単位を上限とする。第2は国家の有限責任で、7000万EMA単位を上限とする。第3は締約諸国の責任で、国内総生産(GDP)と原発設備容量に応じて負担金を拠出する。フランスは66年に両条約に調印し、さらに民事責任に関する1968年10月30日付の法律第68-943号を制定した。

　この68年の法律が制定されたのは、発展をめざすフランスの核産業が私企業に門戸を開いた時期である。事故時の事業者の責任限度は、核施

37　*Ibid.*, p. 32.
38　*Ibid.*, partie « Champ d'application de la Convention ».
39　*Ibid.*, p. 1.
40　比較研究として、AEN/OCDE, *Législations nucléaires. Étude analytique. Responsabilité civile nucléaire*, Paris, Éditions de l'OCDE, 1976 [NEA/OECD, *Nuclear Legislation, Analytical Study : Nuclear Third Party Liability*, OECD Publishing, 1976].

設の場合は5000万フラン⁽ⁱ⁾、フランスを通過する核物質の輸送の場合は6億フランに設定された。後者はパリ条約では手当てされていなかった事業である。国家は3段がまえで対処する。第1に、国営事業の施設であれば損害賠償を行う。第2に、企業の責任限度を超えた金額に関しては、6億フランを上限として補填する。国家の責任も有限ではあるが、上限は企業に比べてかなり高く設定された。第3に、企業と保険会社が支払いきれない場合に、不足分を補完する。この法律では、補償の期限も設けられている。補償を請求するには被害を申し立てる必要があるが、申し立て期限は事故発生時から10年間とされた（97年に30年間に延長）。その後に顕在化した被害や疾病については、それらが「潜在」していたことを管轄裁判所が認定した場合にかぎり、プラス5年の延長となる。

　企業に対しては民事責任の限度額を設け、被害者に対しては限度額を超えた分の補償を約束することで、フランス国家は「一般利益」と企業の双方を保護するかまえを見せた。これが70年代序盤の状況である。ただし国家も無限の責任を負ったわけではない。事故コストの一部が将来の被害者に回されたことは、79年のスリーマイル島の事故の後、専門機関も公に認めている[41]。事業体と国家と個人の間の責任負担の抜本的な再編、個人への部分的な責任転嫁という前提条件が整えられたからこそ、メスメール計画が登場し、原発は競争力が高いとうそぶくことができたのだ。

---

[41] NEA, *Nuclear Third Party Liability and Insurance : Status and Prospects* (ミュンヘン・シンポジウム議事録、1984年9月10〜14日), Paris, OECD Publishing, 1985, p.159.

(i) この時期のレートは1フラン＝約72円〔訳注〕。

第2章 抗議するフランス──原子力への幻滅

「一介の教師が、それも田舎教師が、科学大明神サマに対して、どうして異議を差し挟んだりできるのか。そんなお定まりの疑念をもたれたら最後、僕らが立派な文献に基づいて立派な科学的議論を展開したところで、まるで相手にされなくなる。『科学』の素晴らしさを信じてやまない人々から、さげすみの目を向けられるだけでなく、人格まで疑われた。素人にとっては、僕は単なる逆賊だ。彼らが敬い奉る『科学』は、進歩を支え、ゆえに人間の解放を支えるものなのに（進歩から解放へという経路は、不確かながら実際なくもない）、それに食ってかかってたヤツなんだから（今でもだけど）。『素人にあらず』とか『素人は取るに足らず』という人々からすれば、ど素人の教師なんぞ疑って当然だ。行政にとっては、まあ変人だろう。変人だ、自信過剰なヤツだと思っておけばいい。あるいは何か野心があるように見えたのかもしれない。報道機関に至っては、上から目線のカタマリだった。なにせ権力の奴隷、カネの奴隷、政治と科学に関するお決まりの『論調』の奴隷なんだから。僕らの件については、いわゆる科学時評家の連中が『論調』をキープして、自分たちに好都合な考えしか載らないよう目を光らせていた[1]」

ジャン・ピニェロ、「電離放射線防護協会」の創設者

1950～60年代の抗議活動が主に原子力の軍事利用を標的としたのに対し、68年5月の運動に続く時期は、核エネルギーのいわゆる民生利用への疑問が徹底的に提起された。原発を拒否する動きには、さまざまな批判が凝縮されている。国家とテクノクラシーに対する異議が立てられ、科学に対し、技術と産業の進歩に対して疑問が突きつけられた。資本主

---

1 J. Pignero, « Association pour la protection contre les rayonnements ionisants », *Survivre et vivre*, 5, 1970, p. 2-4.

義システム・社会的支配・消費社会がばっさりと断罪され、環境意識も高まりを見せた。

この時期の運動に関しては、多くのことが語られ、書かれてきた。それがどこまで真の社会運動と呼びうるものかという点についても、すでに多くの議論がある。なかでも特筆されるのが、70年代にアラン・トゥレーヌらが行った研究である。彼らは反原発の「運動」と「反応」を区別しようと試みた。前者であれば再帰性を備え、社会学が影響を及ぼす余地があり[2]、新たな政治・社会モデルを提示する力をもつという[3]。

しかし、社会学の理念を基準に、彼ら自身が理論化した「新しい社会運動」として反原発闘争に投影したものは、現場で実際に観察されたものとは当然ながらズレている。この点はトゥレーヌの分析も認めるところだ。正確にいえば、運動は未完であったと述べている。「地元を守ることと理想を追求することの間、対抗文化を掲げることと対抗的な政治・社会構想を掲げることの間で引き裂かれて[4]」いた。担い手が明確な集団を形づくっていたわけでもなく、共通の目標を軸に組織化されていたわけでもない点、それが未完に終わった原因であるという。

この時期の反原発活動は、多種多様(ヘテロジニアス)に展開されている。それはトゥレーヌらにとっては、真の社会運動になるのを妨げる大きなハンディだった。しかし後から振り返ってみると、多種多様性にこそ、この時期の活動の最大の力があったと見ることもできるだろう。そこには「モザイク状の公共圏[5]」を構築し、さらには「市民社会[6]」を構築していく力があるからだ。

70年代の反原発活動の展開は、大きく二つの局面に分けられる。第1期は、活動の始動段階だ。フランスが黒鉛ガス炉を最終的に断念し、

2　A. Touraine, « Réactions antinucléaires ou mouvement antinucléaire », *Sociologie et sociétés*, 13, 1, 1981, p. 119.

3　A. Touraine, Z. Hegedus, F. Dubet, M. Wieviorka, *La Prophétie antinucléaire*, Paris, Seuil, 1980, p. 305.〔A・トゥレーヌほか『反原子力運動の社会学——未来を予言する人々』、伊藤るり訳、新泉社、1974年〕

4　*Ibid.*, p. 325.〔同書、300ページ〕

5　B. François et E. Neveu, *Espaces publics mosaïques. Acteurs, arènes et rhétoriques des débats publics contemporains*, Rennes, Presses universitaires de Rennes, 1999.

6　Jean L. Cohen and Andrew Arato (*Civil Society and Political Theory*, Cambridge-London, MIT Press, 1992) の意味において。

PWR型軽水炉の建設を始めた時期に相当する。第2期は74年終盤、メスメール計画の広報開始によって幕を開ける。この時期には世論における核エネルギー支持が大幅に低下する。

1. 草創期のアクター・ネットワーク──メスメール計画以前

　米国で始まった反原発運動は、70年代序盤にフランスで、エコロジー運動の重要な一派として大きく伸長する。フランスのエコロジー運動は、旧来の政党が無視・軽視していた新たな分野の闘争に乗り出すことで、フランス共産党（PCF）をはじめとする旧来の左派と一線を画して、対抗的な社会モデルを掲げる新たな政治参加を担っていく[7]。〔南部の〕ラルザック軍事基地拡張への反対、〔ローヌ＝アルプ地方〕ヴァノワーズ国立公園内の開発プロジェクトをめぐる紛争、72年に始まった自動車反対運動などの象徴的な闘争と並んで、反原発闘争もじきにエコロジー運動の大きな柱となる。

　核エネルギーの問題は、統治性〔＝統治合理性〕の問題に直結するものとして認識されていた。この大きな技術システムは必然的に、社会を根底から変貌させる、技術至上化・中央集権化・権威主義化を急激に進め、社会編成の基本を消費と浪費に組み換えてしまう、という捉え方である。事故や低線量被曝、廃棄物の輸送といった技術リスクも非常に問題とされた。この時期の原発反対活動はまた、核兵器批判とも連動している。後者が二の次にされた時期もあったのは事実だが、一部の論者の言うように[8]両者が別々に展開されたわけではない。

　エコロジー主義的な反核の批判活動を担ったのは、ブルーカラー労働者の近縁にいた知識エリート的な人々だった。具体的にはジャーナリスト、

---

[7] P. Garraud, « Politique électronucléaire et mobilisation. La tentative de constitution d'un enjeu », *Revue française de sciences politiques*, 29, 3, 1979, p. 448-474.

[8] A. Touraine *et al., La Prophétie antinucléaire, op. cit.*〔A・トゥレーヌほか『反原子力運動の社会学』、前掲書〕

弁護士、教員、それに若干の数学者と生物学者である[9]。70年に「地球の友」(FoE) フランス支部が結成される。中心人物はジャーナリストのアラン・エルヴェ、数学者のピエール・サミュエル、国立高等鉱業学校[i]（以下「鉱業学校」）の技術研究者イヴ・ルノワール、統一社会党（PSU）の政治家ブリス・ラロンド、そして第三世界主義者の生物学者で、後に大統領選に立候補した初めてのエコロジストとなるルネ・デュモンらだ。FoE は人類に向けて、「死にゆく惑星」の警鐘を鳴らし[10]、反資本主義・反テクノクラート支配・反上命下服・反権威主義・反軍事主義・反生産至上主義に立った批判を展開した。まもなく彼らは〔仏領ポリネシア〕ムルロア環礁の核実験への反対デモ、セーヌ河岸の自動車専用道路計画への反対運動、クジラを救えと訴えるヨナ・プロジェクト、〔中東部〕モルヴァンのホタル石鉱山の露天掘りプロジェクトへの反対キャンペーンなど、大規模なアクションによって注目されるようになる。

同じ70年にはモントリオールで「生き抜くこと」（後に「生き抜くこと、生きること」に改称）が結成され、数学者のアレクサンドル・グロタンディーク、クロード・シュヴァレー、ドゥニ・ゲジ、ピエール・サミュエルなどを中心としたフランスのグループも発足した。この時期にはヴェトナム戦争を通じて、帝国主義戦争の遂行に科学の果たした役割が明白になっていた。「生き抜くこと」は、科学の社会的機能の問題を工業社会批判と結びつけ、反軍事主義、反原発、有機農業、菜食主義、生分解性製品、共同体生活といった幅広い闘争を繰り広げていく。

地元レベル・広域レベルの反原発市民グループが、各地で誕生したのもこの時期だ。70年初めに「フェセナイムとライン平野を守る会」（CSFR）が、教員のジャック・レティグらによって立ち上げられ[11]、71年4月にフランス初の反原発デモを組織した。同じ4月に「ビュジェ＝モルモット」が、

9　M. Chaudron et Y. Le Pape, « Le mouvement écologique dans la lutte antinucléaire », in F. Fagnani, A. Nicolon (dir.), *Nucléopolis : matériaux pour l'analyse d'une société nucléaire*, Grenoble, Presses universitaires de Grenoble, 1979, p. 25-78.

10　Les Amis de la Terre, « Lettre ouverte aux habitants d'une planète mourante », *Courrier de la baleine*, 1, juillet 1971.

11　T. Jund, *Le Nucléaire contre l'Alsace*, Paris, Syros, 1977, p. 99-104.

(i)　後出の国立理工科学校や国立高等師範学校などとともに、フランスのエリート養成機関であるグランド・ゼコールのひとつ〔訳注〕。

ジャーナリストのピエール・フルニエと教員のエミール・プレミリューによって創設され、続けて7月にデモを実施した。この時には1万5000人がビュジェに結集し、ヨーロッパ初の大きな反原発アクションとなる[12]。同じ71年にラ・アーグで最初の反原発市民グループ「原子力公害に反対するラ・アーグ会議」（CCPAH、以下「ラ・アーグ反公害」）が、「自主独立学校」〔教員の組合運動〕寄りの教員グループを中心に創設され、翌72年には「ガロンヌ渓谷を守る会」と「SOSゴルフェシュ」が相次いで〔南西部ミディ＝ピレネー地方に〕誕生した。同じ時期に、「ローヌ＝アルプ自然保護連盟」（FRAPNA）や「南西部自然調査保護整備協会」（SEPANSO、以下「南西部自然協」）のような自然保護団体も原発問題に取り組むようになった。前者はベルナール・シャルボノーやジャック・エリュールの思想的影響の下に68年に結成されたグループ、後者は69年に結成されたグループである。

　エコロジー運動の新聞・雑誌も早々に誕生した。最初に時評の連載をもったエコロジストはピエール・フルニエで、70年に始まった連載の媒体は、数か月後に『シャルリ・エブド』に改称する『ハラキリ・エブド』である。フルニエは72年11月にプレミリューらとともに、「世界の終わりを告げ知らせる」68年派のエコロジー新聞『吠えまくり』を創刊し、7万部を売り上げた。73年5月には月刊のエコロジー雑誌『ソヴァージュ』が、『ヌーヴェル・オプセルヴァトゥール』誌から発刊される。思想的にはヘルベルト・マルクーゼ、イヴァン・イリイチ、ケネス・ガルブレイスに近く、中核メンバーはアラン・エルヴェ、ブリス・ラロンド、ミシェル・ブスケ（アンドレ・ゴルツの筆名）などだ。ミシェル・ブスケは75年に、「電力ファシズム」＝「民主的な自由と人々の自己決定権が停止する[13]」体制への批判を展開することになる。

　初期の反核活動は、大義も形態も多岐にわたる。街頭デモに繰り出し、用地を占拠し、情宣を展開し、問題のある事実を公にし、署名を集

12　D. Rucht, « The Anti-Nuclear Power Movement and the State in France », *in* H. Flam (ed.), *States and Antinuclear Movements*, Edinburgh, Edinburgh University Press, 1994, pp.128-162, p.129.
13　M. Bosquet, « De l'électronucléaire à l'électrofascisme », *Sauvage*, 20, avril 1975.

め、裁判に訴えた。いくつか例を挙げておこう。71年7月には「フェセナイムとライン平野を守る会」が国務院^(コンセイユ・デタ)(i)に、フェセナイム原発の設置許可令（DAC）の取消を申し立てた。72年8月には〔南西部〕アルカションでガスコーニュ湾〔ビスケー湾〕への核廃棄物の投棄に反対するデモが、「南西部自然協」、FoE、「生き抜くこと、生きること」、『シャルリ・エブド』、64年に結成された「電離放射線防護協会」（APRI）の呼びかけで実施された。72年終盤にはFoEほか多数のエコロジー主義的な反核グループにより、稼働中または建設中の核施設を5年間凍結すること、核実験を放棄することを求める署名活動が始められ、数十万筆の賛同を集めている。再処理工場の近辺では「ラ・アーグ反公害」が、放射線測定を開始して「市民による監督」の時代を切り開き、72年11月には核廃棄物を運んできたトラックを〔手前の町〕エクルドルヴィルで阻止した[14]。73年春から夏にかけての時期は、太平洋のムルロア環礁でフランスの原爆実験が予定されたため、軍事利用に反対する活動が中心となった。5月にはFoEと「グリーンピース・インターナショナル」の活動家が、パリのノートル＝ダム寺院で内陣の柱に人間の鎖をつくり、原爆実験への抗議を表明する。6月にはFoEフランス代表のブリス・ラロンドと3人の平和運動家、〔ジャック＝パリ・〕ド＝ボラルディエール准将、〔ジャン・〕トゥーラ神父、哲学者のジャン＝マリ・ミュレールが実験予定区域に入っている[15]。74年3月には、「自転車に乗りながら深刻なエネルギー問題を話し合う大会議」をFoEが開催し、1万人の参加者が集まった。問題のある事実をメディア沙汰にするアクションも、この時期にすでに展開されている。「生き抜くこと、生きること」が発信源となった72年の一件はとりわけ強烈だ。

　「生き抜くこと、生きること」は、〔パリ郊外にある〕原子力本部サクレ核研究センター（CENS、以下「サクレ核研」）で働く「アナーキスト」の技術者からの情報により[16]、そこで放射性廃棄物を保管するドラム缶の多

14　*La Crasse de la Manche*, numéro « Zorro », janvier 1977.

15　B. Lalonde, « J'étais aux mains des pirates », *Sauvage*, 6, septembre-octobre 1973.

16　「生き抜くこと、生きること」のメンバーだった男性への著者によるインタビュー調査、パリ、2006年11月3日。

(i)　憲法によって定められ、行政裁判の最終審と、政府からの法令案に関する諮問への答申の二つの機能をもった国家機関〔訳注〕。

数にひび割れが生じていることを知った[17]。この年の4月に、アレクサンドル・グロタンディークはフランス民主労働同盟（CFDT、以下「民労同」）に招かれて、ほかならぬサクレ核研で講演を行った。そこで彼は問題の事実を俎上に載せたのである。グロタンディークは66年にフィールズ賞を辞退しただけでなく、勤務先の高等科学研究所（IHES）に軍の資金が入っていることを知って70年に辞職した度胸の持ち主だ。「我々はこのまま科学研究を続けていくのか」という演題だけでも充分に挑発的だ。科学の自己批判を大々的に展開し、聴衆に強い揺さぶりをかける内容が予想された。講演を聞きに来た300人ほどの研究者は、そこでドラム缶にひびが入っていることを聞かされる。揺さぶりどころか激震だ。当時サクレに勤めていた女性物理学者ベラ・ベルベオークは、その時の情景をこう語る。「グロタンディークとゲジと〔ダニエル・〕シボニーがサクレに来たのは、要はその話をするつもりだったんです。でも本人以外、そんなこと誰も聞いてませんでした。彼は講演の最中にこう言ったんです。『皆様がたは目下こちらで研究をなさっているわけですが、ご存じでしょうか、目と鼻の先にあるドラム缶に、ひびが入って、放射能が漏れています。よくまあ、知らぬ存ぜぬでいられますね！』。ほんとになんというか……激突です。誰かが（アナトール・）アブラガム（原子力本部の幹部）を呼んできたんですけど、もうカンカンですよ[18]」

グロタンディークのアクションは、この時期の「生き抜くこと、生きること」の目標と完璧に一致する。彼らは「科学界の反啓蒙主義と闘い」、「雌牛が乳をなすごとく科学をなす連中の目を覚まし[19]」、科学界の内側に自己批判を引き起こすことをめざしていた。サクレで始まった論争は、数か月後にメディアをにぎわせる事件となる。問題を確認した労働総同盟（CGT）の公式レポートが『シャルリ・エブド』紙に渡ったからだ。サクレと〔近隣の〕ジフ=シュル=イヴェット（シュリヴェット）で保管中のドラム缶1万8000本の

17　*Survivre et vivre*, 14, octobre-novembre 1972.
18　著者によるインタビュー調査、パリ、2006年12月13日。
19　*Survivre et vivre*, 6, janvier 1970, p. 11.

うち、推定500本にひびが入っているという[20]。ひび割れドラム缶の写真が全国に出回った。追いつめられた原子力本部は、うち250本の「損傷」を認め、ラ・アーグへの移送を決定した。サクレ核研の所長ポール・ボネは、いずれは全部のドラム缶を（ひび割れの有無にかかわらず）ラ・アーグに移すと公言した[21]。だがエコロジストの側はおさまらなかった。争点をリスク問題に収束させるのは、「生き抜くこと、生きること」にとっても、FoEにとっても、「専門家の間で、人々の頭越しに、真の当事者を抜きにして論議する[22]」ことでしかない。彼らは全国各地で講演会を開いて、それではいけないと声を大にして訴えた。サクレで20年以上にわたってドラム缶が積み上げられたのは「偶発的事故ではなく」、「核産業の展開にともなう必然[23]」である。したがって問題を解決するには核事業をやめるしかない。これが初期の核エネルギー批判の切り口だった。しかし、原発の建設が進むにつれ、それは二の次にされていく。

2．オイルショックから、原発ショックへ

74年3月にメスメール内閣が「万事の電化、万事の核エネルギー化」計画を発表すると、それまで群小グループによって展開されていた批判活動は、全国規模の運動へと変化を遂げる。この時期は運動の担い手も、活動の大義も形態も、きわめて多彩である。それらを本節で記述する。続く第3節では、運動の内部で科学者たちが行った活動に注目する。科学者が主導的な役割を果たしたというわけではない。推進組織体サイドが科学者の動きを最大の難題と受けとめたからだ。推進組織体は徐々に、批判活動を専門科学の土俵に乗せることで、いわば有効利用するようになる。参加型・対話型方式の先駆けである。科学者の側でも、その種の活

---

20 CGT, « Mise au point et mise en garde » (communiqué du bureau national de l'UNSEA-CGT), 9 octobre 1972.
21 サクレ核研所長ポール・ボネからジフ＝シュル＝イヴェット町長への書簡、サクレ、1972年10月16日。
22 *Survivre et vivre*, 14, octobre-novembre 1972, p. 3.
23 *Ibid.*

動を奨励し、専門的な対抗調査をさかんに行っていく。こうした流れが次の10年間の大きな特徴をなす。

地元住民たちの闘争

メスメール計画の広報開始から数か月のうちに、新たに30前後の反原発グループが地元レベル・広域レベルで立ち上がる[24]。自然を守りたい、生活環境を守りたい、伝統的な職業を守りたいという意識が高まるにつれ、またフランス電力による用地取得の現実味が増すにつれ、反対活動はいわゆるNIMBY（Not in my backyard、うちの裏庭ではやめて）の域を超え、フランス全土に拡大した。75年4月下旬に実施された全国反原発週間には、各地で多数の人々が参加している。具体的には〔ブルターニュ地方〕エルドヴェン原発建設に反対する「砂丘の反原発フェス」に1万5000人、〔ノルマンディ地方〕パリュエル原発建設反対行動に6000人、フラマンヴィルでのデモに同じく6000人だ。〔最北部の〕グラヴリーヌ原発の予定地には3000人がなだれこみ、風力発電機の模型を据えつけた。そしてパリには2万5000人が、フランス全土から集結した。

〔南西部〕ジロンド県では、74年にブレイエ原発建設反対連合が発足した。彼らが始めた署名活動に呼応して、この伝統的に保守色が強い地域で、年内に2万5000通もの反対書簡が集まった。〔ミディ＝ピレネー地方の予定地ゴルフェシュに近い〕トゥルーズで、初の反原発アクション市民グループ（CAN）が結成されたのは75年6月である。彼らは翌年、フランス電力の請求書には15％カットで支払おうというキャンペーンを開始した。個人ベースの「意識的消費行動(コンソマクション)」と市民的不服従を組み合わせたアクションだ。「SOSゴルフェシュ」も75年3月に再始動して、住民投票の実現にこぎ着ける。地域住民の80.6％が反対票を投じた[25]。

ブルターニュ地方では、74年終盤にエルドヴェンで全国初の「原発情

24　Les Amis de la Terre, *L'Escroquerie nucléaire*, Paris, Stock, 1977.
25　Collectif La Rotonde, *Golfech le nucléaire : implantation et résistances*, Toulouse, Cras, 1999, p. 63.

報広域会議」(CRIN) が誕生した。続けて 80 ほどの「原発情報地元会議」(CLIN) が創設され[26]、「ブルターニュ原発情報広域・地元会議連盟」を結成した[27]。地元の抗議活動の中核を担った「エルドヴェン原発情報広域会議」は、「知識を身につけた素人」の典型例である。原発事業計画のリスクについて、科学者の関与なしに独自に専門的な議論を展開した。そしてエルドヴェン村議会[(i)]に加え、カキ養殖組合、農業会議所、漁業者団体など、さまざまな職業団体を反原発に転じさせたのだ[28]。〔同じブルターニュ地方の〕プロゴフでも、74 年に反対派市民グループが発足している。主導したのは村長ジャン゠マリ・ケルロフ、地元の反原発闘争の中心人物のひとりである。このグループは同年 6 月、予定地の周囲にバリケードを築いて、フランス電力によるボーリング調査を阻止した。プロゴフの反原発闘争は 80 年に、公衆意見調査への異議申し立てとボイコットという形で激化することになる。

　一部の地域では他の地域にもまして、用地の選定基準が反対の引き金となった。その一例が〔ブルターニュより少し南の〕ル・ペルランである。フランス電力が予定した場所は市街地に近い緑地帯だったため、地元自治体の首長たちもほどなく闘争に加わった。77 年春、公衆意見調査の開始が予定されると、七つの自治体が実施を拒否した。さらにアルーン・タジエフ、ブリス・ラロンド、ルネ・デュモン、ジャック゠イヴ・クストー、コレージュ・ド・フランスで〔物理学〕研究室を率いるマルセル・フロワサールのような著名人も反対活動を展開した。ル・ペルランの立地選定をフロワサールは「世界で最悪」と形容している。原子力本部の内部でさえ、プロジェクトに反対する者が現れた。ル・ペルランの予定地に固有の問題を列挙した内部文書が、核施設安全規制部門のスタッフから抗議勢力の手に渡されている[29]。

---

[26] *À Tous Crins*, numéro 0, 1975.

[27] A. Touraine *et al.*, *La Prophétie antinucléaire, op. cit.*, p. 43.〔A・トゥレーヌほか『反原子力運動の社会学』、前掲書、42 ページ〕

[28] « Ils n'aiment pas les neutrons. Vive les Bretons », *Impascience*, 2, p. 28-32.

[29] 「科学者集団」のメンバーだった男性への著者によるインタビュー調査、オルセー、2006 年 2 月 16 日。

[(i)] フランスでは行政上の呼称としては市町村を区別しないが、ウェブサイト village.fr にリストアップされているものは一般的に「村」として認識されていると判断した〔訳注〕。

メスメール計画が発表されると、北コタンタン(i)でも多数の反原発市民グループが発足した。75年に教師のディディエ・アンジェラが「反原発検討・情報・闘争会議」(CRILAN、以下「闘争会議」)を立ち上げ、すぐに30前後の地元団体をまとめた。北コタンタンでは76年からラ・アーグ再処理工場への反対、とりわけ私企業への移管と事業拡張への反対が、地域闘争を牽引する。この闘争の大きな特徴は、組合活動家(民労同)と反原発グループ(闘争会議、ラ・アーグ反公害)が協力態勢をとったことだ。5か月に及ぶストライキが9月に開始された。同じ頃に、民労同が工場の劣悪な労働条件を訴えるために制作した映画、『成功の強制』の上映会が全国各地で開かれた。

1976〜77年、クレス゠マルヴィル紛争

そしてクレス゠マルヴィルの闘争がある。そこに建設が予定されたのは、メスメール計画の要(かなめ)となる高速増殖炉、スーパーフェニックスである。このプロジェクトには、超音速機コンコルドのような他の世紀のプロジェクト以上に巨額の予算がついていた[30]。スーパーフェニックスはいつしか、原発に対する反発が焦点を結ぶ場となっていた。核エネルギー主義者にとってはフランスの威信の象徴であるのに対して、反原発の活動家にとっては国家の絶大な権力と進歩イデオロギーの象徴である。当時のスローガンは言う。「マルヴィル落として国家と闘うべし」「マルヴィル行って進歩を止めよう」。反対派にとって、それは最初から「普通の原発とは違う」異例の存在だった。推進派にとっても同様に、それは遺灰から再生する伝説の鳥、不死鳥(フェニックス)に象徴される神話——永遠のエネルギー——の到達点だった。スーパーフェニックス反対闘争がじきに地元の枠を超え、一国の域も超える規模に広がったのは不思議ではない。クレス゠マルヴィルは76年に、ヨーロッパ反原発運動の揺籃の地となる。7月に最初の大規模なスー

---

30 D. Finon, *L'Échec des surgénérateurs. Autopsie d'un grand programme*, Grenoble, Presses universitaires de Grenoble, 1989.

(i) ノルマンディ地方マンシュ県の半島部。核施設の集中地帯のひとつで、シェルブール海軍工廠に加え、ラ・アーグ再処理工場、マンシュ保管センター、85年に運転を開始したフラマンヴィル原発が設置されている。序論の脚注2(本書40ページ)にあるように、フラマンヴィルでは欧州新型炉の国内1号機の建設が進められている〔訳注〕。

パーフェニックス反対デモが実施され、1万5000人が参加した。これをきっかけに、100にのぼる「マルヴィル連絡会議」が結成され、反対アクションを展開する。数か月後、〔立地地元の〕イゼール県議会と〔近隣の〕サヴォワ県議会がスーパーフェニックス反対を決議して、工事の中止を要請した。11月には、欧州原子核研究機構（CERN）所属の科学者1300人が、スーパーフェニックスへの反対を表明し、工事停止を求める署名活動を開始した[31]。「原子力の冒険[32]」の代名詞のような科学者の中にも、スーパーフェニックス反対を表明した者がいる。たとえば77年には、戦時中にフレデリック・ジョリオ〔＝キュリー〕に協力したレフ・コヴァルスキーが、この高速増殖炉プロジェクトを不合理だと断じている[33]。77年の夏（7月30～31日）、反対は最高潮に達する。9万人近くがフランス全土だけでなく国外（とくにドイツとスイス）からも集まった大規模デモである。5000人規模の治安部隊との間で激しい衝突が起き、物理学教師ヴィタル・ミシャロンが死亡、100名前後の活動家が負傷した。フランスの反原発運動の記憶にこびりついた悲劇である。転回点ですらあった。

学識者・労組・政党から起こった批判

74年終盤の時点に立ち戻ろう。メスメール計画の発表により、学術・政治・労組エリートは、核事業に対する賛否の決断を迫られた。計画に反対する400人の物理学者は、75年2月に大規模な署名活動を実施した。この動きの中から批判的科学者の団体、「核情報のための科学者集団」（GSIEN、以下「科学者集団」）が誕生する。続く春に〔イゼール県〕グルノーブル大学エネルギー経済法律研究所（IEJE、以下「エネルギー経法研」）のエコノミストたちも、メスメール計画への反対を表明し、万事の核エネルギー化に対する初めての代替シナリオを提示する。じきに運動の中

---

31 « Appel des scientifiques du CERN », Genève, novembre 1976.
32 S. Weart, *La Grande Aventure des atomistes français : les savants au pouvoir*, Paris, Fayard, 1980 [*Scientists in Power*, Harvard University Press, 1979].
33 Conseil général de L'Isère, *Creys-Malville : le dernier mot ?*, Grenoble, Presses universitaires de Grenoble, 1977, p. 9-10.

で「科学者集団」、エネルギー経法研、民労同の三者が、学術的な対抗権力の役割を担うようになる。

　民労同は原子力労組の中で唯一、この時期にメスメール計画に公然と反対した点で異彩を放つ。ただし公式の立場は反原発ではない。統一社会党ときわめて近い関係にあった民労同は、資本主義とテクノクラート支配に対する批判を展開していた。その観点からするとメスメール計画は、資本主義的大企業が労働者の健康を無視して決めたエネルギー増産計画であり、テクノクラート主導の中央集権的な警察社会の権化でしかない。75年に民労同は、3年間にわたる計画凍結と、国家エネルギー公社の設置を要請した。同じ年にメスメール計画に関する非常に批判的な資料集『フランスの核発電』も刊行した。この本は8万部も売れた[34]。

　メスメール計画の国会審議が75年5月15日の日程となり、諸政党は賛否の正式決定を迫られた。統一社会党だけが唯一反対に回った。党の方針である自主管理社会主義とは相容れないと考えたからだ[35]。社会党（PS）はこの時点では、計画の規模に反対し、総合的なエネルギー計画への組み入れを提案するにとどまっている[36]。しかし77年前後からは姿勢を硬化させた。エコロジー運動に影響されたこともあるが、エコロジスト票を「取りこみ〔＝回収し〕」たいとの思惑も働いたからだ[37]。後述するように、この社会党の変化は、運動の方向を大きく左右することになる。共産党は計画の実施方式に反対し、なかでも新設原発への米国技術の採用は米国帝国主義への道であるとの非難を繰り広げている[38]。とはいえ当時の共産党は、反原発活動と連携するどころか、原子力への反対は「ブルジョワ階級の非合理的な恐怖」でしかないとレッテル貼り〔＝スティグマ化〕するような姿勢が強かった。

34　CFDT, *L'Électronucléaire en France, op. cit.*
35　« Dossier Programme nucléaire », *PSU Information*, 35, 15 avril 1975.
36　Parti socialiste, « Résolution de la convention nationale du Parti socialiste pour un débat sur l'énergie nucléaire », 1975.
37　G. Sainteny, « Le Parti socialiste face à l'écologisme. De l'exclusion d'un enjeu aux tentatives de subordination d'un intrus », *Revue française de science politique*, 44, 3, 1994, p. 424-461.
38　A. Nicolon, « Le Parti communiste, l'énergie nucléaire et la contestation nucléaire », *in* F. Fagnani et A. Nicolon (dir.), *Nucléopolis, op. cit.*, p. 124-140.

アラン・トゥレーヌのグループをはじめとする社会学者も、75年から反原発運動に関与した。トゥレーヌらは社会学的介入調査を行い、それを通じて反原発闘争を支援することを目標とした。彼らによれば、抗議勢力が批判すべきポイントはテクノクラシー、すなわち「みずからの権勢の強化に適した製品と種々の社会的需要をつくり出し、それらを強制する能力を備えた[39]」機構である。トゥレーヌらにとっての反原発運動は、近代化の推進力であり、対抗的な社会構想を担う新たな運動にほかならなかった。推進組織体側の評価はまったく逆である。彼らにとって反原発アクションは、反近代・反進歩・反科学のリアクションとしか見えなかった。

分断の出現

この時期の運動は、アクターも活動の大義も非常に多種多様であり、早々に大きな分断が出現している。エコロジストと組合活動家、革命路線と近代化路線、カウンター・カルチャー運動と、むしろ伝統重視で保守的ともいえる地元住民といった分断である。メスメール計画が登場すると、核エネルギー自体に反対する人々と、反原発ではないが「万事の核エネルギー化」には反対、つまり計画の規模と実施方式には反対だという人々が割れた。このような大義の細分化は、広範なアクターの結集につながった反面、分裂の原因にもなっていった。

立地地元の具体例を挙げよう。ラ・アーグでは、工場労働者とエコロジストが協力して抗議活動を牽引していたが、めざすべき目標については一致を見なかった。たとえば民労同は工場の私企業への移管に反対し、「ラ・アーグ反公害」やFoEは工場それ自体に反対していた。クレス＝マルヴィルでは、地元の活動家と、よそ（とくにパリ）から来た活動家の間に分断が生じている。地元の活動家は、国家への拒否感、自由奔放な反逆精神、文化的な反発をあらわにした。よそから来た活動家は、「ハイ

---

[39] A. Touraine *et al.*, *La Prophétie antinucléaire, op. cit.*, p. 12.〔A・トゥレーヌほか『反原子力運動の社会学』、前掲書、13ページ〕

パー近代化」路線の下に[40]反テクノクラート闘争を展開しようとした。77年夏に大規模なスーパーフェニックス反対デモが組織された時、後者に含まれる民労同が不参加を決めたのもそのためだ。

ジロンド県でも、「ブレイエ原発建設反対連合」に大きな分断が生じた。連合内の極左派「ボルドー反原発会議」が建設現場の占拠に動き、暴力的なアクションも辞さなかったため、教師や大学研究者が主体の「南西部自然協」は連合から脱退した[41]。〔北東部シャンパーニュ地方の〕ノジャン゠シュル゠セーヌ原発反対闘争の例には、地元住民とパリのエコロジストの分断がくっきりと現れている。前者がどちらかというと保守的で、したがって伝統重視であるのに対し、後者は「急進派のロングヘア族[42]」と見なされていた。

以上の例に見られるとおり、70年代の反原発運動は非常に分権的で多種多様であり、展開するアクションも一様ではなかった。それはトゥレーヌが詳細に論じたように[43]、対立勢力とは正反対の特徴をなす。反原発運動は、多種多様でまとまりのない点を核エネルギー主義者に突かれ、「はみ出し者」の少数の極左活動家やエコロジストが住民を「操っている」との非難を浴びせられた。このような状況に立たされた批判活動は、正当性の確立〔＝正統化〕という道筋をじりじりと進んでいくことになる。そこで大きな役割を果たしたのが、74年のメスメール計画に反対する科学者と組合活動家の動きである。

3. 科学者たちの批判活動

反原発運動の内部で科学者が果たした役割に関する研究は、ごくわずかしかない。科学者の政治関与というテーマ自体が、知識人史や科学史・

---

40 A. Touraine, « Réactions antinucléaires ou mouvement antinucléaire », art. cit., p. 124-126.
41 A. Nicolon, « Oppositions locales à des projets d'équipement », *Revue française de science politique*, 31, 2, 1981, p. 417-438.
42 *Ibid.*
43 A. Touraine *et al.*, *La Prophétie antinucléaire, op. cit.*〔A・トゥレーヌほか『反原子力運動の社会学』、前掲書〕

科学社会学の対象となって日が浅い[44]。運動内での学識者のアクションに対象をしぼるなら、最初から関与していたわけではなく、街頭デモのような目立つ場にあまり登場せず、もっぱら地味でメディアに注目されないアクションを行っていたせいもあるだろう。本節では、物理学者たちの大規模な署名活動が、フランスの反原発運動にどのような動きを引き起こしたかを分析する。この作業を通じて、科学と政治の関係にからんだ当時の複合的な問題群に迫ることができよう。

「万事の核エネルギー化」に反対する物理学者の「400人声明」

メスメール計画策定時には総じてカヤの外だった研究者たちに、政治サイドの関心がにわかに向けられたのは、石油危機の発生と反原発活動の拡大という事情による。メスメール内閣はこの大規模な原発事業計画への科学者の支援を当てこんで、国立学術研究センター（CNRS、以下「学術研」）をはじめとする研究機関に対し、「国民経済に対するエネルギー危機の影響を限定する[45]」手段の検討を要請した。しかし政府には、今回の経済危機がフランスのエネルギー需給だけでなく、学術研究にも打撃を与えていることがわかっていなかった。30年間にわたる高度成長の下で、潤沢な研究資金を享受できた時代は終わっていた。研究機関は予算もポストも削られた。ほんの数年前、68年5月の運動[(i)]で研究者たちが猛反対したはずの、功利的な管理体制が全国的に確立されていた。そうした中で30人ほどの物理学者が、国家とその核事業計画の裏づけに使われることを拒否したのだ。

そもそもの発端は、学術研直属の国立核物理・素粒子物理研究所（IN2P3）内で06委員会（核物理・微粒子物理委員会）の執行部が、核事業計画の推進に研究者を関与させたい政府の要望に前向きに応じたこ

---

[44] C. Bonneuil, « Introduction. De la République des savants à la démocratie technique : conditions et transformations de l'engagement public des chercheurs », *Natures, Sciences, Sociétés*, 14, 2006, p. 235-238.

[45] 大学担当閣外大臣ジャン=ピエール・ソワソンが、エネルギー基礎研究の日（1974年12月18日）に行ったスピーチより。*Courrier du CNRS*, juin 1975, p. 4.

[(i)] 日本では当時、「五月革命」とも呼ばれた〔訳注〕。

とにある。「エネルギー問題に関心をもたず、国を挙げての取り組みに貢献しないのは、フランスの科学者としていかがなものか[46]」。これが執行部の見解である。IN2P3は続けて報告書を作成した。2人の執筆者の名前から「クラピシュ=リプカ報告」と呼ばれるものだ。核エネルギーは採算性が高いと持ち上げる一方で、安全性の問題は克服されているなどとして、技術リスクを矮小化した[47]。物理学者は研究者の分限を超えようとしてはならない、と釘をさした記述もある。「核物理学者は本件においては、専門家というよりも重要参考人であって（……）、世論に向かっては真の専門家、すなわちエンジニア、エコノミスト、法律家にあたってくれと言うしかない。もろもろの解の分析が彼らの務めであり、どの解を最終的に採用するかは政治の仕事である[48]」

クラピシュ=リプカ報告は、74年4月のIN2P3学術理事会で激烈な論戦の的になる。数か月後、理事会メンバーのうち報告書に賛同しなかった研究者たちが、批判的な報告書を独自に作成する。メスメール計画は時期尚早であり、廃棄物問題その他の新たな研究プログラムを学術研で立ち上げるべきだとする内容である[49]。政治意識の高いIN2P3の若手研究者30名ほどが、この作業をもとにメスメール計画への批判を尖鋭化させていく。彼らは「生き抜くこと、生きること」や、69年の結成時から反原発運動に関わってきた米国の「憂慮する科学者同盟」など、さまざまな科学者の活動グループに触発されて、75年2月に大規模な署名活動を開始する。この「フランスの核事業計画に関する科学者の声明」は大きな反響を呼び起こすことになる。

彼らはこう糾弾する。「徹底的に、リスクが矮小化され、ありうべき影響が隠蔽され、安心が唱えられている。だが、研究調査の結果が一致せず、公式報告書が不確実な余地を残している以上、リスクの存在は明らかだ」。彼らは政府当局の安心言説に徹底的な反論を加える。核事故の

---

46 全国06委員会の1974年春季全体会議の議事録（IN2P3所蔵文書）。
47 Rapport IN2P3, « La physique nucléaire en 1980 », avril 1974 (archives de l'IPN d'Orsay).
48 *Ibid.*
49 « Rapport préliminaire sur des thèmes de recherche à propos de l'énergie nucléaire », *Courrier du CNRS*, janvier 1976.

確率はゼロではない。廃棄物問題にこれといった解決策はない。フランスには充分なウラン資源がないから、核利用はエネルギー自立の保障になりえない。彼らは核事業テクノクラシーを非難して言う。国家公認の技術者以外は力不足だとフランス電力は決めつけている。推進組織の原子力本部が原発の監督も担当するなんて、「お手盛り裁判官」ではないか。この声明は、しかしながら、核エネルギー自体を否定したわけではない。計画は時期尚早で、規模も過大であるから、核事業に関する「真の議論」を始めるべきだ、という趣旨のものだった。

署名活動はコレージュ・ド・フランスで開始され、1週間で400人以上、3か月で4000人の研究者が賛同した。最初の400人の半数近くは核物理学者だったが、次第に経済学から動物学、生物学、精神医学まで幅広い分野に広がった。核物理・粒子物理・高エネルギー物理が488人、それ以外の物理学（理論物理、固体物理、電子物理など）が1027人、生物学が600人強、化学が450人弱で、医学も115人にのぼる[50]。原子力本部サクレ核研でも、100人前後の研究者が署名した。彼らは国産の黒鉛ガス炉の断念を決めた上層部と反目していた（69年後半に数か月にわたる大規模なストライキを実行している）。サクレの賛同者の中には民労同のメンバーもいた。うち一部は「科学者集団」のアクションに80年代序盤まで関わっていく。74年序盤に結成された「原子力本部サクレ核研情報グループ」のメンバーもいた。サクレ核研で起きた異変の情報を初めて外部に出したのが、このグループである[51]。

「400人声明」は遅きに失した感がある。すでに70年の時点で米国の物理学者たちは、原発の冷却システムの設計に深刻な不全があることを明らかにし、反原発運動の内部で非常に重要な役割を果たしていた[52]。「生

---

50 典拠は声明の賛同署名4000筆のリスト（「科学者集団」所蔵文書）。
51 GIT Saclay, « Sécurité de travail au Centre d'études nucléaires de Saclay » (brochure), février 1975.
52 G. L. Downey, « Reproducing Cultural Identity in Negotiating Nuclear Power : The Union of Concerned Scientists and Emergency Core Cooling », *Social Studies of Science*, 18, 2, 1988, pp. 231-264 ; B. Balogh, *Chain Reaction : Expert Debate and Public Participation in American Commercial Nuclear Power, 1945-1975*, New York, Cambridge University Press, 1991.

き抜くこと、生きること」が〔75年半ばに〕解散された後、科学批判のいわゆる急進派の流れを受け継ぐことになる運動体、「アンパシヤンス」[53]を率いる理論物理学者のジャン=マルク・レヴィ=ルブロンは、フランスの物理学者の出遅れを茶化して言った。「全然なしより出遅れのほうがマシだ。さあ、進行中の列車に乗りこむよ[54]」。だが、遅れてやって来た彼らの声明は全国的に[55]、そして国際的にも大きく報道される。「フランスの科学者、原発を攻撃」。こんな見出しが75年2月11日付の日刊紙『タイムズ』に躍った。

この声明はフランス政府にとって大きな衝撃だった。少数の「ロングヘアの極左活動家」の挑発でしかなかったはずの反原発の批判活動が[56]、学識者たちの動きによって否定し難い正当性を確立してしまうからだ。原子力本部の管理部門は、声明に賛同したサクレの研究者に対する統制を強化した[57]。推進組織体が危機感をつのらせたのは、後に続く動きがすぐさま出てきたせいもある。たとえばグルノーブルのエネルギー経法研の研究者20名前後が、核エネルギーに対する（省エネとエネルギー資源の多様化による）代替シナリオを公表し、フランス電力の「テクノクラート然とした」姿勢と情報「操作」を批判したのも、「400人声明」発表からまもない頃だった[58]。

「核情報のための科学者集団」の設立

「400人声明」によって始まったうねりは、非営利団体「核情報のための科学者集団」（GSIEN、前出）の発足へと至る。設立は75年11月、

---

53 A. Jaubert et J.-M. Lévy-Leblond, *(Auto)critique de la science*, Paris, Seuil, 1973.
54 *Impascience*, 2, printemps-été 1975.
55 « Une déclaration de quatre cents scientifiques : "Nous appelons la population à refuser l'installation des centrales nucléaires"», *Le Monde*, 11 février 1975 ; « Quatre cents savants contre le programme nucléaire », *Le Quotidien de Paris*, 11 février 1975.
56 D. Rucht, « The Anti-Nuclear Power Movement and the State in France », art. cit.
57 賛同した複数の研究者にアンドレ・ジロー〔当時の原子力本部長官〕が送った書簡（ベラ・ベルベオーク個人蔵）がその一例である。
58 IEJE, *Alternatives au nucléaire : réflexions sur les choix énergétiques de la France*, Grenoble, Presses universitaires de Grenoble, 1975.

国立理工科学校、オルセー核物理研究所、コレージュ・ド・フランスなどで学んだ核物理学者、素粒子物理学者、高エネルギー物理学者らが発起人となり[59]、FoEや民労同で活動する科学者やエンジニアも加わった[60]。メスメール計画に関わる一次情報の提供という面で、組合活動家たちはとりわけ重要な役割を果たすことになる。

路線は統一社会党や民労同の自主管理社会主義に近く、目的は「客観的」情報を市民に示して「公的組織のプロパガンダ」と闘うことである[61]。この科学者たちが闘いを挑んだのは、死活的に重要な情報を市民から奪っている公的組織の秘密主義だ。危機管理の核心をなす退避計画「ORSEC-RAD〔放射線救助態勢〕」や、スーパーフェニックスの安全性調査、核プラント周辺の放射能測定値を伏せておくなどというのは、とうてい容認できる話ではない。

この時期には、国家の秘密主義に対する問題意識が広範な分野に広がっていた。70年代序盤の思想状況と極左派による政治闘争を背景として、さまざまな情報グループが生まれていた。草分けは71年にミシェル・フーコーらが創設した「監獄情報グループ」(GIP) だ。続けて同じ年に「移民労働者情報・支援グループ」(GISTI)、72年に「難民情報グループ」(GIA)、「保健衛生情報グループ」(GIS) が発足した。政治的方向は異なるにせよ、「科学者集団」――および「原子力本部サクレ核研情報グループ」――は、これら一連の運動が科学者にも波及した結果である。

彼らは公式報告書や世界の科学文献をつぶさに読みこんだうえで、機関誌『ガゼット・ニュクレエール』などを通じて批判的な情宣を展開した。たとえば76年終盤に、高速増殖炉スーパーフェニックスで事故が起きた場合、100万人以上が被害を受けかねないことを明らかにした[62]。77年に

---

59 モニク・セネ（代表に選出）、ジャン=ポール・シャピラ、ヴァンサン・コンパラ、ドミニク・ラランヌ、パトリック・プティジャン、レーモン・セネ、テオ・ルレなど。
60 FoEのピエール・サミュエル、イヴ・ルノワール、民労同・原子力本部支部のベルナール・ラポンシュ、ジャン=クロード・ゼルビブ、民労同・フランス電力支部のロラン・ラガルド、フィリップ・ロクブロなど。
61 *La Gazette nucléaire*, 1, juin 1976.
62 *La Gazette nucléaire*, 3, novembre 1976.

は、フランス電力の原発の放射線防護措置が社外要員を対象としていない点を問題視した。〔運転開始目前の〕フェセナイム原発の内部に、非常時には「死の回廊[63]」となる構造上の不全があることを指摘したのも同じ77年のことである。79年3月28日に米国でスリーマイル事故が起きた時には、死者が出ていないから大変な事故ではないとする政府当局による矮小化と対照的に、「科学者集団」は真っ先に事故の原因と影響について説明した。

民労同の密接な協力の下に展開された「科学者集団」の情宣アクションは、地方都市にも広がって、〔アルザス地方〕ストラスブール、リヨン、グルノーブルに支部ができた。とりわけグルノーブル支部は、スーパーフェニックスに関する批判的調査『ローヌ川沿いのプルトニウム』を刊行し、イゼール県議会とサヴォワ県議会の反対決議を後押しした。メスメール計画反対闘争において、このように「科学者集団」は民労同とともに中核的な対抗権力の役割を担ったが、断じて対抗的専門家たらんとはしなかった。専門家の権力が大いに疑問視されている以上、そこで対抗的専門家として名乗りをあげれば、イデオロギー色の強すぎる活動になると考えたからだ。

内側から抗議の声を上げるということ――三つの政治的緊張

「科学者集団」は三つの政治的緊張に直面する。それは活動の方向性に影響を与え、70年代終盤の弱体化の大きな原因となっていく。一つめは、推進組織体の主導する中傷キャンペーンがすぐさま始まったことだ。彼らはメンバーの物理学者たちのことを「列車を恐れて血迷ったアラゴ[(i)]のように[64]」非合理的、さもなくば無責任で無能、あげくは無知であると言い立てた。〔保健省〕電離放射線防護中央局（SCPRI、以下「防護中央局」）の局長ピエール・ペルラン――チェルノブィリ事故の際に激しく追

63　*La Gazette nucléaire*, 5, janvier 1977.
64　M. Hug, « Développement du programme nucléaire français », *Revue générale nucléaire*, 5, 1977, p. 428-430.

(i)　19世紀の物理学者・天文学者フランソワ・アラゴは、列車のトンネル通過が乗客の健康に悪影響を及ぼすと主張した〔訳注〕。

及されることになる人物——は、当時こんなふうに公言している。「科学者を名乗る反対派の大部分は、核エネルギーの知識がほとんど、さらにはまったくないような連中である。どれほどレベルの高い科学者だろうと、すべてに通暁することはできない。専攻が核物理だからといって、原子力工学や原子炉テクノロジー、まして放射性防護の見識があるわけではない[65]」

　抗議活動を行った科学者たちは、核の専門家（あるいは対抗的専門家）を名乗ろうとはしていない。そこには強い政治的意味がこめられている。テクノクラート主導で権力絶大、ひいては「ずるずるの」専門評価システム[66]には、関わり合わないようにしたのである。だが、それで攻撃がおさまったわけではない。なにかしらの専門家として関与するのではなく、科学者としての知名度による正当性の確立を図ったことが、完全に裏目に出てしまった。政府は彼らの主張を聞き入れないどころか、見下した態度をとった。その結果、多くの者が活動を放棄した。最初に声明に署名した400人の大部分は「科学者集団」の設立に賛同したが、5年後も活動を続けていたメンバーは100人に満たない。70年代後半に隆盛をきわめた「科学者集団」は、以降は少数の研究者だけで細々と続けられていく。彼らの失意は著者の行ったインタビュー調査からも窺われる。「フランスの科学者層は、核の件に関しては、いくじなしでした。続行したのは一握りです。まったく理解できませんよ、命やポストが危なくなるような人はいなかったのに（……）。研究者の世界には、研究の品位とやらがあるとおっしゃるわけです。それはまあ、そうかもしれないけれど、でもそれを盾にとるんです。『あの、私はちょっと核はあれですよ、畑が違うものですから』ってね[67]」

　二つめの問題に移ろう。声明に賛同した物理学者たちは、核エネルギーへの断固反対を表明するには至っていない。彼らが主に批判したの

65　P. Pellerin, « La querelle nucléaire vue par la santé publique », *Revue générale nucléaire*, 1, 1980, p. 94-99.
66　P. Petitjean, « Du nucléaire, des experts et de la politique », *Mouvements*, 8, 2000, p. 19-26.
67　民労同・原子力本部支部の関係者だった男性への著者によるインタビュー調査、パリ、2005年4月23日。

は、テクノロジーとしての核エネルギー自体ではなく、政府（とその核事業計画）である。左派が政権に就き、「敵」視していた右派の政府が退場すると、批判は急速にしぼんでいった。核物質リスク管理の問題は、あとは政治家に一任というのが、彼らの大半の姿勢だった。あくまで計画に同意しない10人ほどは、物理学の研究をやめ、科学史や経済学、気候学、再生エネルギーの研究に転身した。核施設の内部にとどまりながら核利用の批判を続けた物理学者は、ごく少数にすぎない。それは至難のわざだった。当事者のひとりの言葉を借りれば、「科学者として微妙に分裂症的なキャリア」である。「二分法になってるんです。核利用については『自分は反対』、そうはいっても研究分野は原子核素粒子。でも、疑問に思ったことさえありませんでした。研究をしたい、物理のこの分野は面白い。素粒子、陽子、中性子、クオークってのは愉快なんだ、光学や線形流とかに比べてね。楽しいから、中にいるんです。反原発派として語る僕は、まったくの別人ですよ。いやはや本当に、そこは突き詰めてるわけでは全然ないんです[68]」

研究をやめて、政治的な活動を続けていくか。それとも「研究の醍醐味」を優先して、学問と政治とのウェーバー的な二分法[69]を日常的に生きるのか。劇作家フリードリヒ・デュレンマットの作品『物理学者たち』で、極限的な形で表現された矛盾である。それは、チェルノブイリ事故の時に痛感されることになるように、学術機関の内なる批判の圏域を狭めていった。

三つめの緊張は次のとおりだ。「科学者集団」はあくまで科学者として異議を立てようとした。政治的なアクションの場において、めったに見られない複雑微妙な実験である。科学的な情報提供と政治的な批判活動のバランスに関しては、当初から内部に意見対立があり、最終的には対抗的専門家という方向へ、徐々に傾いていくようになる。それは初期に拒

---

68 「科学者集団」のメンバーだった男性への著者によるインタビュー調査、ストラスブール、2007年6月7日。
69 M. Weber, *Le Savant et le Politique* (1919), Paris, La Découverte, 2003.〔*Politik als Beruf, Wissenschaft als Beruf,* 1917-1919；マックス・ウェーバー『職業としての政治／職業としての学問』、中山元訳、日経BP社、2009年〕

絶していた役割にほかならず、一部のメンバーの脱退を招いた。「科学者集団」のメンバーはその一方で、主張を一般向けに噛み砕こうとする意識が薄く、（過度に）糾弾調になるのも嫌った。そのため政治家に対しても、メディアや一般大衆に対しても、うまく届くような言葉を練り上げることができなかった。

　75年以降の反原発運動にとって、科学者たちの結集行動はきわめて重要な意義をもった。しかしメスメール計画への反対闘争は、一般市民への情報提供だけでは不充分であることがじきに明らかになる。批判活動が立ち向かうべきは、単なる情報戦だけではなかったからだ。この時期に進行した論戦と紛争は、次章で見ていくとおり、直接的あるいは間接的な一連の統治手段によって大きくタガをはめられていた。

第 3 章　エコロジスト活動家たちの監視と馴致

「原発推進勢力が世論に向けて描いてみせる我々のイメージは、無責任な者たち、ロウソクの時代に戻りたがっている手合い、和を乱す連中、といったものだ。そして、このテクノクラート文明における最大級の侮辱なわけだが、技術至上科学を理解できないヌケサクだとこき下ろす。無責任だって？　核のように誰も完全には統御できないテクノロジーは使うべきでないと言い切ることが？　過去の右往左往を繰り返さないよう、エネルギー源の多様化を唱えるのが無責任なのか (……)？　事故リスク、低線量の毒物リスクに反対して、核プラントの周辺住民の健康を危ぶむことも無責任だというのか？[1]」

雑誌『マンシュの薄汚さ』より

1.　穴だらけの公衆意見調査

「地元レベルでも全国レベルでも広がりつつある抗議を封じる最良の方法は、作業をできるだけ迅速に、不可逆的に進めていくことだ」。高速増殖炉スーパーフェニックスの建設にあたったネルサ社の幹部が、1977年に部外秘の文書に記した言葉である[2]。

原発の建設をできるだけ迅速に、プロジェクトを危うくするような反対が起きないうちに進める戦略。これこそが70年代のフランスで、運動が挫折した決定的な要因だった。反原発運動の側には、もはや打つ手がなくなるからだ。実施段階に入ったメスメール計画では、反対活動を封じることに一貫して力が注がれる。フランス電力は立地選定の際、農村地帯で

1　*La Crasse de la Manche*, numéro « Zorro », janvier 1977, p. 2.
2　*Le Monde*, 29 avril 1977, cité par D. Finon, *L'Échec des surgénérateurs, op. cit.*, p. 202.

人口が少なく、大規模な抗議活動が起きにくそうな場所をまず考えて[3]、すでに原発か水力発電所がある用地をできるだけ選ぼうとした。高圧線などの敷設済みインフラを利用できるし、すでに自社施設のある場所なら反対もおおむね少なく、原発に好意的な社会風土がある。抗議活動が思いのほか拡大した場合は、候補地を変更すればいい話で、たいていは当初の予定地から少しずらすだけですむ。

できるだけ迅速な建設という方針を大きく後押ししたのが、当時施行されていた各種の行政手続きだ。第1は、〔設置許可令で定められる〕工期である。米国では8年、場合によっては10年が必要とされていたのに、フランスでは平均6年に短縮されている[4]。その結果、総発電量に占める原発比率は、77年の8%から79年には12%にまで上がった。第2に、1973年3月27日付の政令(デクレ)によって非常に早い時期に、設置許可の手続きが簡略化されている。公衆意見調査が終わった段階ですぐ許可してもよい。国務院の議を経て首相が発令する公益認定[(i)] (DUP) を待つ必要はない。つまり、国務院が拒否権を行使する余地がない[5]。しかも公益性を評価するにあたり、煩雑な手続きである環境アセスメントは、77年末まで義務づけられていなかった[(ii)]。この間にフランス電力が着工のゴーサインを得た案件は、グラヴリーヌ、パリュエル、サンローラン=デ=ゾー、〔中北部〕ダンピエール、シノン、ビュジェ、ブレイエ、〔ローヌ=アルプ地方〕トリカスタンの計8か所30基前後にのぼる。

公衆意見調査の方式をさらに検討すると、早わざによる統治、既成事実化による統治という意図が透けて見える。この種の制度は米国やスウェーデンなどでは、プロジェクトを遅らせるために反原発派が活用して

---

[3] A. Nicolon, « Analyse d'une opposition à un site nucléaire », in F. Fagnani et A. Nicolon (dir.), *Nucléopolis, op. cit.*, p. 223-315.
[4] H. P. Kitschelt, « Political Opportunity Structures and Political Protest : Anti-Nuclear Movements in Four Democracies », *British Journal of Political Science*, 16, 1, 1986, pp.57-85.
[5] J.-P. Colson, *Le Nucléaire sans les Français. Qui décide ? Qui profite ?*, Paris, Maspero, 1977, p. 101-104.

(i) 土地収用を実施するための必須要件であり、公衆意見調査の結果はその参考資料として位置づけられている〔訳注〕。
(ii) 公衆意見調査で縦覧に供される事業者側資料のうちに環境アセスメントの結果を含めることが、後述されるように、76年に成立した法律の施行令によって規定され、78年1月1日付で義務づけられた〔訳注〕。

いる例もある⁶。ところが70年代のフランスでは、期間が2～3週間と非常に短く設定されたため、一般市民が手続きを周知するに至らず、専門性の高い事業者側資料を反対派が精査する時間もなかった。しかもフランスの公衆意見調査は、米国のような対論形式の公聴会をともなわない。予定地の住民にできるのは、プロジェクトに関する異論を書き記すことのみで、それへの回答が法律で義務づけられているわけでもない。したがって、反対派の意見は最善でも技術的に考慮されるだけ、要するに、当初の計画に少しばかり変更が加えられるにすぎない。特定の予定地について多数の署名が集まったとしても、それらは一顧だにされない。「重要なのは署名の数よりも、述べられた論拠の妥当性である。公共の利益と個別の利益の間の選択においては、答えは当然ながら是か非かに決着するものではない⁷」というのが公式見解だった。

このように穴だらけの公衆意見調査は大きな反発を買った。ル・ペルランで（77年6月）、ゴルフェシュで（79年10月）、プロゴフで（80年1月）、「からっぽ調査」の関係資料が破棄された。急進化する闘争に、政府は警察措置の発動をもって応じた。できるだけ迅速な建設という方針と警察措置の発動は、すぐに表裏一体となる。

一例を挙げよう。80年初めに、プロゴフ原発に関する公衆意見調査をめぐって、暴力的な衝突が起きている。背景にあったのは、原発なんてものができれば、自分たちの地域は中央国家の占領下、「パリ官僚層」の占領下に置かれてしまうという住民感情だ⁸。（フランス電力が準備した）4kgもの事業者側資料が、調査期間の始まる前日にプロゴフの村役場広場で燃やされ、その日からバリケードの夜と大規模な抗議行進が繰り返さ

---

6 C. Joppke, « Social Movements during Cycles of Issue Attention : The Decline of the Antinuclear Energy Movements in West Germany and the USA », *British Journal of Sociology*, 42, 1, 1991, pp.43-60 ; M. Giugni, « L'impact des mouvements écologistes, antinucléaires et pacifistes sur les politiques publiques. Le cas des États-Unis, de l'Italie et de la Suisse, 1975-1995 », *Revue française de sociologie*, 42, 4, 2001, p. 641-668.

7 « Enquête d'utilité publique de Plogoff : "S'il y a des entraves matérielles, je m'efforcerai de les vaincre", prévient M. Jourdan, préfet », *Ouest France*, 30 janvier 1980.

8 T. Le Diouron, A. Cabon, G. de Lignières, J.-C. Perazzi, J. Thefaine, D. Yonnet, N. Guiriec et P. Bilheux, *Plogoff-la-révolte*, Le Guilvinec, Le Signor, 1980.

れた。公衆意見調査の実施を拒絶したプロゴフ、クレダン、プリムラン、グリヤンの四つの村に、政府は「臨時役場」を開設するはめになる。機動憲兵隊に加えて落下傘部隊と陸軍が警護につき、4WD指揮車と監視ヘリコプターが展開された。2月末の時点で、デモ隊2人あたり1人の割合で治安部隊が張りついていた。互角ではない闘いの中で、反原発活動家が次々に「現行犯」逮捕され、裁判にかけられた。実施期間が終了した3月16日には、始まった時と同様に「喪中」と銘打ったデモが行われ、5万人近くがプロゴフに集結した。

これほど熾烈な抗議活動にもかかわらず、80年4月に公衆意見調査委員会は、プロゴフ原発計画に同意するとの意見書を提出した。理由は次のとおりである。「反対派による活動は、相当多数の同意を導いた経済的・社会的事情を軽減するものではない。ブルターニュの労働力人口には雇用の持続的回復の機会が必要であることが、それらの同意の根拠である[9]」。プロゴフの計画が撤回されるのは、翌年にミッテラン政権が発足してからのことになる。異例の決定だった。

2. 適正化は後づけで

75年以降、「できるだけ迅速な建設」を進めようとする数々の戦略と措置を前に、原発反対派は裁判に訴えて、フランス電力の建設工事の適法性を問うた。反原発グループだけでなく、市町村議会や県議会、地方圏議会[i]、さらには国外の自治体も続々と訴訟を起こした。それらは二つに大別できる。第1に、工事は公益認定もしくは設置許可令が出る前に開始されたから「違法」だと訴えた裁判。第2に、特定の公益認定または設置許可令に手続き上の「不備」があると訴えた裁判である。

フラマンヴィルやクレス＝マルヴィルのように、許認可のない状態で開始された工事の中止を求める訴えは、いずれも却下されている。これらの工

---

9 « Plogoff-nucléaire : avis favorable à la déclaration d'enquête publique », *Ouest France*, 16 avril 1980.

(i) フランスの地方行政は、市町村（コミューン）、県（デパルトマン）、地域圏（レジョン）の3段がまえになっている〔訳注〕。

事に関し、ボーリング調査のような工事は「不可逆的」ではないとか、現場は自社の敷地であるといった論拠の下に、公益認定あるいは設置許可令は要件ではないとフランス電力は主張した。裁判所はそれを認め、「違法性」判断は管轄外であると判示した[10]。また他方では、建設認可が出ていない場合（あるいはアセスメントが実施されていない場合）に、フランス電力が後づけで不備を是正するのを裁判所は許していた。70年代に反原発グループ側の代理人を務めた弁護士の男性の話では、その種の判断が毎回のように、時には口頭弁論の最中に示されたという。「口頭弁論の場に是正認可が届いて、はい、おしまい。行政には是正を認める権限がとにかくありますから、原発の案件はいつもこんな具合でした。いったん取消にしてから、是正するわけですよ。どういう状況であろうと後づけで是正なんです[11]」

　裁判で工事を止めようとしても、許認可がないという理由では埒が明かない。そこで反原発グループは76年から、公益認定・設置許可・建設認可の手続きの段取りにも矛先を向けていった。そうした裁判ができるようになったのは、建設事業に関する事前の環境アセスメント実施を規定した自然保護法が、1976年7月10日付で成立したからだ。77年序盤に「フランス自然保護協会連盟」が、環境アセスメントを経ずに開始された約30基の工事を対象に、10件あまりの行政訴訟を起こした。しかし、同法の規定は施行令の公布前には適用されないとして、いずれも国務院に却下された。施行令の公布により、78年以降は環境アセスメントの実施義務が生じることになる。

　とりわけ訴訟の的になったのがスーパーフェニックスの建設用地、クレス＝マルヴィルである。国境地帯にあり、ヨーロッパ諸国の企業連合が事業主体となっている。76年秋に歴史的な反対決議を行ったイゼール県議会とサヴォワ県議会が、翌77年に、公衆意見調査の無効を裁判所に訴えた。調査が実施された時点ではプロジェクトはまだ予備的段階にあった

10　J.-P. Colson, *Le Nucléaire sans les Français, op. cit.*, p. 112-113.
11　著者によるインタビュー調査、パリ、2009年9月9日。

にすぎないからだ。国務院はこの訴えを認めなかった。両議会は次いで、設置許可令に問題があるとする訴訟を起こした。許可申請の書類の中に、欧州委員会の意見書が含まれていないことに気づいたからだ。1957年3月の欧州原子力共同体（ユーラトム）条約第34条では、加盟国が国内で「特別に危険な実験」を行う場合には、欧州委員会の意見書が必要だと規定されている。国務院はこの訴えもしりぞけた。発電事業用であるから「実験[12]」にはあたらないという理由である。スーパーフェニックスは実験レベルすなわち原型炉にはあたらないとした国務院の歴史的判断には、しかしながら矛盾がある。事業者ネルサの設置許可に記された目的は、「事業レベルの原型炉[13]」の建設と運転に限定されていたのである。

　この時期に反対派が負けた裁判は数知れない。描き出される図柄はたったひとつ、フランスの原発事業計画の実施段階での抗議に対し、司法はまったく耳を傾けなかったということだ。勝訴の希望がほの見えたのは、78年のフラマンヴィル、79年の〔中部〕ベルヴィル=シュル=ロワールの2件だけで、最終的には敗訴に終わっている。ドイツなど他の国々では、反原発派が勝訴した例（ブロークドルフ、ヴィール、グローンデ）もなくはない。しかしフランスでは、司法に訴えても敗訴するか、さもなくば結審前に工事が完了し、決着済み案件とされるのが落ちだ[14]。どの事件でも裁判所は、原発問題の専門性におじけづいて、実質審理に踏みこんだ判決を出そうとはしない。ただ、国務院に関するブルーノ・ラトゥールの人類学的研究によれば、それは原発問題だけの話ではない[15]。では、フランス電力が先走りで始めた工事のように、むしろ形式が争点となる裁判

12　この種の判断を最初に国務院が示したのは、フェセナイム原発に関して72年に起こされた訴訟の際である。1975年2月28日付の国務院の判例第86464号を参照。
13　J.-P. Colson, « Commentaire. Note sous les arrêts du Conseil d'État du 4 mai 1979, département de la Savoie et autres », *Revue juridique de l'environnement*, 3, 1979, p. 197-208 ; C. Lepage-Jessua et C. Huglo, « Droit nucléaire », *Revue juridique de l'environnement*, 3, 1982, p. 275-283.
14　フランス電力の敗訴は1件しかない。工事によって農場の柵を損傷された農家が原告となった事件である。Cf. J.-P. Colson, *Le Nucléaire sans les Français, op. cit.*
15　ブルーノ・ラトゥールは、法を創出する力学のひとつとして「皮相性」を記述している。Cf. B. Latour, *La Fabrique du droit : une ethnographie du Conseil d'État*, Paris, La Découverte, 2002.〔ブルーノ・ラトゥール『法が作られているとき——近代行政裁判の人類学的考察』、堀口真司訳、水声社、2017年〕

の場合はどうかというと、本件は管轄外、原発は一般利益の問題、との判断が示される。スーパーフェニックス裁判の際に組み立てられ、以後の原発建設反対訴訟の大部分で裁判官が指針とした論理は次のとおりだ。「(……)全国的なエネルギーの必要と利用可能な資源は不均衡であるため、通常とは異なる発電法の開発が必要とされる。(また他方で、)核施設の建設事業者と運転事業者は厳しく規制されており、本件に関しては施設の安全性の確保が留意されている。(最後に、)計画予定地への発電所の建設が、環境に重大な被害を及ぼすとは認められない(……)[16]」

3. 経済による統治

　70年代には、活動家たちを決定プロセスに実質的に関われなくする措置が講じられただけでない。具体的な目先の経済的利益を提示するという強力な戦略が、フランス電力によって打ち出された。その筆頭は、受け容れ地域での雇用創出の約束であり、地元の議員と住民が賛成に転じる大きな要因となる。ただし、当初は論争も起きている。伝統産業を圧迫すると反対する声や、雇用提供は持続せず、工事終了とともに作業員はクビだろうと懸念する声が上がった。大幅な雇用増加がどの地域でも期待できるわけでないことは最初から見えていた。フランス電力と下請け会社は大半の作業員を地域外、ひいては国外で雇い入れていたからだ。〔ともにノルマンディ地方の〕フラマンヴィル原発建設とラ・アーグ再処理工場拡張の工事だけでも、この時期に雇われた移民労働者は6000人近くにのぼる[17]。フランス電力は批判をかわすために軌道修正を行って、地元労働者の活用を一部の予定地で試行的に実施した。たとえばシノンでは、RACINES(原発建設事業の雇用と下請けの地域立脚)作戦と銘打って、建設作業員の85%を地元と地域で雇い入れるという目標を掲げた[18]。

　この時期にフランス電力は、地元住民を賛成に転じさせる目的で、受け

16　1979年5月4日付の国務院の判例第08406号。
17　*Flamanville Informations*, 5, septembre-octobre 1981.
18　*Golfech Informations*, 12, juin 1980.

容れ自治体への経済的便宜も図り、娯楽施設や文化施設、スポーツ施設の資金を提供した。なかでも50mプールの建設は、原発マネーの魅力のシンボルとなる。サンローラン＝デ＝ゾー村がフランス電力から約500万フラン[(i)]を受け取って、「どれも電気を熱源とする温水式の」プール3面を整備したことを礼賛する記事が、75年に『ル・モンド』紙に掲載されている[19]。

　自治体を賛成に転じさせる誘因として、直接的な財政支援のしくみも設けられた。そのひとつが、75年に始まった「大型工事」認定制度である。この認定が〔首相により〕与えられると、受け容れ自治体に国家と県から補助金が入る。また〔国営金融機関の〕貯蓄供託金庫から、インフラ（道路や橋など）、住宅（建設作業員向け）、学校（転入してくる作業員の子ども向け）を建設するための融資を受けられる[20]。同じ75年に、〔地方税の〕営業税が「職業税」に切り替えられた。核施設を受け容れる自治体にフランス電力から入る税収は、新制度の下では住民1人あたり約5000フランと見積もられた。これはたちまち効果を発揮した。北コタンタンでは、職業税が次第に予算の柱となった自治体さえ出現した。フラマンヴィルがそうだ。この時期に原発受け容れに関する住民投票が行われた例は2件しかないが、うち1件がここで75年4月に実施されている。結果は賛成多数、決め手は職業税である。県議や村議の中には、職業税が入れば照明も電気もタダになるとか、地方税が要らなくなるとか言う者すらいた[21]。

　地域圏に対しては、時には個別の協定や契約という方法が講じられた。その草分けは、82年2月にフランス電力がミディ＝ピレネー地域圏〔現オクシタニー地域圏西部〕と結んだ協定である。かねて激しい抗議活動が続くゴルフェシュを擁する地域圏で、当時の議会与党は社会党だった。この歴史的な協定により、フランス電力は議会に対し、工事期間中は毎年1000万

19　*Le Monde*, 12-13 janvier 1975.
20　*Creys-Malville Informations*, 15, janvier 1980.
21　D. Anger, *Nucléaire, la démocratie bafouée. La Hague au cœur du débat*, Barret-sur-Méouge, Éditions Yves Michel, 2002.

(i)　74〜75年の時期のレートは1フラン＝約56〜74円〔訳注〕。

フラン⁽ⁱ⁾、操業期間中は毎年600万フランを支払うことを確約した[22]。建設にあたり地域圏内の企業と地元労働者を優先すること、環境保護に関与することも約束した。地域の反対、とりわけ地域圏議会の反対は以後、目に見えて鎮静化していった[23]。

4. 情報提供および秘密化による統治

批判活動に対する統治の形態の中でも、ここまで述べてきたものは少なからず直接的である。この時期にはさらに情報提供と秘密化を両輪として、公共圏の大がかりな管理手段も構築されている。フランス電力の仮説によれば、原発を拒絶する大きな原因は一般市民の無知にある。彼らを教育するための「情報提供」が良策だが、変に不安をかき立ててもいけない。「声を大にして理解を促し、反原発派がつけいる隙を残さない」という基本方針の下、まもなく専門部署が立ち上がる[24]。だが他方では、相変わらず多数の情報が伏せられていた。環境中の放射能の測定値、原発の安全性レポート、国内エネルギー消費の予測値、緊急事態の管理を目的とした退避計画ORSEC-RAD、等々。

70年代にフランス電力が展開した情宣活動は、71年に設置されたPR課が明確な形で組み立てた。科学知識の大衆化、広報の専門職化、それに広告を混ぜ合わせたアプローチである。議員、ジャーナリスト、医師、教員、学生、あるいは単なる私人を対象に、毎年100万部の文書を無料で配布して[25]、広告キャンペーンだけで年間600万フラン⁽ⁱⁱ⁾の予算をかけている[26]。小学生や幼児向けには、テレビ局TF1で77年序盤から放映された連続アニメ『原子たちと電力』その他、多数の教育映画を制

---

22 ミディ＝ピレネー地域圏とフランス電力との協定書、1982年2月8日 (Collectif La Rotonde, *Golfech le nucléaire, op. cit.*, p. 235-238)。
23 S. von Oppeln, « Golfech et les suites. Mouvements antinucléaires en France et en RFA », *Allemagne d'aujourd'hui*, 113, 1990, p. 113-114.
24 L. Timbal-Duclaux, « Les huit paradoxes de l'information nucléaire », *Revue générale nucléaire*, 4, 1977.
25 EDF, *Relations publiques Actualités* (bulletin), 9, septembre 1976.
26 「科学者集団」総会議事録、オルセー、1977年10月25〜27日（「科学者集団」所蔵文書）。

(i) 82年の時点でのレートは1フラン＝約35〜40円〔訳注〕。
(ii) 70年代のレートは1フラン＝約43〜74円〔訳注〕。

作した。発電所見学の受け入れも始めている。〈原発ツアー〉の幕開けである。フランス電力の施設を訪れた人は、75年の年間7万2500人から、80年代には30万人、日割にすると1000人近くに増加した。〔2001年の〕9・11事件後の公安強化を受けて、この形式の広報戦略はいったん棚上げになるが、それまで原発産業は他の産業と比べものにならないほど、自社施設への見学受け入れに積極的だった[27]。

これらの回路を介してフランス電力が送ったメッセージは明白だ。核エネルギーはフランスの独立性を維持するために不可欠です。まさに進歩のファクターです。リスクがあるとしても「原発が原爆のように爆発することはありえません」「公害はありません」「自然放射能も人工放射能も作用は同じです」。さらには「人工放射能は人間の健康を損ねるどころか、生活条件を向上させる手段です」とまで言う[28]。フランス電力は住民の「根拠なき」不安を打ち消すべく、かの有名な58年のWHO報告を至るところで活用した。核利用への拒否反応は、原子力時代への適応不全による「精神衛生」上の問題と見なしうる、と明言した報告書である[29]。

フランス電力の戦略は大きな効果を上げ、抗議勢力の側も情宣活動を強化した。一般市民への情報提供が競われるなか、核エネルギーをめぐる議論の幅はかえって少しずつ狭まり、情報を入手して専門評価を行う権利へと論点がしぼられていく。しかしながら、それは後述するように、必ずしも運動の自主独立化へつながる方向ではなかった。

5. 社会科学の専門要員

抗議勢力は結局のところ、何を考え、何を望んでいるのか。彼らの発

27　D. Jacobi, « La visite des sites industriels, vecteur d'une image de l'entreprise », in B. Fraenkel et C. Legris-Desportes (dir.), *Entreprise et sémiologie. Analyser le sens pour maîtriser l'action*, Paris, Dunod, 2001, p. 162.
28　EDF, « Fessenheim : source de prospérité pour l'Alsace » (brochure d'information), 1975 ; EDF, « Éléments pour une conférence sur les centrales nucléaires » (document à usage interne), 1978.
29　OMS, « Questions de santé mentale que pose l'utilisation de l'énergie atomique à des fins pacifiques » (rapport technique), 1958, p. 151 [WHO, « Mental Health Aspects of the Peaceful Uses of Atomic Energy » (Technical Report), 1958].

言はいかにして一般市民に影響を与えているのか。これらの問いへの答えを求める推進組織体は、70年代序盤という早い時期から社会科学を広く活用して、抗議勢力を分析・監視する道具立てをととのえた。

フランス電力では72年に、統計学教授のジョルジュ・モルラを中心とする学際チームが設けられた[30]。社内には創立当初から社会心理学の専門グループが置かれていたが、業務は幹部社員の育成と研修に限られていた。モルラのチームが発足すると、フランス電力の事業自体が単に発電だけにとどまらず、社会についての知見を深め、社会への影響力を強めようとするものになっていく。

原子力本部の場合には、狭義の社会科学の専門チームは設けられなかった。73年に経済社会統計調査室が設置され、統計学と放射線防護の若干の専門家からなるチームが、そこで抗議活動と世論の問題を担当した。76年にはフランス電力とともに、調査機関「核分野における防護の評価に関する研究センター」（CEPN、以下「防護評研」）を非営利団体として設立する。この団体の目的は、放射線防護を最適化する方法を考案し、リスク認識とリスク管理に関わる研究調査を行うことである[31]。

その1年後にフランス電力のエンジニア、ジャン・ファーブルと原子力本部の統計専門家、ジャン＝ピエール・パジェスが、非営利団体「世論構造研究協会」（AESOP、以下「世論構造研」）を設立する。82年に「アゴラメトリ」に改称した「世論構造研」は、世論の定量測定を主要業務とする専門機関とは趣を異にし、世論構造なる独自理論を徐々に編み出していった。反原発運動をきっかけとして、核事業界の専属シンクタンクが誕生したのだった。

推進サイドから見た反対勢力

推進組織体が反原発運動を分析するために行った研究は、大きく2種

---

30 H.-Y. Meynaud et X. Marc, *Entreprise et société : dialogue de chercheur(e)s à EDF*, Paris, L'Harmattan, 2002.
31 H.-P. Jammet, « Présentation du CEPN », *Radioprotection*,16, 2, 1981, p. 125-130.

類に分かれる。心理学的な研究と社会学的な研究である。従来は前者を中心としていた流れが、この時期を境に、個人の挙動の主要決定因は「社会的要素」にあるとして、それを解明しようとする方向に変わった[32]。フランス電力社内の社会学徒の表現によれば、「社会学から発して心理学へ至る[33]」方向だ。

　そこから生み出された研究は千差万別だが、エコロジー主義の捉え方には一定の共通点がある。それらの大半の見るところ、「エコロジストの描く図式」は、「エネルギーを減らせば消費が減り、人口が減り、したがって公害が減る[34]」というものだ。エコロジー運動は要は新マルサス主義・反エネルギー・反経済成長の運動にすぎない。工業社会を全般として非難するために、核エネルギーを恰好のスケープゴートにしているだけだ[35]。流血の惨事となったクレス＝マルヴィルのデモの直前に、フランスの警察が大いに参考にしたのもこの種の分析だった。以下は警察の内部文書の記述である。「73年以降、石油の稀少化と価格上昇が想定されるなか、エネルギー問題を活動の中心に据えたエコロジストは、エネルギーを減らせば消費が減り、したがって人口が減り、したがって公害が減るとの主張を展開した。自主管理の下にほぼ自給自足(アウタルキー)で暮らし、『ソフト・エネルギー』を用いる小規模共同体からなる社会が、彼らの主張する変化の基盤となる社会編成の図式である[36]」

　エコロジー運動を次のように酷評した研究もある。原始的な懐古主義者による反テクノロジー運動です。「キリスト教的な禁欲に鼓舞されて、黄

---

[32] Y. Barthe, *Le Pouvoir d'indécision. La mise en politique des déchets nucléaires*, Paris, Economica, 2006.

[33] L. Timbal-Duclaux, « L'opposition à l'énergie nucléaire. Psychologie, sociologie, ethnologie, psychanalyse : quatre approches convergentes », *Revue générale nucléaire*, 5, 1979, p. 501-505.

[34] EDF, « Écologie, énergie nucléaire et opinion publique » (document interne), 1977-1979, p. 21.

[35] L. Timbal-Duclaux, « La peur des nouvelles énergies et la contestation nucléaire : aperçu historique », *Revue générale nucléaire*, 2, 1982, p. 126-131 ; L. Timbal-Duclaux, « La vraie nature des "énergies douces". Autopsie d'un mythe » (1978), *in* EDF, « Écologie, énergie nucléaire et opinion publique », document cité.

[36] Service central CRS, Bureau d'études techniques, « Cas concret Creys-Malville (Sensibilité de l'opinion publique) », 1977 (archives du CAC).

金時代礼賛神話に取り憑かれた[37]」連中です。農本的なポスト工業社会を夢みており、スピリチュアル・神秘的・宗教的な志向も見られます[38]。次のような研究もある。エコロジストは破局論者です。核利用を選ぶかどうかで破局か生存かが決まるとの二者択一的な世界観を、「非暴力ゲリラの手口[39]」でもって提示しているのです[40]。これらの研究の大きな特徴は、「政治的反対派」と「不安症反対派」を截然と切り分けて、前者が後者を、つまり「エコロジストの少数グループ」が「一般市民」を操っているとしたことだ[41]。この区別にしたがうなら、核エネルギーをめぐる紛争は、進歩派とロウソク回帰派との対決である。一方は信じて疑わない者、他方は「トラブルメーカー」だ。一方は（ホモ・エコノミクスの意味での）男たち、他方は（ジャン・ジロドゥの傑作戯曲中で彼らの前に立ちはだかったような）「シャイヨの狂女」たちだ。一方は技術のもたらす快適な暮らしの愛好者、他方は（ハーマン・メルヴィルの小説の登場人物のような）「バートルビー」だ。以上のようなレッテル貼りが、反対派の政治的な正当性を剥奪する機能を果たすことになる。フランス電力は一般市民が反原発に転じないよう、大規模な広報キャンペーンを何度も打った。とはいえ、一般市民に対して全方位的な情報提供を行ったわけではない。敵対勢力の側に突っこみどころを与えるのは不毛だからだ[42]。フランス電力の意図は、世界経済の現実を踏まえた合理的思考、「原油価格の高騰をどうすべきか」思考を一般市民に学ばせることにあった。そうすれば、エコロジー主義のような「非合理的」で「無責任」な態度は引っこむようになるはずだった。要するに、抗議活動が高揚した時期に推進勢力が行った研究によると、完全に二律背反の関係にある二つの論理が存在する。経済 vs エコロ

---

37 J. Lacoste et L. Timbal-Duclaux, « La signification du déchet dans la nouvelle vision écologiste du monde », *Revue générale nucléaire*, 1, 1980, p. 110.
38 L. Timbal-Duclaux, « De l'écologisme comme gnose naturaliste moderne ? » (1978), *in* EDF, « Écologie, énergie nucléaire et opinion publique », document cité.
39 L. Timbal-Duclaux, « Où en est le mouvement écologique ? », *Revue générale nucléaire*, 5, 1978, p. 414-421.
40 B. Sansen, « Le mouvement écologique français », *Revue générale nucléaire*, 2, 1977, p. 79-81.
41 Cf. L. Timbal-Duclaux, « Les huit paradoxes de l'information nucléaire », art. cit. ; et P. Pellerin, « La querelle nucléaire vue par la santé publique », art. cit.
42 J. Brouilhet, « Relations publiques à l'EDF » (document interne), 1972.

ジーだ。この見方からすると、両者の強烈な緊張関係を解明すること、そして時代遅れのホモ・エコロジクスが伝染しないよう、首尾よくホモ・エコノミクス=「合理的人間」を創出することが肝腎であった[43]。

6. 世論調査による統治

　原発を「怖がって」いて、反原発論に「影響されそう」な層を把握するために、フランス電力と原子力本部は徹底的な世論調査の装置を整備した。推進組織体が70年代に実施した全国調査は120件に迫り、それまでの25年間（45〜70年）の3倍にのぼる[44]。研究機関、新聞、環境運動NGO、エネルギー・石油関連機関なども、多数の世論調査を行った。調査対象は一般大衆、核施設の近隣住民、若者、ジャーナリスト、工学系の学生、上級管理職、ひいては子どもにまで及ぶ。石油危機、クレス=マルヴィルのデモ、オーストリアの国民投票、スリーマイル事故、アモコ・カディス号の事故〔ブルターニュ沖での石油タンカー座礁による汚染〕等々、核をめぐる議論に影響しそうな事情があれば、つどつど質問項目に加えられた。76年以降は一般市民が核に対して抱いている社会的・心理的イメージ、さらには「妄想」に、格別の関心が向けられている。

世論の監視

　世論調査はかねがね、直接デモクラシーの近代的形態と見なされてきた。しかし、それは強力な大衆監視装置ともなりうるものだ。たとえば〔米国の〕レーガン政権は、80年代序盤に世論調査に依拠して、核武装反

43　Cf. J. Daniel, « Le public et le nucléaire, analyse d'un sondage » (1977), *in* M. Tubiana et Y. Pélicier (dir.), *Le Nucléaire et ses implications psychosociologiques*, Gif-sur-Yvette, Nucléon, 2000, p. 78-90.
44　J.-F. Picard, « Les Français et l'énergie. Aperçu historique à partir de trente-cinq années d'enquêtes d'opinion », *Revue générale nucléaire*, 2, 1981, p. 134-140.

対運動の主張の弱みを巧みに突いている[45]。

　70年代の原発世論調査はフランスでは、まずは賛否の推移の追跡に役立てられた。フランス電力は10回にわたるフランス世論研究所（IFOP）の世論調査「核時代の公衆」を通じて、反対意見が75年に急増（74年の17%から75年終盤の35%へ[46]）、クレス＝マルヴィルでデモが繰り返された77年7月に大幅減（25%）という推移を把握した。さらに〔79年3月の〕スリーマイル事故後には再び上昇（79年12月に40%）した。以前は生活の利便性と結びついていた自社のイメージが72年から悪化したことも判明した[47]。そうした流れを曲げることが、以降の広告キャンペーンの目標となる。「人に奉仕する人」をキャッチフレーズに79年に始めたキャンペーンは、なかでも大規模に展開したもののひとつである。気概あふれる社員たちが電球を手に未来を向き、国を照らし出すというイメージにより、威信の高い国有企業であることを強調した。

　世論調査はフランス電力にとって、一般市民の新たな関心の指標でもあった。その筆頭が公害問題である。74～78年のIFOPの調査では、核エネルギー事業を公害産業と見なす意見が、74年8月の41%から78年10月には64%に上昇した[48]。75年のフランス世論調査社（ソフレス）の調査では、廃棄物の問題が急浮上した。フランス電力はそうした知識をもとにして、一般市民の不安をはねのける策を講じた。核は経済的に採算性がある「安価なエネルギー」であり、フランスの独立性を維持するうえで決定的な意義をもつ、と主張したのだ。

　原子力への賛否には幅があるという貴重な情報も、世論調査は核事業

45　M. L. Overby and S. J. Ritchie, « Mobilized Masses and Strategic Opponents : A Resource Mobilization Analysis of the Clean Air and Nuclear Freeze Movements », *The Western Political Quarterly*, 44, 2, 1991, pp.329-351.
46　G. Duménil, « Énergie nucléaire et opinion publique », *in* F. Fagnani et A. Nicolon (dir.), *Nucléopolis, op. cit.*, p. 317-373.
47　本節では72～78年にIFOPが実施したフランス電力の企業イメージに関する世論調査を参照している。
48　J.-M. Fourgous, J.-F. Picard et C. Raguenel, « Les Français et l'énergie : recueil d'enquêtes et de sondages d'opinion effectués sur des thèmes se rapportant à l'énergie nucléaire en France de 1945 à nos jours » (synthèse d'une étude financée par la Direction des études et recherches d'EDF), 1980.

アクターにもたらした。それらは三つに大別された[49]。一つめは〈同意する〉で、「管理職」「中規模都市の出身」「男性」が大半を占める。二つめは〈同意しない〉で、主に「パリ市民」「若者」「女性」「ブルーカラー労働者」「農民」である。三つめは〈どちらとも言えない〉で、「地方住民」「高齢者」などだ。それ以前から公式見解では、反対の大部分は理性＝「男性的要素」ではなく、感情＝「女性的要素」によるとされていたが、女性のほうが男性よりも抵抗感を示しているという事実[50]は性差別的な偏見とあいまって、この公式見解を補強した。フランス電力が世論調査から知りえた「社会事実」はほかにもある。過去数十年とは逆に、社会的地位と教養レベルが高い者ほど核に懐疑的だった[51]。反対は無知のせい、教育レベルが低いせいだと決めつけていた旧来の定説は、次第に放棄されていった。

　反原発派の類型研究をさらに精緻化したのが、77年の調査である。フランス電力と原子力本部が「世論構造研」に委託して行った[52]。核への抵抗感だけに局限した調査は困難だという了解から、異論の多い他の50ほどのテーマも項目に加えた調査で、フランス電力にとっては60万フラン[(i)]の出費となった[53]。「世論構造研」のスペシャリストの見るところ、行動主義アプローチによる既存の社会心理学研究は、「認識されたリスク vs 現実のリスク[54]」の図式にこだわりすぎている。公衆に対しては多様な「社会アクター」が、競合する言論・象徴・価値観を浴びせており、核についての公衆の意見は、これらに揉まれて形づくられる[55]。そうしたプロセスの中心にあるのは、個人が「刺激競合」と相互作用するという観念であり、その結果として「世論構造」が形成され、さまざまな争点にわたって一定

49　G. Duménil, « Énergie nucléaire et opinion publique », art. cit., p. 349.
50　J.-M. Fourgous et al., « Les Français et l'énergie », art. cit., p. 159.
51　Ibid.
52　「公衆と核」と題された調査（ジョルジュ・モルラ、デモステーヌ・アグラフィオティス、ジャン＝ピエール・パジェスが実施）。
53　「世論構造研」の共同創設者への著者によるインタビュー調査、ヴァンセンヌ、2006年11月15日。
54　同上。
55　Y. Barthe, Le Pouvoir d'indécision, op. cit. も参照。

(i)　77年の時点のレートは1フラン＝約49〜59円〔訳注〕。

の安定性を保つと考えられるという[56]。

　全国的な調査に加え、地元レベルの調査も実施された。フランス電力はそれらに基づいて、プロジェクト実施の大きな障害になりかねない「不穏」地域をマッピングし、同意の流れをつくり出すための広報戦略を地域ごとに展開した。その際にはまず、しばらく試してから再び世論を測定し、「実験」がうまくいったかを確認するという手順を踏んだ。地元を対象とした世論調査のデータの中で、フランス電力の大きな指針となったものがひとつある。プロジェクトの進捗につれ、強い反対は減少していたのだ。これが、できるだけ迅速な建設という方針の決定的な動機となった。地元を対象とした調査はまた、核に関する公衆の認識には、かなり地域差があることも示していた。〔北東部〕ロレーヌ、〔南西部〕アキテーヌ、オート゠ノルマンディ、シャンパーニュ゠アルデンヌなどの地域圏が同意に傾いているのに対し、ブルターニュや〔南部〕ラングドック゠ルシヨンなどの地域圏[(i)]は逆だった[57]。それぞれの土地柄に合わせた地域圏ごとの情宣戦略を開始すると、80年代序盤の世論調査では心強い結果が出るようになった。チェルノブイリ事故前の数か月は、結果があまりに良好だったので、調査継続不要論が社内で浮上したほどだった[58]。

世論の構築

　世論の統計的な把握という社会工学には、もうひとつ重要な役割がある。反原発運動に代わる世論の構築である。この代わりの世論に、歴史家のセオドア・ポーターが言うような、数値による科学的正当性が付与さ

56　G. Morlat et J.-P. Pagès, « Le ciel et la terre : une approche structuraliste des opinions », *in* H.-Y. Meynaud (dir.), *Les Sciences sociales et l'entreprise. Cinquante ans de recherches à EDF*, Paris, La Découverte, 1996, p. 314-331.
57　B. Fouqué et J.-M. Villaret, « Les différentes perceptions de l'énergie selon les régions de la France », *Revue générale nucléaire*, 2, 1982, p. 163-166.
58　フランス電力の世論スペシャリストの男性への著者によるインタビュー調査、パリ、2007年7月6日。

(i)　コルシカ島を含めた本土部分の地域圏の数は、2016年1月1日付の再編により、22から13に減っている。新地域圏の名称に言い換えれば、順にグラン゠エスト（グランテスト）中部、ヌーヴェル゠アキテーヌ（ヌーヴェラキテーヌ）南部、ノルマンディ東部、グラン゠エスト西部、およびブルターニュ、オクシタニー東部となる〔訳注〕。

れる[59]。

　世論調査がいかにして、期待に適った意見を表明する公衆（つまり世論）を創出するかは、多くの分析に示されているとおりだ。「回答はもとの質問と切り離すことができない。周知のように、質問文の組み立て(シンタックス)が少なからず、実際に回答を規定する[60]」。一例を挙げよう。73年にIFOPが実施したフランス電力の委託調査「核のイメージ」では、核エネルギーは「将来性が最も高いエネルギー」だとした回答が60％にのぼった。ところが質問が少し変わると、結果はまるで違ってくる。75年のIFOPの調査「核時代の公衆」では、「核エネルギーといわれて、すぐに思い浮かぶのは何ですか」という質問に対し、「将来性」とした回答は8％にとどまった。13％は爆弾、10％は公害・放射能・廃棄物を連想している[61]。

　核に関する「議論」の枠組み設定も、公衆の「発話内容」(パロール)を大きく左右する。興味深い事例を挙げよう。74〜78年にIFOPが実施した全10回のフランス電力の調査のうち、78年分からは民生利用と軍事利用の関連についての項目が削られている。この時期に米国では、再処理と高速増殖炉による核拡散リスクの増大が激論になっていた。対照的にフランスでは、話が「核の平和利用」に限定されていた[62]。もうひとつ例を挙げよう。クレス＝マルヴィルが騒然とした直後の77年9月以降、大半の調査から民主的参画に関わる質問が削除された[63]。諸外国では、原発の是非を決する国民投票が予定されていた時期である（オーストリアで78年11月、スイスで79年2月、スウェーデンで80年3月に実施）。

　「過半数が核に同意する公衆」は、世論調査によって測定されたのみな

59　T. M. Porter, *Trust in Numbers : The Pursuit of Objectivity in Science and Public Life*, Princeton, Princeton University Press, 1995.〔セオドア・M・ポーター『数値と客観性――科学と社会における信頼の獲得』、藤垣裕子訳、みすず書房、2013年〕

60　J. Richard-Zapella, « Mobilisation de l'opinion publique par les sondages », *Mots*, 23, 1, 1990, p. 61.

61　J.-M. Fourgous *et al.*, « Les Français et l'énergie », art. cit., p. 156 に示された内訳表から外挿した数値。

62　M. Marie, G. Masson, S. Matthieu, B. Ollivier, J.-F. Picard et P. Weis, « L'opinion publique face au nucléaire » (annexe de l'étude sur les sondages d'opinion financée par la Direction des études et recherches d'EDF), 1980, p. 24.

63　*Ibid.*, p. 29.

らず、創出された側面もある。じきに推進勢力と糾弾勢力は、世論調査の結果をめぐって激しい論争を繰り広げるようになる。フランス電力の調査では大体において、過半数が同意という結果が出ているが、「過半数」がぎりぎり「51%」のものもある。エコロジスト側が実施した調査では、逆の傾向が示されている[64]。大手の新聞・雑誌の参入により、論争はさらに激化する。79年のスリーマイル事故の後、ルイス・ハリス世論調査研究所が総合誌『レクスプレス』の委託で世論調査を行った。原発建設の中止を望む者が44%、望まない者が28%という結果が出た。同じ機関が同じ時期に、フランス電力の委託で実施した調査もある。こちらは57%が核エネルギーに同意、37%が反対、とはるかに楽観的な結果を示している[65]。

7. 批判活動に対する統治の「新たな精神」

79年3月28日、ペンシルヴァニア州ハリスバーグ市から10kmあまりの地点で起こったスリーマイル事故は、米国にリアルな衝撃を与えた[66]。甚大な被害はなかったとはいえ、米国の原発産業は立ち直れなくなる。それに対してフランスでは、事故はまったく違う方向に作用した。政府当局の側から見ていこう。フランスの原発群にはスリーマイルと同型の原子炉が用いられていたが、国内事故のリスクはまったくないという。国内の高い安全基準に合わせて、導入時に完全に「フランス化」してあるというのが論拠である。批判活動の側はどうだったかといえば、すでに弱体化していて、この重大な事件に際しても、たいした主張を打ち出せなかった。事故後に実施した全国署名活動の要求事項は、つつましやかなものだった。原発事業計画の即時中止には踏みこまず、核エネルギーに関する広範な議論を求めたにすぎない。

---

64 Sondage Cofremca-Sauvage, « Les Français et le nucléaire », mars 1975 などを参照。
65 Sondage de l'institut Louis-Harris pour EDF, « Les Français et l'énergie nucléaire après l'incident d'Harrisburg », avril 1979.
66 スリーマイル事故の原因の社会学的分析として、C. Perrow, *Normal Accidents : Living with High Risk Technologies*, Princeton, Princeton University Press, 1984.

フランスの反原発運動の急速な退潮には、複合的な要因が働いている。多くの論者が一致して指摘するように、最大の要因は、77年夏を頂点とする警察の弾圧である。クレス＝マルヴィル以後、反原発活動は動揺し、方向を見失ってしまった。他の要因のうち第1に挙げられるのは、反原発運動に特有の分断である。アラン・トゥレーヌの言う「真の」社会運動となることを妨げた原因がまさにこれだ。第2に、70年代終盤に経済危機が起き、そこに80～81年の第2次オイルショックが重なった。失業問題がクローズアップされ、環境問題は後回しにされた。第3に、68年5月の運動の流れを汲む社会的批判活動が、この時期には全般的に弱体化していた。第4に、いったん原発ができあがると、闘争は局地化されていった。そして最後に、非常に特殊な要因がもうひとつある。フランソワ・ミッテランの大統領選出である。反原発運動は、エコロジスト票を「取りこんだ[67]」社会党に核の問題を一任した。だが政権に就いた社会党は、選挙時の公約を放棄する。フランスの核エネルギー化を右派にもまして推進したといえるほどだった。

　社会党が反原発運動に接近した契機は、77年のクレス＝マルヴィルの事件だった。「右派の弾圧」に対して、社会党は民意の重視を打ち出した。この年の秋、社会党は共産党と袂を分かち、左翼選挙連合を解消する。それから3週間後の10月半ば、社会党は民労同に同調して、スーパーフェニックスの凍結、新増設の工事発注の1年半～2年間停止を掲げるようになる。スリーマイル事故後の79年6月に、国民的議論を求める全国署名活動が始まると、ミッテランはじめ、ピエール・モロワ、ポール・キレス、ミシェル・ロカール、ピエール・ベレゴヴォワ〔いずれも後に首相や大臣として入閣〕など、社会党の重鎮多数が署名した。81年〔大統領選の年〕に入るとすぐ、これらの方針を公式に反映したエネルギー計画が策定される。取りまとめにあたったのは、最も反原発運動寄りの有力者、ポール・キレスである。電源構成に占める原発比率は大幅に引き下げ、高速増殖炉の実用化には反対、核エネルギーに関する国民的議論と国民投票を実施、ラ・

67　G. Sainteny, « Le Parti socialiste face à l'écologisme », art. cit.

アーグ工場での再処理を引き受けた国際契約は破棄、といった項目が盛りこまれた[68]。ミッテランは決戦投票の10日前に、プルトニウム事業からの撤退を約する書簡に署名した[69]。

だが、81年5月10日に選挙を制した後、キレスら党内の反原発派は急速に実権を失い[70]、「実務管理派[71]」的な勢力に交代する。エコロジストに熱い希望を抱かせた新大統領は、「エコロジーは青春の病だ[72]」と内輪の席で漏らしている。エネルギー問題に関わる重要ポストは最終的に、この分野の広報役を務めてきたキレスには与えられず、核事業容認派の重鎮に割り振られた。首相にピエール・モロワ、研究・技術大臣にジャン＝ピエール・シュヴェヌマン、エネルギー大臣にエドモン・エルヴェという布陣である。

社会党は勝利が決まった直後から、公約をあらかた放棄していく。国民的議論とそれに続くはずの国民投票は、国会審議にすげ替えられた。国会審議は81年10月に行われ、核利用路線が追認される。モロワ内閣は82〜83年にさっそく、6基の新設許可に署名した。再処理事業に関しては、継続を決定しただけでなく、ラ・アーグ工場内に外国の廃棄物を再処理する施設、UP3を新設することにも同意した。「かなりの外貨の獲得[73]」が見込めるという理由による。スーパーフェニックスについても建設続行を決定した。フランスの核エネルギー化を円滑に進めるために、社会党が反原発運動に与えたアメはたった二つだ。一つは、まるで戦争状態になっていたプロゴフの原発プロジェクト中止である。もう一つは、ル・ペルランへの立地の断念だが、こちらはすぐに〔同じ北西部の〕カルネを代替地とした。

要するに、社会党が政権に就いても、ほとんどフランスの核エネルギー

---

68 Parti socialiste, *Énergie, l'autre politique*, Paris, Club socialiste du livre, janvier 1981.
69 D. Anger, *Nucléaire, la démocratie bafouée, op. cit.*, p. 81.
70 F. Dorget, *Le Choix nucléaire français*, Paris, Economica, 1984.
71 A. Nicolon et M.-J. Carrieu, « Les partis face au nucléaire et à la contestation », *in* F. Fagnani et A. Nicolon (dir.), *Nucléopolis, op. cit.*, p. 79-160.
72 J. Jasper, *Nuclear Politics, op. cit.*
73 F. Dorget, *Le Choix nucléaire français, op. cit.*, p. 123-130.

化を制約することにはならなかった。社会党政権発足の影響は、批判活動に対する統治、公共圏に対する統治が大きく変化した点にある。反原発闘争は左派と右派との闘争でもあったため、「敵」すなわち右派の退場によって方向感覚を失ってしまった。社会党の下での原子力であれば、どのような形で展開されても、さほど異議を立てるには及ぶまい、といったムードが広がったのだ。「科学者集団」のメンバーだった男性が次のように述べている。「ミッテラン世代ってのは、もうボルテージが低くなりましてねえ。『この日がようやく来た』って言葉を何度も聞かされました。反原発の科学者はほとんどが左翼です。『核事業に毒づくのは、もうやめるよ。なにしろミッテランがやってくれるんだから。彼も左翼、私も左翼だ。それで四の五の言えば、左翼に反対、つまり自分に反対するような真似になるからな』って[74]」

制度化の進行

　なぜ社会党は、これほど早い段階で、支持層の反原発派を裏切ることができたのか。同じタイミングで、核事業の全方位的な近代化を約束したからだ。一般市民に情報提供していきます。手続きに民意を反映させていきます。抗議勢力との対話に応じます。それらは社会党政権にとって、核事業の長期的安定には避けられない踏み絵のようなものだった。たとえば83年のブシャルドー法による公衆意見調査の明らかな改善は、批判活動への直接的な応答である。極度の中央集権を緩和する措置として地域圏エネルギー機構を創設し、核事業は秘密主義というイメージを払拭するために立地地元情報委員会（CLI、以下「地元情報委」）を設置した。とりわけ特筆されるのが、批判的アクターを「うまく活用」したことだ。さまざまな委員会にNGOを迎え入れ、核事業の管理体制にじかに一枚かませようとしたのである。省庁や政府機関や市町村の要職を一部のNGOに与えた例すらある。社会学者のミシェル・ヴィヴィオルカとシルヴェーヌ・ト

---

[74] 著者によるインタビュー調査、ストラスブール、2007年6月7日。

リンは[75]、このようなプロセスをミッテラン社会党政権期の特徴と捉え、反原発運動の「ハイパー制度化」と呼んだ。

　そうした制度化は、批判的アクターに責任を担わせる手法と見ることができる。彼らを権力の場に近づけ、活動フィールドの変更を促す。そして、あらかじめ設定した枠組みの中に、彼らの科学的・政治的な知見を落としこむ。このプロセスを通じて批判活動が穏健化することを期待できる。体制機構の内側から核エネルギーを問題化するのは、外側から問題化するよりも難しいからだ。反目するアクターの間で相互作用が進み、相手についての認識が変わるにつれて、賛同勢力 vs 反対勢力の境界線もぼやけるかもしれない。

　抗議勢力の包摂という社会党の戦略が、なかでも標的としたのは有識者である。彼らの中では最も合理的だと踏んだからだ。フランソワ・ミッテランはすでに77年の時点で、フロワサール、トゥレーヌ、ピュイズー、コヴァルスキー、〔生物地球化学者のジャン＝マリ・〕マルタンなど、運動寄りの有識者を集めた検討会を組織した。そして彼らに、国家と市民社会との対話を約束した[76]。この検討会は翌年に報告書『相異なる核事業政策に向けて』をまとめている。社会党はまた、民労同の活動家をエネルギー部会に迎え入れた。とくに狙いを定めたのは『フランスの核発電』[77]の関係者である。81年初めに『エネルギー、相異なった政策』という名のキレス計画を策定した時も同様に、〔75年時点で〕向こう10年・15年のエネルギー消費シナリオを提示したエネルギー経法研の研究員などの緊密な協力があった。このような有識者や組合活動家との接近が、批判活動を〈システム〉の内側に引き入れるという社会党の戦略の決め手となる。そのための新たな機関を設ける際には第1に民労同、第2に他のグループ（科学者集団、闘争会議）と協議を重ねたケースがほとんどだ。

75　M. Wieviorka et S. Trinh, *Le Modèle EDF : essai de sociologie des organisations*, Paris, La Découverte, 1989.
76　F. Mitterrand, Préface *in Pour une autre politique nucléaire. Rapport du Comité nucléaire, environnement et société au Parti socialiste*, Paris, Flammarion, 1978.
77　CFDT, *L'Électronucléaire en France, op. cit.*

エネルギー管理機構の興亡

それらの新設機関のひとつが、81年終盤に創設されたフランス・エネルギー管理機構（AFME、以下「エネ機構」）である。エネルギーの合理的使用と再生可能エネルギー事業を国策的に推進するための機関であり[78]、運営は反原発運動寄りの有識者と組合活動家に委ねられた[79]。エネルギー管理は当時、抗議活動側と産業界の意見が一致する数少ない分野だった。エネ機構は最初から両者の具体的な接近、少なくとも相互理解の場として設けられた[80]。

エネ機構は当初から地域圏レベルへの分権化をすみやかに進め、エネルギー政策の中心に供給ではなく需要を据えるという成果を上げた。異論の多いエネルギー消費予測に基づくフランス電力の事業方針に、難なくとはいかないながらブレーキをかけたのだ[81]。しかし、かつて反原発運動にいそしんだ組合活動家と有識者がそれなりの権力を握った状況は、数年しか続かない。85年の逆オイルショックに続き、86年の第1次保革共存政権〔ジャック・シラク内閣、〜88年5月〕発足のあおりを受けて、エネ機構の予算と人員は3分の1カットされた。ミシェル・ロラン、ベルナール・ラポンシュ、バンジャマン・ドゥシュ、ロラン・ラガルドなど上級幹部の大部分は罷免され、鉱業学校出身官僚団の最上級技官、ジャック・ブヴェが87年に新長官に任命された。新内閣ではエネルギー管理は顧みられず、エネ機構は休眠状態に入る。復活するのは91年、環境・エネルギー管理機構（ADEME）に改組された時のことになる。

---

[78] 研究・技術大臣および産業担当大臣から共和国大統領への報告書、1982年3月6日（ベルナール・ラポンシュ個人蔵）。
[79] 民労同の副書記長ミシェル・ロランが長官に就き、フィリップ・シャルティエ（物理学者・農学者、民労同・国立農学研究所支部）、バンジャマン・ドゥシュ（学術研の技術研究者・経済学者）、ロラン・ラガルド（エンジニア、民労同・フランス電力支部の中心的メンバー）、ベルナール・ラポンシュ（エンジニア、民労同・原子力本部支部の幹部）、テオ・ルレ（コレージュ・ド・フランスの物理学者、「科学者集団」メンバー）らが脇を固めた。
[80] M. Rolant, « Les deux âges de la maîtrise de l'énergie », in T. Leraéy et B. de la Roncière (dir.), *30 ans de maîtrise de l'énergie*, Arcueil, Atee, 2003, p. 85.
[81] エネ機構の上級幹部だった男性への著者によるインタビュー調査、アントニ、2005年5月23日。

批判活動の制度化の具体例をなすエネ機構には、さまざまな力学のせめぎ合いが見てとれる。それは一方では、反原発活動の穏健化を促している。とはいえ、批判活動をまるごと吸収しようとしたわけでもない。そんなことをすれば、システム内部にまぎれもない対抗権力ができあがりかねない。批判活動がだしぬけに〈脱制度化〉され、再び排除されるようになったのは、まさにそうした展開を回避すべく鉱業学校出身官僚団などが圧力をかけた結果だった[82]。

地元情報委の設置

批判活動の制度化は、まったく別の形でも進行した。1981年12月15日付のモロワ首相通達による地元情報委の設置である。81年にノジャン＝シュル＝セーヌ、ラ・アーグ、〔中西部〕シヴォー、82年にショー、ゴルフェシュ、83年にトリカスタンなど、数年のうちに各地に相次いで設けられた。

地元情報委は、議員や行政担当者、有識者や組合活動家、市民団体メンバーが一堂に会する「異種混合型」アリーナとして構想された。当時のエネルギー大臣の表現によれば、「一部住民と科学・技術とのある種の不和、核事業計画の展開に際して顕著になった不和」の是正をめざすものだった[83]。ミッテラン政権の狙いはそれだけではない。公約破りに対する反発を鎮静化させることも意図していた。たとえばラ・アーグの場合、再処理工場の拡張は最終的に許可することになるが、地元情報委としてラ・アーグ施設近隣情報特別常任委員会（CSPI、以下「ラ・アーグ情報委」）を設置した当初から、「科学者集団」、「闘争会議」、「ラ・アーグ反公害」その他の市民団体のメンバーを入れている。ミッテラン政権が地元情報委を設けた狙いはもうひとつある。党内の批判勢力への対処である。ラ・アーグで〔立地元のマンシュ県〕シェルブールを地盤とするルイ・ダリノを委員長に就けたように、政府は運動寄りの国民議会議員たちに

---

82 同上。
83 エドモン・エルヴェが情報委員会委員長全国会議の際に行ったスピーチ、パリ、1983年1月20日。

委員会の立ち上げを仕切らせた。一般市民への情報提供という政治的・道義的に重要な問題を左右する権限を彼らに与えたのだ。

だが大部分の地元情報委はチェルノブィリ事故まで、さらには事故後もずっと、多元的つまり客観的な情報提供を行えるだけの技術的・財政的な基盤を欠いていた。一部の委員会は、じきに事業者側に牛耳られた。核施設と直接雇用関係のある労組関係者や地方議員が、委員として大量に送りこまれたからだ（ラ・アーグでもそうだった）。比較的まともに運営された委員会でさえ、事業者から提供される情報に依存し、さもなければ情報を保留された状況にあった。モデルケースとされていたラ・アーグ情報委も例外ではない。80年代前半に再処理工場で起きた重大な異変のいくつかは、報道やNGOを介して知らされている。そのひとつが、84年9月の事件である。ビュジェ原発から送られてきた放射性廃棄物の輸送用キャスク1個に、荷下ろしの際にひびが入った。プラントは非常に汚染され、調査委員会を設けるほどの事態になった。ラ・アーグ情報委はコジェマ社からなんの連絡も受けておらず、地元紙の報道[84]で初めて知ったありさまで、その点を厳しく批判された[85]。この事件に報道機関は敏感に反応した。数日前の8月25日にも事故が起きたばかりだった。フランスで製造した六フッ化ウラン〔ウラン燃料の原料〕350トンを積み荷として、ロシアに向かっていた(i)貨物船モン・ルイ号が北海で座礁し、この劣化ウラン数キログラムが海洋中に散逸していた[86]。国際的に大きなニュースとなった重大事故である。

地元情報委の実態は以上のようなものだった。多くは内紛が起きたり、リソースが不足した結果、NGOメンバーの引き揚げや、開店休業状態に追いこまれた。ミッテラン政権により設置された14の委員会のうち、チェルノブィリ事故の時点で健在だったのは四つにすぎない。とはいえ80年

---

84 « Un curieux accident à la Hague. Et un profond silence », *Ouest France*, 29 septembre 1984.
85 ラ・アーグ情報委員会委員長へのCREPAN〔ノルマンディ自然保護整備の会〕からの書簡、カーン、1984年9月19日。
86 AEN, *Sûreté nucléaire. La sûreté du cycle du combustible nucléaire*, 3ᵉ éd., Paris, OCDE, 2005, p. 273 [NEA, *Nuclear Safety : The Safety of the Nuclear Fuel Cycle*, Third Edition, Paris, OECD Publishing, 2005].

(i) フランスがソ連に濃縮作業を委託し、ソ連がフランスに濃縮ウランを送り返すという、70年代序盤に結ばれた契約に基づく輸送〔訳注〕。

代序盤以降、地元情報委への参加を通じて、市民団体や労働組合の活動家が穏健化したことは事実である。「核事業サイドの人々」との接近は着実に進展した。非公式のやりとりなども交え、彼らも生身の人間であると知って、それまで糾弾していた「核テクノクラート(ニュークレオクラート)」に対する認識は一変した。「闘争会議」のメンバーとして活動し、82年にラ・アーグ情報委に参加していた男性が、こんなふうに述べている。「外からは見えてなかったものが見えたんです。ああいう機構は完全に一枚岩だと思ってたけど、実際はそうじゃない。行政窓口から県長官(i)宛てに、大変まずいことがあると説明する書状がいろいろ出てたりするんです。読んだ時はあっけにとられました。(……)事業者の書類に不満たらたらだったんですよ。いやあ、それで初めてわかりました、システムが思ってたほど、その……(言葉に詰まって)でも、そういうことは外からは見えてなかったんですね[87]」

カスタン委員会の「多元的専門評価」

　反原発の批判活動の部分的な制度化は、いわゆる多元的専門評価制度への組み入れという形でも進行する。その嚆矢となったのが、81年に〔核事業安全規制高等評議会の下に〕設置された照射済み燃料管理ワーキング・グループ、通称カスタン委員会だ。当初のミッションは、ラ・アーグ再処理工場で実施されている作業の安全性評価である。これはまもなく拡大されて、放射性廃棄物の管理に関わる評価を（全般的に）手がけるようになる。委員会は、なかでも埋没処置(ii)に注目した。委員長には、一般市民が妥当と見なすような人物が任命されている。量子力学が専攻のオルセー〔パリ第11〕大学教授、レーモン・カスタンだ。副委員長は原子力本部の最高顧問ジャン・テヤックである。原子力本部が出した委員は、少なめとはいえ多数であることに変わりない。委員の3分の1は推進組織体の人間、残りが組合活動家、大学関係者、有識者という構成だ。反原発運動からは、「科学者集団」で活動するオルセー核物理研究所の核物理学

87　著者によるインタビュー調査、カーン、2006年6月14日。

(i)　地方圏の首長、県の首長は「知事」と訳される場合が多いが、いずれも中央から任命される官職であるため「長官」とした〔訳注〕。

(ii)　日本語でいう「埋設処分」に相当する〔訳注〕。

者ジャン＝ポール・シャピラ、民労同・原子力本部支部で活動する放射線防護技術者ジャン＝クロード・ゼルビブの2名が入っている。

　委員会は82年4月に第1報告書を提出する[88]。再処理作業に異存なし、コジェマ社の工場拡張計画も維持、職員の防護措置は全体的に問題なし、という内容である。ただし廃棄物の長期管理、とりわけ地層保管については、時期尚早であるとの留保がついた。2度の任期延長を経た委員会は、他に二つの報告書を出している[89]。原子力本部は当時、国内にマンシュに続く第2の集中保管施設を開設することを検討していたが、カスタン委員会の第2報告書は、原子力本部による放射性廃棄物の総合管理計画案を批判的に分析した。第3報告書は、廃棄物の最終保管方式に関し、どのような研究テーマを設定すべきかを検討したものだ。

　一連のミッションの最後に、カスタン委員会はマンシュで適用中の安全基準を批判して、規制を正式に改善させるに至っている。浅地中で保管されている廃棄物、とりわけアルファ線源について、明示的な上限値を設定するよう促したのだ[90]。反原発運動寄りの科学者たちは、この体験から多元的専門評価に期待をもった。核事業に対する監督の独立性を高めることで、制度の実態を変えられるのではないか[91]。委員会の見解は、実際には玉虫色だった。原子力本部の考えでは、大深度で最終保管を行うより、核種変換や先進再処理を進めたほうがよいが、とはいえ埋没処置に関する研究を進めていくための地下研究所も必要だ。これら一定の技術的な選択肢が妥当と認められたので、原子力本部もまた大いに満足した。カスタン委員会の遂行した仕事がもうひとつある。第2集中保管施設の立地のめどをつけたことだ。激しい抗議活動が起こることもなく、候補地の〔シャンパーニュ地方〕オーブ県スレーヌが受け容れを決めた。カスタン教授が数名の委員とともに現地入りし、地元住民と対話したのが功を奏した。

88　Commission Castaing, « Rapport du groupe de travail sur la gestion des combustibles irradiés », Conseil supérieur de la sûreté nuclaire, avril 1982.
89　二つの報告書はそれぞれ83年3月、84年10月に作成された。
90　Y. Barthe, *Le Pouvoir d'indécision, op. cit.*, p. 47-57.
91　J.-P. Schapira, « La commission Castaing : une innovation dans l'évaluation de la technologie », *La Recherche*, 15, 154, 1984, p. 560-561.

カスタン委員会という多元的専門評価の制度は、たしかに廃棄物の管理体制の具体的改善（アルファ線源の上限値の設定）をもたらした。しかし、その一方で批判的アクターたちは、核産業サイドの提示する問題の共同管理に引き入れられていた。つまり、人々に一定の選択肢を受け容れさせるためのアリバイにされかねなかった。しかもカスタン委員会の実情は、多元的な運営がなされたとは言い難い。とくに大きいのが公文書の問題だ。ラ・アーグの労働者の被曝線量データも、中レベル廃棄物のコンディショニング〔＝前処理〕と保管に関する原子力本部の報告書も、委員会はなかなか閲覧することができなかった[92]。運営基盤も不安定だった。82年度は予算の手当てのないまま始まり、委員たちは自腹を切るはめになった。市民団体の側からすれば、闘争的な活動にあてられたはずの時間と労力を、制度化された仕事へと誘導されただけでしかない。

　以上で見てきたように、参加型・対話型方式の試みは、80年代前半に先鞭が着けられた。あるものは、存在感をあまり発揮できなかった（地元情報委）。あるものは、次第に権限を縮小された（エネ機構）。あるものは、新規の手順や業務に実態が追いつかなかった（カスタン委員会）。公的機構の内部に批判的アクターを組み入れることに、原子力本部をはじめとする推進組織体の側は難色を示した。たとえばカスタン委員会では、ジャン＝ポール・シャピラのような批判的科学者を入れるのを委員長が渋っている。とはいえ、この時期の若干の試みによって、批判活動が以後たどっていく「経歴」の方向性が決定されたのは事実である。第1に制度化、第2に専門科学化という方向であり、チェルノブイリ事故（86年4月26日）に続く論争再燃期には、そうした事態が非常にはっきりとした形で、両輪のように進行することになる。

　本節の結論を述べよう。ミッテラン時代には、批判活動に対する統治が相対的に近代化された。それはリュック・ボルタンスキーとエヴ・シャペロの言う包括的な変化、すなわち70年代中盤に始まるマネージメント言

92　J.-C. Zerbib, « Nucléaire et incompréhension sociale », intervention au colloque « Pratiques de la concertation sur les risques industriels », Toulouse, Institut pour une culture de sécurité industrielle, 20 mai 2005.

説の、そして資本主義の自己正当化の大転換[93]に合致しているように思われる。そうした変化がフランスでは左派政党によって導かれたという事実は、一見すると矛盾しているようだが、むしろ示唆に富むと見るべきである。そこに現れ出ているのは、右派 vs 左派、デモクラシー vs テクノクラシーといった明快な対立にはおさまらない現代的な統治性であるからだ。

68年5月に端を発する社会的騒擾は、一群の変化をマネージメント層に引き起こした。ボルタンスキーとシャペロは、それらの変化をウェーバー風に「資本主義の新たな精神」の形成と呼ぶ。2人の社会学者によれば、その牽引役を演じたのが批判活動（労働組合による異議申し立てその他の「社会的批判」、芸術家による「芸術的批判」）だった。大量のマネージメント論をつぶさに読みこんだ2人は、資本主義がみずからの糾弾者のうちに活路を見出し、批判活動の一部を組み入れていったことを論証した。核事業に即していえば、批判的な有識者と組合活動家の公的制度への組み入れ、つまり80年代序盤のミッテラン時代から進展した動きと符合する。

この「新たな精神」は、ボルタンスキーらの分析によれば、資本主義システムの作動を維持するのに不可欠な燃料のようなものである。それは核事業の場合には、チェルノブイリ事故後の時期に死活的な重要性をもち、90年代中盤に始まる「核事業ルネサンス[(i)]」の喧伝においても第一級の役割を担っていく。この分野における批判活動を内生化する回路はなにも制度化（エネ機構、地元情報委、等々）だけではない。抗議勢力の言説や価値観も取りこまれている。外部にあった正当化秩序を内部化することで、「新たな精神」は自己の中核に道徳的な次元を加えているのだ。そこではまさに反原発運動の要求事項のうち、透明化（86年以降）、公衆参加、エコロジー（90年代以降）の3種類が素材とされた。核エネルギーの正当性確立言説は、批判活動の展開とその力学作用に応じて、以後も変身を続けていく。90年代終盤から勢いづくのが「エコな原子力」言説だ。

93　L. Boltanski et È. Chiapello, *Le Nouvel Esprit du capitalisme*, Paris, Gallimard, 1999.〔リュック・ボルタンスキー、エヴ・シャペロ『資本主義の新たな精神』、三浦直希ほか訳、ナカニシヤ出版、2013年〕

(i)　一般的にいわれているより開始時期がやや早いが、日本語でいう「原子力ルネサンス」に相当する〔訳注〕。

批判活動の側は気勢をそがれ〔＝武装解除され〕てしまう。非難の対象であったはずの「古い世界」、エコロジーを敵視する原子力の世界は、もはや跡形もなくなっていた。

第 2 部

チェルノブィリに続く10年間
―― 専門評価と透明化へ、誘導された批判活動 ――

第4章 1986年4月26日の直後 ──秘密化による統治

「脅威的な惨事を前に、私たちが『感情的』に反応したのは当然であって、恥ずかしいなどとは思わない。仮にそのような反応をしなければ、私たちは逆に恥ずかしく思うべきだろう。そのような反応をせず、私たちの感情を不合理だと言う者は、冷たいだけでなく愚かな者である[1]」

ギュンター・アンダース

1.「国境で止まったプルーム」

ソ連の核テクノロジーの精華と謳われたチェルノブイリ原発の4号機に、1986年4月26日に起きた激甚事故は、技術的にも、政治的にも、社会的にも、文字どおりの衝撃だった。きわめて能天気だった専門家でさえ、チェルノブイリのプルームを前にして、なすすべもなく茫然とした。不気味な未知のプルームが、放射性元素の膨大な混合物を何千キロメートルにもわたって撒き散らし、地表のほぼ全部をかき乱す。ソ連で起きた連鎖反応が、世界規模で連鎖汚染を引き起こす。そんな事態は誰も想像だにしていなかった。

フランスの核エネルギー史上、チェルノブイリのプルームは非常に重要な意味を帯びている。この世界随一の核利用大国における特異な統治形態が、プルームによって際立つことになったからだ。それは、秘密化による統治である。ヨーロッパ諸国のうち事故の直後に、全国各地で観察された放射能汚染の数値データをWHOに提供せず、「汚染値は低い」と報

---

[1] G. Anders, « Dix thèses pour Tchernobyl » (1986), in G. Anders, *La Menace nucléaire. Considérations radicales sur l'âge atomique*, Paris, Le Serpent à plumes, 2006, Annexe, p. 317. 〔*Die atomare Drohung, op. cit.*；ギュンター・アンダース『核の脅威』、前掲書。引用元の論文は仏語版が独自に収録：« 10 Thesen zu Tschernobyl », *op. cit.*〕

告するにとどまった国はフランスだけだ。4月29日に防護中央局は、「フランスで何かを検出しているとしても、純然たる科学の問題でしかない[2]」と言い切った。次いで3日後に、放射性プルームがフランスに到達したことを認めつつも、「1万倍から10万倍のレベルの上昇が想定されないかぎり、公衆衛生上の有意な問題を考えるには及ばない[3]」と発表した。5月1日以降は、アゾレス諸島付近から張り出した高気圧が放射性プルームをフランスの外に押しとどめている天気図を片手に、「国境で止まったプルーム」のイメージづくりに励むようになる。ある核エネルギー専門家の表現によれば、この高気圧はまるで「ナチスの侵攻からフランスを防衛するレジスタンス闘士のよう」だった[4]。実際には、「プルームは国境で止まった」と防護中央局、あるいは局長ピエール・ペルランが明言したわけではない。しかし天気図は人々に強力な印象を与えた。政治家も例外ではなく、フランスはあたかも天恵のごとくプルームを免れたのだと、喜々として言い立てる者もいた[5]。いくつかのNGOの圧力によって、フランスの土壌汚染地図が初めて公表されたのは、5月10日のことでしかない。だが、防護中央局はヨーロッパ諸国の専門機関の中でいち早く、プルームがスウェーデンで検出された時点で情報を得ていた[6]。事故後10日間のうちに、塵や植物、土壌やミルク、水その他500点以上のサンプルについて、主要な測定を真っ先に行ったのも防護中央局だった。

　チェルノブイリのプルームに際したフランスの事態管理は、別の面でも異彩を放っている。個人を対象としたものであれ、特定層を対象としたものであれ、予防措置は何も勧告しないというのが、政府のさしあたりの対応だった[7]。他のヨーロッパ諸国はまったく違う。プルームが通過した後、ドイツでは多くの防護措置が一般市民に指示された。乳児には粉ミルクを

2　防護中央局のプレスリリース、1986年4月29日。
3　防護中央局のプレスリリース、1986年5月2日。
4　防護安全研の専門家の男性への著者によるインタビュー調査、パリ、2008年12月8日。
5　1986年5月6日の農業省発表を参照。
6　B. Lerouge, *Tchernobyl, un « nuage » passe... les faits et les controverses*, Paris, L'Harmattan, 2008, p. 15.
7　防護中央局のプレスリリース、1986年5月2日。

与えること、生野菜はどれも洗うこと、などだ。イタリアでは5月上旬に葉物野菜の販売に加え、子どもと妊婦のミルク摂取も禁じられ、これらの禁止措置が2週間にわたって続いた。オーストリアでは5月5日に、東欧産の青果の販売が停止された[8]。フランス政府が東欧産の食品に輸入制限をかけたのは、5月9日とかなり遅い。

　しかもフランスでは、チェルノブィリの事故はまったくの例外だとする見方が早期に定着した。「チェルノブィリのような核事故はフランスではありえない」と政府当局は確言した。ソ連の原子炉にはフランスの原子炉と違った特異な脆弱性があり[9]、運転員も「許し難く無能」だったという説明である。現地の状況もひどく矮小化された。5月初頭に、ピエール・ペルランはこんなふうに語っている。「（チェルノブィリの）発電所から数キロメートルの地点に行って、自然体で、防護用具なしに、散歩するつもりだってありますよ[10]」。原子力本部とフランス電力は、5月2日に開いた記者会見で、「チェルノブィリ発電所10km圏外の住民にはリスクはほとんどありません。10分以上とどまらないなら発電所に近づくこともできます」と述べた。以上のような発言や政策措置は、5月の2週目以降、国家の嘘として指弾されることになる。しかし最初のうちは、あまりに大きな惨事に加え、これらの公式言説を前にして、フランス社会はいささか分別を失っていた。

　フランスはどうして、チェルノブィリの降下物に際して、まともな事態管理ができなかったのか。これまでに多くの分析がなされているが、それらが第1に挙げる元凶は、一般市民を対象とする事故時の情報提供と防護措置が、保健労働省内に置かれた専門部局、防護中央局の専権事項になっていた点である。この専権を66年の政令第66-450号によって付与された防護中央局は、国内130基のモニタリング・ポストに記録された汚染値を伏せていた。そうした秘密化の背景として、局員には同令の施

8　« Le nuage a "tout juste frôlé" l'Est de la France », *Libération*, 6 mai 1986.
9　チェルノブィリの原子炉は「RBMK」と呼ばれる系統のもので、減速材に黒鉛、冷却材に沸騰軽水を用いる熱中性子炉だった。
10　ラジオ局フランス・アンテールのインタビュー、『ユマニテ』紙が報道（« Radiations antisoviétiques », 3 mai 1986）。

行以後、放射性物質に関わる情報を在職中に口外しない義務が課せられたことも指摘されている。第2に問題とされたのは、ピエール・ペルランの人柄である。彼は防護中央局が56年に設置された当初から、チェルノブィリの惨事の8年後に退任するまで、およそ40年にわたって局長の座にあった。権力志向、権威主義的な性格、核事業への思い入れの公言、鉱業学校出身官僚団と原子力本部出身者に共通する秘密主義、といった点がこれまでに論じられている。逆に彼を擁護する人々は、防護中央局には測定値を広報する使命も手段もなかったと主張する。フランス電力の広報担当だった男性は言う。「ペルラン先生に対しては多くの批判がありましたけれど、ペルラン先生には補佐役の広報チームがいなかったのが実情なんです。想定されていませんでしたから。その種のことは、想像していなかったんです(……)。我々フランス電力は、広報しようと思えばできましたが、制止されていました。保健省内に独立的な監督部局があるからです(……)。技術的問題について原子力本部と一緒に発表したり、チェルノブィリ(型の原子炉)とフランスの原子炉の設計の違い、運転方式の違い、安全文化などを説明することは、かなりいろいろできたんです。(……)でも、チェルノブィリのプルームに関わること、プルームが国民に及ぼすリスクといったことは全部、確実にさしさわりがある事柄でした[11]」

事故直後の対応の破綻を説明する要因としては、次の点も示唆されている。フランスでは関係省庁の間に連携がない。他方で政治の側では、核エネルギーは高度に専門的で口を出しにくいから専門機関、要するに防護中央局に一任するという傾向が、初期からずっと続いていた[12]。

権限の集中、核機密の厳守を命ずる法令、国家の専門部局による情報の保留、当該部局の広報体制の不備、省庁間の連携の欠如……。しかし、チェルノブィリ直後の時期に、「秘密化による統治」という特殊な様式がいかに確立されたかを解明するには、それだけでは足りない。社会成員が全般的に、この作動様式をどのように組みこんでいったのか、核

---

11 著者によるインタビュー調査、パリ、2007年7月6日。
12 Cf. A. Liberatore, *The Management of Uncertainty : Learning from Chernobyl*, Amsterdam, Gordon & Breach, 1990.

エネルギーがわずか10年あまりのうちに、いかに社会のさまざまな機構に総じてタガをはめるに至ったのか、の考察が必要だ。そうした考察作業を進めるにあたり、本書は秘密主義の規範化／常態視という仮説を立てる。発想の源は、ミシェル・フーコーによって理論化された「規範化〔＝規格化〕権力」である。ただし以下で検討するのは、『監獄の誕生——監視と処罰』に連なる規律・統制手段としての秘密主義ではない。フーコーの論じた統治合理性の一形態、つまり第1に国家理性の強化を[13]、第2に「他者に対して行使される支配技術と、自家技術との遭遇[14]」を基本とする統治合理性に注目し、秘密主義がいかにして、そのような統治合理性の一形態となったのかを分析していく。

2. 秘密主義の規範化／常態視

86年の春、秘密主義が準則となっていたのは防護中央局だけではない。推進組織体と国家の関連部局はどこも同様だった。事故後の測定は、防護中央局が4月28日以降、モニタリング・ポスト130基のシンチレーション検出器で行っただけでなく、カダラシュ、マルクール、〔パリ郊外〕ブリュイエール＝ル＝シャテル、サクレ、ラ・アーグその他の原子力本部の研究施設、各地のフランス電力の原発、コジェマ社のラ・アーグ再処理工場周辺でも実施していたからだ。しかもプルームの到達時には、スウェーデンのフォルスマルク原発に達した時と同様に、カダラシュで、マルクールで[15]、ラ・アーグで[16]、フランス電力の全国の原発で[17]、警報システムが作動した。当時サクレ核研に放射線化学者として在籍し、民労同・原

---

[13] M. Foucault, « La technologie politique des individus », *Dits et écrits*, t. 2, texte n° 364, 1988, p. 1632-1647.〔「個人の政治テクノロジー」、石田英敬訳、『ミシェル・フーコー思考集成Ⅹ　1984-1988　倫理／道徳／啓蒙』、小林康夫・石田英敬・松浦寿輝編、筑摩書房、2002年、354～372ページ〕

[14] M. Foucault, « Les techniques de soi », *Dits et écrits*, t. 2, texte n° 363, 1988, p. 1604.〔「自己の技法」、大西雅一郎訳、同上、319ページ〕

[15] B. Lerouge, *Tchernobyl, un « nuage » passe...*, op. cit.

[16] コジェマ社ラ・アーグ工場長から情報委員会委員長への書簡、ラ・アーグ、1987年1月8日（ラ・アーグ情報委所蔵文書）。

[17] この点に関しては以下の文献に収められた証言を参照。J.-M. Jacquemin-Raffestin, *Tchernobyl : cachez ce nuage que je ne saurais voir*, Paris, Guy Trédaniel, 2006, p. 35.

子力本部支部で活動していた男性は、著者のインタビュー調査に対し、サクレ核研が外に情報を出さなかった点については不問にしつつも、次のように語ってくれた。「チェルノブィリのプルームが国境で止まったと言ったのはペルランです。我々のところでは、それが嘘だと知っていました。サクレでは、原子力本部では、検出しているんです。採取調査はあちこちでやってますし（……）。サクレでは、ロシアとかが爆弾を空中で爆発させるたびに、よぎっていくところが見えました。（……）大気中から採取調査をすればわかるんです……。おっと、今日はセシウムがあるぞ、ロシアが爆弾っ屁をこきやがったな、って（笑）。（……）防衛機密といっても限界があるよな、ってね（笑）。だから、プルームが国境で止まったなんて話を聞いたところで、そんなはずがないことは、我々にはわかってました。サクレで測定値が出てたんですから[18]」

　にもかかわらず原子力本部とフランス電力は、管轄施設が測定した汚染値を1件も発表していない。一般市民に対しては、チェルノブィリのような事故はフランスでは「考えられない」と、安心を促す方策をとった。つまり防護中央局の方針に同調した。原子力本部の上層部は、研究施設で実施した測定の結果に箝口令を敷いていた[19]。直属ではない施設まで統制しようとしたという証言もある。各地の国公立研究所の上層部と連絡をとり、測定を行った研究者が報道機関に結果を流さないよう要請したという。核物質リスク管理に関する政府アドバイザーだった男性は、著者のインタビュー調査に対してこう述べている。「チェルノブィリの事故が起きた時、私は妻とミュンヘンにいました。どこもその話でもちきりでした（……）。それがフランスでは、まったく話題になってなかったんだ！（……）しまいには、少しばかり奮闘しましてね。鉱業学校の一室で大集会を開いたんです。100人はいましたよ。この時に出た話なんですが、原子力本部の科学者たちが国立高等師範学校の科学者たちに電話を入れてたんですよ。なにやら動きがあると感づいたからです。あの人たちはそれで、公務員に

18　著者によるインタビュー調査、ブローニュ、2006年6月6日。
19　B. Lerouge, *Tchernobyl, un « nuage » passe...*, op. cit., p. 97.

は節度があるからと、何も言わないことに決めたんです。私は立ち上がって、怒り心頭で言いました。世の中がどうなろうと知らんぷりなのかよ、って[20]」

政官界の不作為

　大臣官房や政府報道官から、地方行政組織、地域圏上層部に至るまで、チェルノブィリのプルームを前に押し黙っていたのは政官界も同様である。防護中央局にすべて一任し、その言説にひたすら同調した。しかし政治家たちには、防護中央局や原子力本部の手を借りることなく、一般市民にきちんと情報提供するための手段が備わっていた。複数の食品衛生研究所や獣医学関係部局が分析に取りかかっていたからだ。
　関係分野の閣僚がそれぞれ記者会見を開くまでに10日近く経っている。この危機的状況の中で首相ジャック・シラク、内相シャルル・パスクワのように、最後までほとんど発言しなかった為政者もいる。全国各地に設置された多数のモニタリング・ポストを通じて、内相は国内の放射線量の上昇をいち早く知っていた。しかし内務省は何度か報道陣の取材に応じただけで、その際も安心してよいとしか述べていない[21]。
　惨事から2週間にわたって「不作為の権力[22]」が充満していたのは地方レベル、地域圏レベルでも同様である。各県の獣医学研究所で実施された測定の結果は伏せられていた。地域圏や県の長官は、何もするなという防護中央局の指示に、杓子定規に従った。5月中旬に〔アルザス地方〕オー＝ラン県の長官から、県内産ホウレンソウの販売禁止命令が出されたのが、わずか一つの例外である。秘密化政策のために積極的な行動をとった長官も何人かいるようだ。消防署に対して内務省命令を根拠に、放射能警報システムが作動しないよう切っておけとの指示が出されていたと

20　著者によるインタビュー調査、ベルヴュ、2005年8月18日。
21　一例として、« Pas de panique », *Le Matin*, 2 mai 1986.
22　Y. Barthe, *Le Pouvoir d'indécision, op. cit.* による。

いう[23]。

　各県の保健厚生局と農業局には農家から、自分たちの農産物が輸出に適しているとの国家認定を取りつけてほしいという要請が殺到した。これらの部局がとった行動は、防護中央局にいわれるままに、分析用サンプルを送付することだけだった。

　そうした状況の中で、防護中央局とりわけピエール・ペルランは、「核の神殿守護騎士団員(テンプル)」、チェルノブィリの「スケープゴート」、国家の「（無）自覚」、悪の不可視性[24]の寒々しい反射鏡と化していく。「国のためを考える偉大な公僕」「秩序一徹」「筋金入りの核エネルギー主義者」と評され、「魔王のオーラ」と「偏執的な秘密主義」[25]で知られるひとりの国家公務員、このペルランという人物をうまく利用することで、関係当局と為政者たちは、組織ぐるみの秘密化政策を展開すると同時に、みずからの責任をまんまと闇に葬ったのではないだろうか。

研究者たちは測定していた

　70年代の反原発活動で中心的な役割を担った研究者たちは、この時期にどうしていたか。彼らは総じて他の社会層と大差なく、2000kmのかなたで起きた事故がフランスに顕著な影響を与えるとは思っていなかった。安心をひたすら言い立てる公式発言に対しても、国境でプルームが止まっているかのごとき防護中央局の天気図に対しても、反発の声は上がっていない。しかしながら、プルームがフランスに到達したことは、4月29日の時点でオルセー、リヨン、ストラスブール、ボルドー、〔ノルマンディ地方〕カーンの学術研の直属研究所で検知されており、プルームを「追跡」するための測定も始まっていた。5月の2週目に入って初めて、少数の科学者が自主的に、測定結果の一部を公表するようになる。

23　「国家の嘘」を追及する何人かのジャーナリストがそう主張している（cf. J.-M. Jacquemin-Raffestin, *Tchernobyl, op. cit.*, p. 36）。
24　悪の不可視性の観念については、ハンナ・アーレントの著作を参照。
25　F. Came, « Pierre Pellerin, le templier du nucléaire », *Libération*, 12 mai 1986.

4月29日、パリで研究者のジャン＝マリ・マルタンとアラン・トマが、セシウム137の濃度の「急上昇」を観測する。ユルム街の国立高等師範学校の屋上に設置されていた空気フィルターを測定できたからだ。濃度は5月1日と2日に最高値、平常の100万倍に達した[26]。ようやく平常値に戻ったのは5月半ば頃である。5月17日、TF1の昼のニュース番組に出演したマルタンは、パリの大気中を移動したセシウム137の「凄まじいカーブ」を公表した。彼の話によれば、プルームによる汚染は基準値未満といっても顕著なものであって、63年平均の推定「500倍」に相当する。63年というのは、ロシアと米国が大気圏内で最大規模の核爆発を実施して、ひどい汚染を生じさせ、そのため大気圏内核実験が国際的に禁止されるに至った年である。

　ストラスブールでも、チェルノブイリのプルームは鳴りをひそめはしなかった。4月29日、ストラスブール核研究センター（CRN）の保安担当者がプルームの通過を「目にして」いる。検査装置がヨウ素131その他の大幅な上昇を検出したのだ。テレビ局FR3アルザスをはじめとする報道関係者は、「科学者集団」メンバーの研究者パトリック・プティジャンの機転によって、ごく早い時期に第一報を得ていた。が、学術研の正式なお墨つきのない速報値を公表しようとはしなかった。5月10日の土曜日に〔後述の〕ピエール・ペルランの「自白」事件が起きると、彼らはようやくストラスブールの測定値に関心を向け、その日の午後にCRNへ急行する[27]。

　ローヌ地方では、ヴィルールバンヌにあるリヨン核物理研究所が、「科学者集団」メンバーの物理学者ロベール・ベローの発案で、5月9日に測定を開始する。対象は〔リヨンより100kmあまり南方の〕モンテリマール地域の住民が持ちこんだミルク、水、泥、青菜である。この人々の中には「放射能に関する独立研究情報委員会」（CRIIRAD）の創設メンバーも含まれていた。初期の分析結果は、当時の基準値を下回るとはいえ、防護中央局の発表値より100倍も高かった。続けて夏にも新たな測定がベ

26　A. J. Thomas and J.-M. Martin, « First Assessment of Chernobyl Radioactive Plume over Paris », *Nature*, 321, 6073, 1986, pp.817-819, p.818.
27　「科学者集団」のメンバーだった男性への著者によるインタビュー調査、パリ、2006年4月5日。

ローによって実施され、さらに高いレベルの汚染が発覚する。なかでも汚染されていたのが水であり、検出値は最大6000Bq/ℓにのぼる。

　著者の行ったインタビュー調査からすると、各地で公式あるいは非公式に測定を実施した研究者チームはほかにもある。しかし、それらの結果は発表されずに終わった。理由はいくつかある。完全な確証が得られるまで警告を発するのを控えようとした。検出された汚染レベルはさほど高くないと判断し、「古い口喧嘩を無意味に蒸し返す」には及ばないと考えた。ストラスブールの場合のように、第一報値の妥当性を報道関係者に認めてもらえなかった。あるいは単純に、口を開くリスクをとりたくなかった。結果を外部に出すなと指示されたケースがあったことも窺われる。複数のインタビュー調査によると、5月第1週に国内すべての（学術研や大学の）研究所の所長宛てに、公務員は節度を守ること、とりわけ測定結果を口外しないことを義務づけられていると、注意を喚起する政府通達が出されていたという。

秘密主義を前にしたメディア

　この時期には、秘密主義がメディアの挙動も改変していた。メディアは当初、ほとんど批判も加えず、ジャーナリズムの本分のはずの多事争論もなしに、公式言説をそのまま伝えるだけだった[28]。事故が判明してから3日間は、「危険なし」との防護中央局の見解を垂れ流し、プルームがフランスに及ぼす影響は取るに足らないと一蹴し、チェルノブイリの降下物をフランスは「奇跡的」に免れたと浮かれていた[29]。5月最初の5日間は、諸外国で次第に予防措置が勧告されていることを報じつつも、プルームに関し

28　C. Lemieux, *Mauvaise presse. Une sociologie compréhensive du travail journalistique et de ses critiques*, Paris, Métailié, 2000.
29　« Ce nuage qui fait trembler l'Europe », *Le Parisien*, 30 avril 1986 ; « La France épargnée, l'Europe inquiète », *Le Quotidien de Paris*, 30 avril 1986 ; « Le nuage d'Ukraine plane sur l'Europe », *Libération*, 30 avril 1986.

ては平静を保ったままだった[30]。放射性プルームがついにフランスに到達したとの報道は、5月2日に初めて登場するが、「危険はない[31]」とする論調は以後も変わらない。『リベラシオン』紙は愉快そうに記す。「アゾレス諸島の高気圧が、あきらめていた好天をもたらしてくれた。おまけに、たちの悪いプルームが国内に侵入し、ことによると我々に降り注ぐところを間際で食い止めた。フランスにとっては天佑だった[32]」。モナコ海洋放射能研究所その他の国外機関の分析結果からも、こうした公式発表は裏づけられると『ル・モンド』紙は断じ[33]、6日付の『ユマニテ』紙は、フランスでは防護措置はまったく必要ないと力説した[34]。それから数日のうちに、少数の科学者が別の測定値を発表し、ヨーロッパ各地で大規模な反原発デモが組織され、そしてピエール・ペルランと「科学者集団」のモニク・セネがテレビ番組で対決する。これらの契機をもってようやくメディアも、フランスは「情報提供の点でヨーロッパのびりっけつ[35]」で、「コチコチのだんまり[36]」を決めこんでいると批判を始めることになる。

5月10日放映のTF1の番組「反論権」にペルランとセネを招いたのは、議論沸騰のイタリアを訪れ、フランス国内の沈黙に懸念を抱いた記者、ジャン＝クロード・ブレだ。ペルランにはセネの同席を伝えていなかった。出演をキャンセルされそうに思えたからだ[37]。司会のブレはまず番組の冒頭で、ヨーロッパ諸国の状況を確認する。視聴者は、たとえばドイツでは汚染された大量の食肉と青菜が禁止されていることや、プルームによ

---

30 « La catastrophe de la centrale nucléaire de Tchernobyl. Les vents radioactifs », *Le Monde*, 2 mai 1986 ; « Le nuage ne désarme pas partout », *Le Figaro*, 5 mai 1986 ; « La radioactivité baisse en France mais l'inquiétude reste vive en Europe », *Le Quotidien de Paris*, 5 mai 1986 ; « La France à l'abri de toute consigne », *Libération*, 5 mai 1986.
31 « Le nuage a atteint la Côte d'Azur », *Le Quotidien de Paris*, 2 mai 1986 ; « En France, une marge de sécurité considérable », *Le Figaro*, 3-4 mai 1986.
32 « La longue dérive européenne d'une nuée radioactive », *Libération*, 2 mai 1986.
33 1986年5月3日付『ル・モンド』紙の複数の記事を参照。
34 « Aucune mesure de protection n'est nécessaire en France », *L'Humanité*, 6 mai 1986.
35 « La France, lanterne rouge européenne de l'information », *Libération*, 9 mai 1986.
36 « Silences » (éditorial), *Libération*, 9 mai 1986 ; « La France seule sereine », *Le Monde*, 10 mai 1986 ; « La loi du silence », *Le Parisien*, 10 mai 1986 ; « Le mensonge radioactif », *Libération*, 12 mai 1986 ; « Désinformation nucléaire » (éditorial), *Le Monde*, 13 mai 1986.
37 « Le Tchernobyl français », *Témoignage chrétien*, 7-13 juillet 1987.

るがんの患者が今後数年間で数千人規模に達すると見る科学者もいることを知った。そうした事態に対して、どうしてフランスが奇妙なほど「平静」を保っているのか、どうしてミルクにゆるい基準が設定されているのか、どうして全国の放射能測定値が発表されないのか、等々の説明をペルランは迫られる。彼はセネに舌鋒鋭く問いつめられて、フランスの大気の汚染状況を——数値入りで——示した10枚ほどの地図を公表せざるをえなくなる。南部と東部の汚染がことにひどい。ただし、同様に汚染がひどいコルシカ島は地図上にない。汚染レベルは場所によっては平常値の「400倍」にも達する。これほどの上昇にもかかわらず、ペルランはあくまで、害のある状況ではないと言い張った。だが、この日の防護中央局トップの自白は、人々に強烈な印象を与えた。

番組の放映を境に、国家の嘘を指弾する声が高まっていく。5月12日付の『リベラシオン』紙に「放射能の嘘」という大見出しが躍った。『ル・モンド』紙はみずからの沈黙にも言及しつつ、「核の情報操作」だと断罪した。「政府は今や、情報操作のしっぺ返しをくらっているが、小紙も含めて皆がまんまとそれに乗せられてしまったのだ[38]」。『ル・マタン』紙も厳しい社説を出した。「キエフでは人々に真実を隠すこともあるだろう（……）。フランスではそうはいかない（……）。いかにしてだまされたかを忘れないようにしよう[39]」。『ユマニテ』紙〔共産党系〕だけが、この期に及んでもペルランを無条件で支持し、「反原発派と冷戦懐古派[40]」の標的にされていると擁護の論陣を張った。

「国家の嘘」に反発したフランスのメディアは、過去の異変の掘り起こしにかかる。5月の第3週に『カナール・アンシェネ』紙がスクープを放った。ビュジェ原発で84年4月に重大な異変が発生していた。情報源は防護・核事業安全性研究所[(i)]（IPSN、以下「防護安全研」）の内部報告の「リーク」である[41]。このスクープと前後して、ラ・アーグ再処理工場で異

---

38 « Désinformation nucléaire » (éditorial), art. cit.
39 « Mensonges » (éditorial), *Le Matin*, 12 mai 1986.
40 « Le procès de Paris », *L'Humanité*, 12 mai 1986.
41 « Le jour où une centrale française a failli cramer », *Le Canard enchaîné*, 21 mai 1986.

(i) 原子力本部の外局。2002年2月に防護中央局の後継組織と統合され、IRSN（放射線防護・核事業安全性研究所）に再編されるが、煩瑣になるのを避けるために以下では特段に区別しない〔訳注〕。

変が発生し、大々的に報道された。古い配管の解体作業を行っていた作業員5人の被曝である[42]。5月後半からは、フランスの原発で惨事が起きた場合のシナリオが、メディアをにぎわせるようになる。なかでも論争の的になったのが、パリからそう遠くなく、完工目前だったノジャン＝シュル＝セーヌ原発である[43]。

反原発闘争は再生せず

　チェルノブィリ事故直後に進行した秘密主義の規範化／常態視に、エコロジスト・反原発勢力は対抗することができなかった。5月初めの時点だけでなく、ピエール・ペルランの自白が放映された10日以降も、「国家の嘘」に対する大規模デモは起きなかった。ドイツ、英国、オーストリア、イタリア、スイスなど近隣諸国では数万人、ほかならぬ10日にローマでは15万人が集まったというのに、パリで11日に行われた反原発デモは3000人そこそこの規模でしかない。

　「民生利用では史上最大となる核惨事が発生した直後に、『グリーンピース』が行動を起こさないとは」意外だという記事が、5月半ばに『ル・モンド』紙に掲載された[44]。このソ連の核事故が起きた時、「グリーンピース・フランス」は非常に弱体化していた。前年に起きた虹の戦士号(レインボー・ウォリアー)事件を発端とする激しい中傷に揺さぶられていた。核実験に抗議するためにムルロア環礁に向かっていた船が、フランスの諜報機関によって撃沈され、カメラマン1名が死亡した事件である。「グリーンピース」は以来、フランス政府からKGBの手先呼ばわりされていた。86年に大きな反対勢力になりえなかったのは、FoEも同様だった。破局論者だと言い立てられたFoEは、事故の時点では防戦に追われながら、監督体制への民意反映を要求

42　« Cinq ouvriers irradiés à l'usine de la Hague », *Libération*, 22 mai 1986 ; « Cinq agents irradiés à la suite d'une fausse manœuvre », *Le Quotidien de Paris*, 22 mai 1986 ; « La Hague : accoutumance », *Le Monde*, 23 mai 1986.

43　« Nogent, 7 décembre 1990, 20 h 11 : catastrophe fiction », *Libération*, 22 mai 1986 ; « Tchernobyl S/Seine », *Paris Match*, 30 mai 1986.

44　« Les silences de Greenpeace », *Le Monde*, 16 mai 1986.

したにすぎない。「（原発が）存在する以上は、折り合って暮らさなければいけない[45]」との発言が、5月初頭に元代表のブリス・ラロンドの口から飛び出したほどだ。では、労働組合はどうだったか。政府当局に対して民労同が語気を強めるようになったのは、ラ・アーグ工場に異変が発生した5月から6月にかけてのことでしかない。原発事業計画そのものに疑問を呈したわけでもない[46]。政党はどうだったか。フランス緑の党は、84年の結党時から核エネルギー問題には不熱心で、反原発闘争再生の牽引役にはなりえなかった。緑の党は秘密主義を糾弾し、実現はしなかったものの、ピエール・ペルランの辞任を要求した[47]。だが、メディア露出の多い著名なエコロジストたちでさえ、即時の脱原発は掲げていない。古い黒鉛ガス炉の閉鎖を求めただけだ[48]。同じ時期にドイツでは、緑の党が反原発デモを繰り返し組織して、世論に大きな影響を与えている。とりわけ5月3日にはハム〔＝ウェントロップ〕原発、シュターデ原発、ヴァッカースドルフ再処理工場予定地の前で、一斉にデモを展開した。フランスではチェルノブイリ事故から2か月後に〔ロレーヌ地方の〕カトノン原発が完工することになるが、稼働中止をミッテラン大統領に求めたのは〔隣接国〕ルクセンブルクの緑の党である[49]。この原発への反対デモの時だけはフランスでも多数が集まり、ドイツとルクセンブルクのエコロジスト・グループの呼びかけによる6月15日のデモでは1万5000人規模に達した[50]。カトノン原発では8月23日に冠水、9月16日に配電系統の問題発生など[51]、試運転の段階で異変が多発している。それらに反発して動いたのは、主に近隣諸国のエコロジスト・グループと地方行政だった。6月15日の大規模デモの時、あるフランスの反原発活動家はこんなふうに嘆いている。「ドイツの人たちの

---

45 « Une pomme de discorde pour les écologistes », *Le Monde*, 2 mai 1986.
46 « La CFDT révise à la baisse son programme antinucléaire », *Libération*, 12 juin 1986 などを参照。
47 « Les Verts français demandent à savoir », *Libération*, 10-11 mai 1986.
48 « La colère noire des Verts français », *Le Matin*, 13 mai 1986.
49 Cf. « De nouvelles garanties sont demandées à EDF pour Cattenom », *Le Monde*, 3 mai 1986.
50 « Pique-nique allemand... et discrétion française », *Le Monde*, 17 juin 1986.
51 « L'inondation du sous-sol des réacteurs va retarder de plusieurs semaines la mise en service de la centrale », *Le Monde*, 26 août 1986 ; « Nouvel incident à la centrale de Cattenom », *Le Matin*, 17 septembre 1986.

決意を見ると、フランス人でいるのが恥ずかしい。フランスの人々は核の麻酔にかかってでもいるみたいだ[52]」

核エネルギー開発に同意する人の割合は、86年5～6月のフランスでは51%である。85年の67%[53]に比べれば減ったとはいえ、大部分のヨーロッパ諸国と違って、チェルノブィリ事故後も過半数だ。事故はフランスの核利用路線の見直しにはつながらず、推進勢力は大いに安堵した[54]。仮説を述べるなら、チェルノブィリ事故は、反原発運動の再生どころか、逆に衰退を加速する方向に働いたのではなかろうか。具体的にはこういうことだ。秘密化による統治、不祥事にまみれた政治(スキャンダル)[55]の結果、86年にフランス人が重大な問題と見なしたのは、核エネルギーよりも国家とそのずさんな機構のほうだった。以下で論じるように、この年の夏に復活した集合的アクションも、焦点を情報提供と秘密化の問題にしぼりこみ、管理体制の近代化と監督体制の改善を目標とするものである。つまりピエール・ペルランの一件によって、フランスの核事業は根底からの見直しという事態を免れ、むしろ逆に救われることになったのだ。

---

52 « Des écologistes lorrains honteux d'être français », *Témoignage chrétien*, 28 juillet-3 août 1986.
53 Cf. « 67% des Français approuvaient le développement de l'énergie nucléaire », *Le Monde*, 18-19 mai 1986.
54 Cf. « Tchernobyl : quelles retombées en France ? », *Le Quotidien de Paris*, 23-24 août 1986.
55 A. S. Markovits and M. Silverstein (eds.), *The Politics of Scandal : Power and Process in Liberal Democracies*, New York-London, Holmes & Meier, 1988.

| 第 5 章 | 衣替えした抗議活動

「我々の社会のような社会には、重々ご承知のように、さまざまな〈排除〉手続きがあります。最も明白で最も身近なものは〈禁制〉です。ご承知のように、人には万事を述べる権利がありません。状況おかまいなしに万事を語ることはなりません。誰もかれもが、何でもかんでも語ることはなりません。客体に関わる禁忌、状況に応じたしきたり、語る主体の特権的・排他的な権利があるのです。この３種類の禁制が、互いに掛け合わされ、強め合い、補い合いながら、絶え間なく変容する複合的なグリッドを形づくっています[1]」

ミシェル・フーコー

1. チェルノブィリ後の推進体制

「細心の注意をもって原発の操業体制の透明性を示せば、フランス世論の信頼を維持できるだろう」。1987年に出された国会報告書の記述である[2]。そうした趣旨に沿って、秘密主義を規正するための一連の改革が打ち出されていく。87年には、73年設置の核事業安全規制高等評議会（CSSN）が核事業安全規制・情報高等評議会（CSSIN）に改組され、批判側の市民団体と科学者に加えてジャーナリストにも門戸を開いた。88年には、リアルタイムの発表を意識して、原発で発生した異変の評価尺度が定められた。同じ88年に、防護中央局の他にも情報源を用意するという発想の下に、放射能測定組織の認定制度が設けられた[3]。90年には、

1　M. Foucault, *L'Ordre du discours*, Paris, Gallimard, 1971.〔ミシェル・フーコー『言語表現の秩序』、中村雄二郎訳、河出書房新社、1981年、9〜10ページ〕
2　OPECST, *Rapport sur les conséquences de l'accident de la centrale nucléaire de Tchernobyl et sur la sûreté et la sécurité des installations nucléaires* (par J.-M. Rausch et R. Pouille), n° 1156 AN, n° 179 Sénat, 1987.
3　環境放射能と食料品の測定の整合化に関する1988年5月9日付の政令第88-715号。

フランス電力、原子力本部、コジェマ社に対し、管轄施設周辺で行った測定結果の公表を義務づける大臣通達が出された。核事業の監督機関として、国会科学・技術選択評価局（OPECST、以下「国会科技局」）が存在感を増したのも、86年以降のことである[4]。だが、チェルノブイリ危機の際に集中砲火を浴びた防護中央局は、さしあたり再編の対象にはされなかった。エコロジスト・グループの再三の要求にもかかわらず、局長も辞任していない。ペルランの一件は、国家的重大事にはまったくならなかったということだ。

86年以降に整備された情報提供制度はほとんどの場合、論争の抑止を狙っていたといわざるをえない。原発で発生した異変をリアルタイムで発表する、という措置を例にとろう。問題がどこにあり、そして重大性がどの程度のものかは、国家とフランス電力が告げることになるから、後日に発覚した異変が論争を呼ぶような事態にはならない。フランス電力の広報責任者だった男性は言う。「（チェルノブイリ危機の後で）いくつかの軽微な異変が『チェルノブイリも同然』だと騒がれましてね。(……) ワーキング・グループを立ち上げました。86年度の最終四半期のことでしたよ。それが広報基本計画に結びつきまして(……)。異変があれば報道発表する方針が決まったのです。とはいえ、社内ですんなり通ったわけではなくて、設備部は絶対に受け容れようとしなくてねえ。異変の発表がどんどん出るようになれば、原発は常時『チェルノブイリも同然』みたいに思われるじゃないか、と言ってくるんですよ。わが部門としてはですね、しかじかの問題について何も隠し立てはありませんと示すために、情報はこちらから出したほうがいいと、まあそういう方針でした。異変を知ることで徐々に、原発のしくみに関する公衆の理解が多少は進むことも期待できますしね。現に効果がありました。よそにやらせておくより、自分で手がけたほうがいいわけですよ。そりゃそうでしょう。主導権をとられて、事態の大きさはかくかくしかじかといったコメントなんぞ出された日には、対応に追わ

4　OPECST, *Rapport sur le contrôle de la sûreté et de la sécurité des installations nucléaires*, t. 2 : *Sécurité et information* (par C. Birraux et F. Serusclat), nº 1843 AN, nº 83 Sénat, 1990.

れて守勢に回るだけですからね[5]」

　守勢ではなく攻勢に立ち、やらせておくより自分で手がけ、主導権をとられるよりもとる……。言葉の端々から窺われるように、整備された情報提供制度の一部は、抗議勢力の活動への対抗を意図していた。また「公衆教育」の道具でもあった。異変の観念に次第に慣れさせ、それはリスク社会では〈ごく普通のこと〉、当然のこと、日常的なことだと割り切らせようとしていた。

2. 批判活動の専門科学化——CRIIRADとACROの誕生

　86年以降に核エネルギー事業が自己規定言説とした透明性は、新たに抬頭した批判的アクターとの綱引きに絶えずさらされることになる。チェルノブイリ以後のフランスでは反原発の、つまり原発事業計画中止を求める抗議活動が復活するかわりに、放射能調査専門の市民団体という世界にも類のない二つの組織が誕生した。「放射能に関する独立研究情報委員会」（CRIIRAD、前出）と「西部放射能管理協会」（ACRO）である。

　一方の拠点はローヌ＝アルプ、他方はバス＝ノルマンディ、いずれも核施設の立地が集中する地域圏[(i)]だ。二つの団体は発足当初から、「政治色のない」「独立した」「核事業に賛成でも反対でもない」対抗的専門家を自任した。彼らは徐々に政府専門機関の秘密主義だけでなく、「無能力」も問題視するようになる。彼らの活動はやがて制度化されていくが、その端緒は90年中盤の措置にある。CRIIRADとACROが認定団体となり、地方公共団体と環境モニタリング協定を結んだことだ。両者のこうした新たな活動は、環境運動に広く関わる80年代以降の動き、つまり批判活動の専門科学化を示すものである[6]。

5　著者によるインタビュー調査、パリ、2008年11月3日。
6　S. Yearley, *The Green Case : A Sociology of Environmental Arguments, Issues and Politics*, London, Harper Collins, 1991 ; P. Lascoumes, *L'Éco-Pouvoir*, Paris, La Découverte, 1994 ; A. Jamison, « The Shaping of the Global Environmental Agenda : the Role of Non-Governmental Organisations », *in* S. Lash, B. Szerszynski and B. Wynne (eds.), *Risk, Environment and Modernity : Towards a New Ecology*, London, Sage, 1996, pp.224-245.

(i)　2016年1月1日以降の新地域圏の名称に言い換えれば、それぞれオーヴェルニュ＝ローヌ＝アルプ地域圏東部、ノルマンディ地域圏西部となる〔訳注〕。

80年代以降に市民団体運動の中で進んだ変化がもうひとつある。専門家でない人々が続々と、技術革新に対する専門的な批判活動に加わったことだ。CRIIRADとACROの初期メンバーの職業は多岐にわたり、科学や研究に縁のない人々も含まれている。CRIIRADは生物学教授の女性と航空パイロットの男性が創設し、農家の女性、看護師の女性、医師の男性、建築家の男性、電気技術者の男性、苗農家の男性、事業家の男性が合流した。ACROの場合も同様に、生物学者の男性、核施設の労働者だった男性、エコロジストの男性などの中核メンバーに、さまざまな職業・社会層の人々が次々に加わった。この二つの団体では科学者はもはや、批判的知識の動員の中核というよりも、伴走者の役割を果たすようになる。

　CRIIRADとACROが進めた活動は、専門的な対抗調査である。その結果、メディアへの情報持ちこみが促され、90年代にはアクションの主流を占めていく[7]。他方で従来の反原発グループも、もちろん消え去ってはいない。「グリーンピース」、FoEなど70年代に生まれた総合的なエコロジスト団体、「ロバン・デ・ボワ〔ロビン・フッド〕」など新たに生まれた同様の団体、「闘争会議」など以前からある地元グループ、87年結成の「ストップ・ノジャン会議」などチェルノブイリ事故から生まれたグループ、「スーパーフェニックスに反対する欧州人の会」など国際的な市民グループも存続していた。しかし、これらの群小アクターは、チェルノブイリに続く10年間に、耳目を集めるほどの反原発運動を形づくるには至らなかった。社会学者のフランシス・シャトーレーノとディディエ・トルニによれば、（核事業）賛同勢力 vs 反対勢力の二極対立はほぼ消滅していたとさえいえる[8]。こうして86年以降、フランスにおける核エネルギー批判では、脱原発を要求しようとするよりも、公的機関の核物質リスク管理体制について問題提起を行い、それを改善させようとする活動が優勢になる。

7　F. Chateauraynaud et D. Torny, *Les Sombres Précurseurs, op. cit.*
8　*Ibid.*

3. 対抗調査というアクション

「透明」で「きちんと統御されている」という原子力に対して、市民団体が対抗調査による問題提起を始めた転換期は、90年代序盤である。その嚆矢となり、メディアで大きく取り上げられた二つの論争を以下で述べる。一方は低レベル廃棄物の問題であり、90年後半にCRIIRADが口火を切ったものだ。もう一方はラ・アーグのプラントからの常習的な投棄の問題であり、ACROが声を上げたものだ。

ラドンを散逸させていたウラン残渣

バタイユ法案[9]の対象から漏れていた低レベル放射性廃棄物をめぐって、90年にメディアで激しい議論が巻き起こる。この時期には、放射性廃棄物の保管に関する政府の計画に対し、地元で激しい反対が起きていた。4月28日、「パリ近郊に眠る2万トンの廃棄物」という見出しが『パリジャン』紙の一面に躍った。イトヴィルの〔爆薬〕処分場の跡地が、「パリ南方40km地点に位置するフランス初の放射能のゴミ捨て場」と化していることを伝え、この「20年前から周到に隠されていた秘密」を追及した記事だ。

エソンヌ県イトヴィルのブシェ施設にある処分場には、施設内の工場からウランの処理残渣が移されていた。47年から71年にかけて原子力本部が運転していたフランス初のプルトニウム抽出・ウラン処理工場だ。工場の浄化作業が79年に完了した後も、処分場にはラドンの問題[10]が残された。ブシェ施設を粘土で被覆すべきかどうかで、原子力本部とエソンヌ県が火花を散らしていたのが、90年前後の状況である。行政レベルの話は

---

9 1991年12月30日付の法律（委員会で代表報告を行った議員、クリスチャン・バタイユの名を通称とする）により、放射性廃棄物管理の研究に関する法的な枠組みが初めて設けられることになる（主な対象は長寿命核種の高レベル・中レベル廃棄物）。
10 ウランの処理残渣や廃石（含有量が微量のため処理の対象とされない岩石）は、きちんと被覆されていない場合、肺がん誘発リスクのある放射性ガスのラドンを大気中に散逸させる。

遅々として進まない。民労同の活動家のひとりが業を煮やして、この情報をFoEに、続けてメディアに「リーク」した。それを『パリジャン』紙のジル・ヴェルデズ記者が記事にした次第である。

　原子力本部は当初、『パリジャン』紙の追及を全面的に否認した。あそこは「放射能の処分場」ではなく、「仮置き場」であるという。しかし環境運動グループから見れば、まぎれもない「処分場」、ひいては「掃き溜め」になっていた。CRIIRADの測定により、ラドンの「異常」値が発覚したことで、論戦はさらに激化する。大気中から検出されたラドンは、原子力本部が報告していたレベルの30〜40倍、最大1万4000Bq/m^{3}にのぼっていた。防護安全研はCRIIRADの発表に対してただちに異議を唱え、実際は数百ベクレルでしかないと断言した。しかしその夏に、「透明化」を図るとして測定を実施した防護安全研は、公表値を上方修正せざるをえなくなる。原子力本部の最高顧問ジャン・テヤックと防護安全研の次長フィリップ・ヴェスロンは、測定法に違いがある点を強調しつつも、CRIIRADの分析値が適切であることを言外に認めた。「権力絶大な原子力本部が、ちっぽけな独立測定組織から教訓を垂れられた、というわけだ[11]」と、8月下旬に『エクスプレス』誌は揶揄している。

　同じ頃、原子力本部がブシェ施設の粘土被覆を検討していることが報じられると[12]、今度は「証拠物件」の隠滅だという論争が起こる。7月には〔エソンヌ県を含む〕イル゠ド゠フランス地域圏の緑の党が、ひどいところに入居させられたという20軒あまりの近隣住民とともに、原子力本部が「高リスク産業廃棄物の集中管理施設に適用される規則に違反[13]」したことを理由として、工事凍結を求める裁判を起こした。2か月後、ミシェル・ロカール首相は原子力本部に対し、原状変更の一時凍結を命じた[14]。防護安全研はこの間に、ブシェで測定したラドンの分析結果をさらに上方修正し、「ホットスポット」の存在すら認めていた。それらの地点では、

---

11 « Les mystères de la décharge radioactive », *L'Express*, 24 août 1990.
12 « Taux de radon record dans l'Essonne », *Le Monde*, 11 juillet 1990.
13 « Les mystères de la décharge radioactive », *L'Express*, 24 août 1990 ; « Les écologistes réclament le nettoyage d'un site nucléaire dans l'Essonne », *Le Monde*, 26-27 août 1990.
14 « Les trous de mémoire d'une décharge nucléaire », *Libération*, 6 septembre 1990.

大気中から最大2万7000Bq/m³にのぼる高濃度のラドンが検出され、CRIIRADが示唆したスポット以上に汚染が深刻だった。

サクレの近隣でプルトニウムを検出

ブシェの事件が始まりとなって、新たな問題がなだれを打って発覚する。続けて注目を集めたのが、〔同じエソンヌ県にある〕原子力本部サクレ施設の近くで稼働中だったサントバンの処分場だ。きっかけは、『パリジャン』紙のジル・ヴェルデズ記者とジャック・エネン記者が、70年代にサクレで起きていた不祥事を知ったことだ。アレクサンドル・グロタンディークによって、ひびの入った数百本のドラム缶の存在が暴露された一件である。土壌汚染が起きたかもしれない。「科学者集団」で活動していた反原発派の科学者、ベラ・ベルベオークとロジェ・ベルベオークの助言の下、2人の記者は夜間にサントバンの敷地に忍びこみ、採取した土をCRIIRADに送付した。多数の人工放射性元素（セシウム、ウラン、バリウム、ユーロピウム、コバルト、アメリシウム）が検出され、その一部は違法な搬入〔＝定置〕によることが判明する[15]。

ブシェの件ではあまり表に出なかった防護中央局は、今回はすぐさま火消しに取りかかった。検出したと主張する放射性元素を測定するノウハウはCRIIRADにはないと攻撃したが[16]、そのため名誉毀損のかどで訴えられるはめになる。防護中央局の広報戦略ではダメだと考えた原子力本部と防護安全研は、サントバンになにかしら問題がある可能性を認めた[17]。ただし70年代の「200本のひび割れドラム缶」の問題であって、「昔のこと[18]」だと確言した。「古い時代」の話で、自分たちに責任はないという意味だ。とはいえ、事件の「全容を明らかにする」ために、学術研直属の複数の研究所による採取調査の実施を約束した。

---

15 « Après les soupçons, les preuves », *Le Parisien*, 24 septembre 1990.
16 « Décharge de Saint-Aubin : et maintenant, la bataille des experts », *Le Parisien*, 26 septembre 1990.
17 « Décharge radioactive : le CEA avoue », *Le Parisien*, 25 septembre 1990.
18 « Les souvenirs de la déposante de Saint-Aubin », *Le Républicain*, 27 septembre 1990.

同じ時期にCRIIRADは、さらに別の種類の汚染を発見した。その筆頭が、処分場搬入を禁じられた非常に危険な放射性元素、プルトニウムである。サントバンで検出された放射性元素は、70年代のひび割れドラム缶から漏れたものだと、CRIIRADも当初は考えていた。しかしアメリシウム241を検出した時点で、問題は急転直下することになる。親核種のプルトニウム241の存在が示唆されるからだ。プルトニウムはCRIIRADの機材では検出できなかったので、国外の研究所にサンプルを送付した。必要機材を備えたブレーメン大学放射能測定室の分析結果が出ると、この事件はスキャンダルに変わった。プルトニウム（239および240）の測定値は2153Bq/kgである[19]。「原発や空中核実験によって地上に残留する微量な痕跡の数千倍[20]」に達する。

「ドイツの側ではかつて一度も、こんなものを見たことがなかった。乾燥物質ベースでプルトニウム238が98.3Bq/kg、プルトニウム239と240が2153Bq/kg。とんでもない量だ。吸入摂取に関する法定上限、20Bq/年と比べてみてほしい（……）。ブレーメンの専門家たちは、サントバンの土を調べた後で、なんと測定室の除染措置を決定したのだ！」。90年10月24日付の『パリジャン』紙の一面記事である。ブレーメン大学の測定室の責任者、マティアス・リンテレンは次のようにぶちまける。「これまでに世界中からサンプルを受け取りました。太平洋のマーシャル諸島からもです。ごく最近ようやく米軍の危険な兵器が撤去された場所です。以前にここ、ドイツに備蓄されていた兵器ですよ。でも、サントバンの数値は、平均の1万倍にもなるんです[21]」

事件の広がりを前にした原子力本部は、問題を矮小化した。仮にサントバンでプルトニウムが検出されたとしても、それは「痕跡」、いや「痕跡の痕跡」でしかなく、「まったく危険性はない」ものだと公言した[22]。一般市民を安心させようと、サクレ核研の上層部は、処分場の一般公開日を設

---

19 ブレーメン大学のマティアス・リンテレンからCRIIRADへの書簡、ブレーメン、1990年10月18日（CRIIRAD所蔵文書）。
20 « L'Université allemande veut faire décontaminer son labo », *Le Parisien*, 24 octobre 1990.
21 « L'affaire fait scandale en Allemagne », *Le Parisien*, 27-28 octobre 1990.
22 « Le CEA : des chiffres surprenants », *Le Parisien*, 24 octobre 1990.

けることさえ決定した。問題の「本当の」大きさを理解してもらうという趣旨である。だが、「ホットスポット」の土壌の一部が一般公開日の宣伝開始の直前にパワーショベルで除去された、と『パリジャン』紙がスクープしたため、原子力本部は証拠隠滅を図っているとの論争が再燃する[23]。

　この事態を受け、原子力本部ではトップの2人、最高顧問のジャン・テヤックと長官のフィリップ・ルヴィロワが収拾に乗り出した。一般公開日を企画したことで突き上げられていた〔サクレ核研の所長〕ポール・デルペルーは、透明化の徹底のためという名目で[24]解任された。続く数日のうちに、原子力本部は「昔の廃棄物[25]」説を取り下げるとともに、学術研直属の10か所ほどの研究所の協力で行った測定調査の結果、プルトニウムが「異常」に存在することを公に認めるに至る[26]。

　とはいえ、開設から20年近く経つサントバン処分場の定置廃棄物が、どのような性質のもので、どこから来たのかの確認と追跡は困難、ひいては不可能だった。サクレ核研のひび割れドラム缶はここにあるのか、それとも原子力本部が言うように全部ラ・アーグに移送されたのか。ドラム缶によって汚染された土はどうしたのか。サントバンに73年から運びこまれてきた一般下水汚泥は、厳密にはいかなる性質のものなのか。プルトニウムがその汚泥に由来する可能性はあるのか。プルトニウムを研究していた原子力本部のフォントネ＝オ＝ローズ施設〔旧フォール・ド・シャティヨン試験工場〕など、他の施設の廃棄物も処分場に持ちこまれたのか。

　プルトニウムの出どころの問題は闇に溶け去り、論戦の焦点は健康への影響や規制の問題へと転じていく[27]。防護中央局と原子力本部の専門家は、「電離放射線防護の一般原則」に関する1966年6月20日付の政令第66-450号を盾にとった。仮にブレーメンとCRIIRADの示した数値

23　« Le CEA fait des fouilles secrètes sur la décharge nucléaire », *Le Parisien*, 8 novembre 1990.
24　« Saclay cachait des déchets radioactifs », *La Croix*, 17 novembre 1990.
25　« Le CEA révise ses explications sur l'origine de la pollution radioactive », *Le Monde*, 16 novembre 1990.
26　« Empoisonnants déchets », *Le Point*, 18 novembre 1990.
27　« Une décharge nucléaire polluée au plutonium », *Libération*, 25 octobre 1990 ; « Encombrants becquerels », *Le Monde*, 2 novembre 1990.

が局所的に正確だったとしても、プルトニウムの「規制値を下回っている」から危険性はないと言う。プルトニウムの上限値について、原子力本部は政令第3条を根拠に、10万 Bq/kgという数字を挙げた。防護中央局は公式見解として、放射性廃棄物の保管に関する基本安全規則を根拠に、37万 Bq/kgという数字まで持ち出した[28]。推進組織体が言外に主張しているのは、放射性廃棄物の保管事業に関する規則が処分場にも適用されるということだ。CRIIRADに言わせれば、この主張は非常におかしい。処分場と集中保管施設を一緒くたにするなんて許し難い。前者が原則的に後者ほど厳しい指導やモニタリングの対象とされていないのは、そこには極低レベル廃棄物しかないと考えられているからにほかならない。こうして今度は、低レベル放射性廃棄物とは何を指すのか、それが運びこまれる処分場とは何を指すのか、の正確な定義をめぐる論戦が始まった。

　エソンヌ県長官は論争に決着をつけるべく、サントバン処分場の健康影響に関する専門評価委員会を11月半ばに設置した。委員長にはオルセー核物理研究所の化学者、ロベール・ギヨモン教授が任命され、CRIIRADや「科学者集団」、「フランス自然・環境」といった市民団体にも声がかかった。CRIIRADは国外の機関にも調査を依頼することを要請し、英国放射線防護評議会（NRPB）から12月に以下の結論が示された。サントバンで測定された高濃度のプルトニウム（約2250Bq/kg）は、ICRPの定める上限値（年間1mSv[29]）を超える被曝を引き起こす。英国であれば、250Bq/kgレベルの汚染が検出された時点で、クリティカル・グループ（子ども、妊婦など）への健康影響調査を開始すべきところであった[30]。10万 Bq/kg未満であれば特段のモニタリングなしに、処分場に投棄してよいという原子力本部の論法は、どう見てもおかしい。以上が英国の評価結果である。この時点で事件は国際化してもよさそうなものだったが、そうはならなかった。当時は低レベル放射性廃棄物に関する規制が国ごとに大きく異なっていたからだ。NRPBの見解は参考意見にと

---

28 « Radioactivité : la querelle des comptes », *Le Figaro*, 26 octobre 1990.
29 シーヴェルト（Sv）は、人間に対する放射線の影響評価に用いられる単位。
30 NRPBからCRIIRADへの書簡、チルトン、1990年12月7日（CRIIRAD所蔵文書）。

どめられた。

　サントバン事件は、規制の見直しをこの時点でもたらすことにもならなかった。低レベル放射性廃棄物に関する厳しい上限値は設定されず、10万Bq/kgが暗黙の了解として維持された。しかしギヨモン委員会が「放射性物質の処分場搬入に関する現行規制が不明瞭である」ことを認め、「平常より高い汚染レベルの人工放射性核種が敷地面積の10％前後に存在する[31]」事実を確認した結果、サントバンの敷地の原状回復を命ずる決定（1993年8月3日付の県長官命令）が下されている。92年に国会科技局も、ブシェ事件とサントバン事件に関する報告書を出す。「透明性に欠けた」と認めつつも、両事件は「まったくの社会問題と化していた」と評する内容であった[32]。

ラ・アーグの川に含まれていたトリチウム

　エソンヌ県の二つの処分場の問題がCRIIRADの活動によってニュースとなってまもなく、今度は〔マンシュ県〕ラ・アーグにあるコジェマ社の施設区域が槍玉に挙がる。91年2月、区域内に水源のあるサンテレーヌ川の堆積物を採取調査したACROが、平常値の10倍レベルのセシウム137を検出したのだ。ラ・アーグ再処理工場と〔隣接する〕マンシュ保管センターのそばを流れる川に汚染があること自体は、付近のモニタリングを続けるACROにとって新しい事実ではない。国家放射性廃棄物管理機構（ANDRA、以下「廃棄物機構」）を事業主体とする保管センターからは、行政当局により禁止される87年まで廃水の投棄が続いた。しかし、87年以降はトリチウム（ウラン235の分裂により生成する放射性元素で、健康への影響については論争がある）とセシウム137のレベルが下がってしかるべきだ。検出された上昇は異常に思われた。廃棄物機構の側が不法投

31　Avis de la commission « Déposante de l'Orme des Merisiers », commune de Saint-Aubin, mars 1991 (publié dans *La Gazette nucléaire*, 107-108, avril 1991).

32　OPECST, *Rapport sur la gestion des déchets très faiblement radioactifs*, t. 2 : *Compte rendu des auditions* (par J.-Y. Le Déaut), n° 2624 AN, n° 309 Sénat, 1992.

棄を行っているのか、あるいはコジェマの再処理工場の側で、汚染源となった最近の異変を伏せているのか。ACROは関係当局に通報した。

通報を受けた〔立地自治体の〕ディギュルヴィル村役場はなんの反応も見せず、コジェマはACROの「売名行為[33]」だと非難した。対応をとったのは、数年前からACROも委員を出しているラ・アーグ情報委だけだった。委員会は論争を整理するために、複数の組織による測定調査を実施することにした[34]。参加を呼びかけられたのはコジェマ、マンシュ県分析センター、防護中央局、それにACROだが、防護中央局は理由を述べずに不参加を決め、コジェマは自社工場への委員の立ち入りに難色を示す。

採取と測定は、三つの組織により、方法を標準化して行った。三者の分析結果を突き合わせたところ、当初のACROの発表値が確認された[35]。だが、ACROの通報が公式に追認されたからといって、「コジェマが間違っていた」という話になるわけではない。少なくともコジェマ自身は、この論争への対処にあたって、そうした論法を以後も堅持する。

汚染の実態についての認識が一致すると、今度はその原因が論争になった。コジェマによれば、高レベルの汚染が確認されたのは再処理工場内のフェンス付近、つまり廃棄物機構の保管センター側の敷地から来る雨水排水管が通っていた場所である。排水管は87年11月に取り外されたが、それに接触していた表土は除去されていない。汚染源はそこではないかとコジェマは述べた[36]。サントバン事件の時の原子力本部と同じで、「昔の問題[37]」だというわけだ。コジェマが約束したのは、この旧排水管の浄化作業を行うことだけだった。論争は終始、技術的な側面だけで展開され、いったんおさまった。ACROはこうした経緯を前向きに受けとめた。「事業者は昔の配管を見落としていたが、そういうこともありえます」。今

---

33 « La Cogéma ne comprend pas », *La Presse de la Manche*, 9 avril 1991.
34 ラ・アーグ情報委の議事録、1991年5月6日（ラ・アーグ情報委所蔵文書）。
35 « Pollution nucléaire dans la Hague : le labo de Caen avait raison », *Ouest France*, 30 janvier 1992.
36 ラ・アーグ情報委の議事録、1992年1月27日（ラ・アーグ情報委所蔵文書）参照。
37 ラ・アーグ情報委による1992年1月27日の聴聞調査の際のベティス氏の言（議事録、ラ・アーグ情報委所蔵文書）。

回の経験は、協同学習の前例となるものです。核事業の監督体制の改善に向け、NGOは実利的な役割を果たすことができるのです。コジェマは以後、ACROの測定結果に難癖をつけなくなった[38]。サンテレーヌ川の一件が政治問題化するのは、保管センターの閉鎖に関する公衆意見調査が95年に実施された時のことになる。

ACROに届いた内部文書──「記憶のないセンター」[39]

マンシュ保管センターは、69年に原子力本部によって開設された。どのような物質を保管するかの規定が設置許可令になかったため、当初は放射性廃棄物の中間貯蔵と保管の両方に用いられた。センターの規則や監督は、最初の10年間は原子力本部に一任の状態である。79年に原子力本部内に廃棄物機構が設置されると、そこに移管されたが、正式な分離独立は91年のことでしかない。センターは初期には軍事関係も含めた雑多な廃棄物を受け入れていた。しかし、それらがどこから来て、どこに置かれたかに関しては、適正な記録が存在しなかった。「異変の件数はかなりにのぼり、その都度（廃棄物機構は）使用技術の見直しや設備の変更を繰り返した。廃棄物パッケージと構築物は、センターが操業していた期間ほぼずっと、風雨にさらされたままであった。保管対象のパッケージは最終的に、開設時の予定量を大幅に上回った」。公式の基本報告書[40]の指摘である。この報告書には、70～80年代に保管規則が厳しくなるたびに、放射能レベルの高い「パッケージ」が駆けこみで、つまり厳格化された規制値が発令される直前に、原子力本部の各地の施設からセンターに運びこまれたことも記されている[41]。

保管センターは94年に操業を終了し、閉鎖条件の決定に向けた公衆意見調査の手続きが開始される運びとなる。廃棄物機構は、最大限の閉

---

38 ACROメンバーの男性への著者によるインタビュー調査、カーン、2006年6月14日。
39 *L'ACROnique du nucléaire* 特別号のタイトル（« Le CSM : Centre Sans Mémoire ? », 1999）より。
40 マンシュ保管センター現況評価委員会、「最終報告書」（通称「テュルパン報告」）、1996年7月、2ページ。
41 同上、序論。

じこめを実現するとして、センターをビチューメン〔アスファルト〕の構造物で被覆する方式を提示した。最初の5年間は、この方式の有効性を確認するために「非常に能動的」なモニタリングを行う。次いで295年間にわたって「能動的」なモニタリングを続ける。300年後には平常値に戻るから、その時点でモニタリングは終了という算段である。

ACROやエコロジスト団体は、廃棄物機構の提示した方式では、四半世紀に及ぶ汚染の問題が闇に葬られると考えた。国民的な議論もなく、地元での議論すらなしに、被覆という方式が提示されている。核廃棄物は大きな政治問題であるのに、これではまるでごく普通の問題、尋常な問題、技術的な問題のようではないか。公衆意見調査の方式にも問題があり、その調査委員長の中立性には異議がある。放射生態学的影響調査もまったく不充分でしかない。ACROはさらに、基本的な安全規則が「守られていない」こと、保管センターの正確な内容物を廃棄物機構が公表していないことも非難した[42]。だが、これらの批判はほとんど功を奏さなかった。論争が起きることも、顰蹙を買うこともないまま、公衆意見調査は終盤に差しかかった。ところがそこで、廃棄物機構の内部文書がセンターの元職員からACROに「リーク」される。状況は一変した。

95年12月のある朝のこと、ACROは匿名の郵便物を受け取った。中身は100ページほどの書類である。廃棄物機構の技術報告書、内部のメモや連絡文書に加え、保管センターに置かれた容器の劣化を示す複数の写真もあった。それらは次の事実を示していた。100kgものプルトニウムがある。大部分は閉鎖直前に運びこまれたものだ。地下帯水層が汚染されており、トリチウム濃度は衛生基準の3倍にのぼる。ラジウムも、きわめて毒性の強いベータ線源・ガンマ線源も、中間貯蔵量としてセンターに認められた上限値の数十倍から数百倍が保管されている。廃棄物機構の上層部が監督機関、とりわけ安全中央局と「過度に友好的」な関係にあることも、送られてきた書類は明らかにしていた。廃棄物機構の当時の長

---

42 ACRO, « Commentaires de l'ACRO sur l'enquête publique pour l'entrée en phase de surveillance du Centre de stockage de la Manche » (dossier d'information), 1995.

官は安全中央局の出身であり、それは「異常な天下り」だと受けとめられた[43]。

内部文書のリークでしか知りえない事実に仰天したACROは、「重要資料の閲覧もさせずに1か月半で完了した行政調査もどきをとどめとする、25年間に及ぶ政府の嘘[44]」を暴露すると決めた。匿名郵便物から「選び出した」3点に、劣化した容器の数葉の写真も添え、ジャーナリストにわかりやすいような資料を作成して、メディアに働きかけた[45]。まさに青天の霹靂である。〔西部のブロック紙〕『ウエスト・フランス』は2日連続でトップ記事にした。12月6日はこんな具合だ。「マンシュ保管センターで中間貯蔵されているプルトニウムの3分の2は、劣化を免れない金属容器に突っこまれている。地下帯水層のトリチウム汚染は、規制値の3倍である。震撼させる事実が判明した[46]」

被覆工事の即時中断を求めていた地元の反原発グループ「闘争会議」は、ACROによる事実暴露の後、カーン控訴院〔高裁に相当〕で中断命令を勝ち取った。〔隣接自治体の〕オモンヴィル＝ラ＝ローグ村議会では全会一致で、保管センターは「たとえ30年かかろうと[47]」解体すべきであるとの決議が可決された。こうした動きの中で、環境大臣コリーヌ・ルパージュが専門評価委員会（テュルパン委員会）を設置して、センターの現状と影響を評価させることを決定する。その一方で公衆意見調査委の委員長ジャン・プロノーは、ACROの行為を問題視して、県に調査を依頼した[48]。

公衆意見調査委は96年2月に、廃棄物機構の閉鎖事業計画に同意する意見書を提出した。100kgのプルトニウムの存在については、事実を認めつつも矮小化した。「廃棄物というものは、多種類の放射性核種の混合

43　ACROメンバーの男性への著者によるインタビュー調査、パリ、2008年10月1日。
44　ACRO, « L'ANDRA nous ment. La fermeture du Centre de stockage de la Manche. Enquête publique, ou... circulez, il n'y a rien à voir » (dossier de presse, 6 décembre 1995).
45　*Ibid.*
46　« Déchets nucléaires : nouvelles révélations », *Ouest France*, 6 décembre 1995.
47　*L'ACROnique du nucléaire*, « Le CSM : Centre sans mémoire ? », numéro cité.
48　ACROの関係者への著者によるインタビュー調査、カーン、2006年6月14日。

体である。廃棄物100万トン中のプルトニウム100kgはたいした量ではない[49]」。政府は調査委の意見を踏襲せず、テュルパン委員会の活動終了時まで被覆工事を中断することにした。ただし、工事はその間に完了していた。公衆意見調査が実施される以前に、大半が着工されていたからだ[50]。

テュルパン委員会のほうは96年7月に、以下の内容の報告書を提出した。追及された問題の大半は事実である。超長期にわたる閉じこめを視野に入れて、改めて被覆を行うことが望ましい。保管センターが300年後に「ごく普通の状態になる」とは考えられない[51]。95年の公衆意見調査はテュルパン委員会によって無効とされ、2000年2月に改めて実施されることになる。この報告書はまた、地元モニタリング委員会が96年に設置される契機ともなった。ACROもモニタリング委員会への参加を呼びかけられたが、それより先に廃棄物機構は「盗難書類隠匿のかど」でACROを告訴している。『シャルリ・エブド』紙はこんなふうに茶化している。「そこの一角に埋められたのは廃棄物だけじゃない。真実もまたしかり。(……)不祥事を告発したヤツを攻撃するってのが、周知のように核テクノクラートのやり方だ[52]」

以上の例に見られるように、市民団体サイドが進めた「透明化をめぐる公然たる戦争」は、チェルノブイリ事故に続く時期にいくつもの局面を経た。そこでは市民団体は施設を常時監視し、さまざまな技術を用いて点検を重ね、過去の論争の「記憶」を引き継ぎ（サンテレーヌ事件と「昔の配管」）、さらに内部文書の「リーク」を活用した。これらの活動は、多くの場合は一般市民への情報提供の改善につながった。しかし、それは核物質リスク管理体制の改善にもつながっていた。

---

49 « Le Centre de stockage de la Manche se referme sur ses secrets radioactifs », *Libération*, 8 février 1996.
50 *Ibid*.
51 マンシュ保管センター現況評価委員会、「最終報告書」、前掲文書。
52 « La mafia du plutonium impose la loi du silence », *Charlie Hebdo*, 5 juin 1996.

透明性への疑念

　CRIIRADやACROの活動によって、チェルノブイリ事故に続く10年の間に多くの問題が表に出た。両者が活動分野を次々に拡大できたのは、新たな知識や技能を身につけ、高度な器具を用いるようになったからだ。最初のうちは採取したサンプルの中から、中レベル・高レベルのガンマ線を放出する核種しか検出できずにいた。それが次第に高度な器具を入手して、水中のトリチウムの濃度測定、ミルク中のストロンチウム90の濃度測定、低レベル線源（アメリシウム241、ヨウ素129）の検出、大気中のラドン濃度の定量分析なども手がけていった。

　ACROは80年代終盤に、サンテレーヌ川のウナギに「突然死」が起きていること[53]、次いで乳児用ミルクの三つの銘柄にセシウムが含まれていることを公表し[54]、広く一般に知られるようになった。90年4～5月にラ・アーグ情報委が医師を対象に実施した調査では、ACROが「興味深い」情報源の筆頭（73.5％）に挙げられた。公的機関（防護中央局が55％、事業者が34.3％、産業省が29.3％）を大きく引き離す結果である[55]。93年には、オート＝ノルマンディ地域圏の緑の党から委託された調査により、〔圏内の村〕サンニコラ＝ダリエルモンでバヤール社が目覚まし時計の針を製造していた工場跡地に「異常」なラジウム汚染があることを明らかにした。97年以降は、ラ・アーグの白血病をめぐる論争の一翼を担うことになる。しかしながら、透明化を求めるACROの活動は、拡大とともに急速に制度化されていく。創設からまもない87～88年に地域各地の情報委への参加を呼びかけられ、87年にラ・アーグのプラント、91年にパリュエル原発・パンリ原発、96年にマンシュ保管センターに関する地元委員会に加わっている。

---

53 « Les anguilles de la Sainte-Hélène : contaminées, mais pas à une dose mortelle », *La Presse de la Manche*, 3 mai 1988.
54 « L'ACRO alerte les bébés : du césium dans le lait de premier âge », *La Manche libre*, 14 avril 1989 ; « Du césium dans le lait pour bébé », *Ouest France*, 11 avril 1989.
55 CSPI, « Nucléaire : vers quelle information ? Résultats de l'enquête d'opinion auprès des médecins du Nord-Cotentin » (pré-rapport), novembre 1990 (archives de la CSPI).

CRIIRADのほうは、所期の目的たるチェルノブィリ問題に長らく力を注いだ。チェルノブィリのセシウムに汚染されたキノコを87年に発見するなど[56]、数々の事実を公にしたのが最初期の活動である。フランスと近隣諸国におけるプルームの「痕跡」を見つけるために、地質学者アンドレ・パリの協力を得て、99年に大規模な放射線測定を開始した[57]。3年間に及ぶ調査で集まったデータは、チェルノブィリに関わる裁判で証拠として役立てられることになる。99年結成の「フランス甲状腺疾患協会」の患者550人が、自分たちの病気はチェルノブィリの降下物に関連していると考えて、2001年に被疑者不詳の告訴を行った際のことだ。CRIIRADは他にも多くの事実を明るみに出し、「透明できちんと統御されている原子力」言説に立ち向かっていった。93年末にはピエルラットで、〔核関連企業〕ラディアコントロール社の敷地に放射性廃棄物があるのを見つけ[58]、「廃棄物の闇取引[59]」だと非難した。95年終盤には〔パリ郊外〕ノジャン゠シュル゠マルヌで、かつて放射性の鉱石処理残渣が置かれていた場所に建てられた学校のラドン汚染を発見した。96年にはラ・アーグ近辺で、ヨウ素129の検出に先鞭を着けた[60]。CRIIRADは〔中南部〕リムザン地方のウラン鉱山事業、〔旧仏領〕ニジェールのウラン鉱山事業に関わる問題でも中心的な役割を担っているが、これらについては後述する。

4.「透明化」の運用 ── ラ・アーグ情報委の事例

　前節で見たように、メディアを舞台とした事件発覚と論争を追っていくと、チェルノブィリ事故を契機に生まれた「原子力の透明化」という公式言説の限界と不明瞭性がよくわかる。本節では、地元情報委を例として、まさに一般市民への情報提供を目的とした制度を検討する。公式言説と

56　« Radioactivité : des champignons témoignent », *Le Cri du Rad*, 5, automne 1987.
57　CRIIRAD et A. Paris, *Contaminations radioactives. Atlas France et Europe*, Barret-sur-Méouge, Éditions Yves Michel, 2002.
58　« Radiacontrôle, la CRIIRAD témoigne », *L'Info CRIIRAD*, 2, 1994.
59　Cf. M. Rivasi et H. Crié, *Ce nucléaire qu'on nous cache*, Paris, Albin Michel, 1998.
60　F. Chateauraynaud et D. Torny, *Les Sombres Précurseurs, op. cit.*, p. 256-258.

実際の運用との間の大きな、時にはひどく偽善的な落差が、そこにもまた見てとれるだろう。

　フランス政府はソ連の核事故の後、各地の地元情報委の活用を図るようになる。「フランスの核事業を存続させるために避けて通れない[61]」透明化の要(かなめ)と見なしたからだ。しかし実際には、情報委の拡充は微々たるものだった。90年に出た国会報告書では、情報委は「総じて受け身」だと批判されている[62]。翌年の政府調査でも、情報委の活動に関わる問題が次のように列挙されている[63]。半数以上で活動のペースが落ちている。事業者から送付される文書を頼りにするところが多い。「ほぼ全部」の委員会が情報を外部に拡散していない。異変の情報をリアルタイムで得ているのは「ごく一部の例外」にすぎない。予算がゼロの委員会もある。以上の報告や調査で指摘された問題に加え、世話役は事業者で、エコロジスト・反原発グループは「ボイコット」、というのが大半の地元情報委の実情だった。

　このような状況にあった地元情報委の中で、ラ・アーグ情報委は格段にしっかりと機能していた。90年代序盤の時点で30万～40万フラン[(i)]、全国平均のおよそ5倍[64]という潤沢な予算に恵まれ、チェルノブイリ事故に続く時期に大規模な立て直しが進んだ。

　ただし86年の時点ではまだ、ラ・アーグ情報委は推進組織体に対する自律性を明らかに欠いていた。北コタンタンへのチェルノブイリの降下物に関する数値情報が、県副長官から情報委に初めて伝えられたのは、事故から2週間あまり後のことだった。県副長官自身も、防護中央局からの情報に依拠している[65]。産業大臣アラン・マドランは、核分野の情報提供を

61　産業大臣ロジェ・フォルーが、地元情報委の第5回全国委員長会議の際に行ったスピーチ、1989年10月26日。
62　OPECST, *Rapport sur le contrôle de la sûreté et de la sécurité des installations nucléaires, op. cit.*
63　DRIRE Champagne-Ardenne, *Résultats de l'enquête sur les commissions locales d'information*, Réunion des DIN, Bordeaux, 16-17 avril 1991.
64　Cf. OPECST, *Rapport sur le contrôle de la sûreté et de la sécurité des installations nucléaires, op. cit.*
65　ラ・アーグ情報委、情報メモ、1986年5月14日（ラ・アーグ情報委所蔵文書）。
(i)　この時期のレートは1フラン＝約17～28円〔訳注〕。

改善するつもりだと5月半ばに公言したが、当の大臣が予算更新に同意しなかったせいで、情報委の活動は9月から数か月にわたって停止した[66]。当時の委員長はルイ・ダリノ、70年代終盤にラ・アーグ再処理工場の私企業への移管と事業拡張に反対した[67]社会党の国民議会議員である。彼は88年に解任され、後任の委員長には、核事業界と親交があり、90年に当時は原子力本部の外局だった防護安全研の役員となる別の国民議会議員、ベルナール・コヴァンが就いている[68]。

がんの記録整備を求めて

ラ・アーグ情報委がぶつかった最大の壁は、がんに関する継続的な記録をマンシュ県に整備させることだった。この構想は波乱の道のりをたどっていく。怒りと絶望、幻滅と真相究明への渇望が渦巻く長丁場である。86年以前のフランスには、がんと低線量被曝の関連性の資料となる調査結果が何もなく、ラ・アーグ情報委はチェルノブィリ事故の後、記録の整備を重点課題とする。しかし、なかなか成果が上がらない。87年には行政と推進組織体に資金提供を求めて拒否された。フランス電力では門前払いである。その種の長期的な疫学調査は自社事業に含まれないという[69]。原子力本部も、関心はあると繰り返しつつ、フランス電力と同じ姿勢だった。国際原子力機関（IAEA）もまた、情報委の構想を支援しようとはしなかった。途上国ならいざ知らず、「フランスのような先進国でその種の構想を支援する立場にありません[70]」と述べている。

費用の見積もりは年間50万フラン程度であり、フランス政府に資金を出

66　ルイ・ダリノからラ・アーグ情報委の委員一同への書簡、シェルブール、1986年9月3日（ラ・アーグ情報委所蔵文書）。
67　Cf. F. de Gravelaine et C. Cottin, « Cherbourg : Darinot et la circonscription la plus "nucléaire" de la France », *L'Unité*, 284, 24 février 1978 ; L. Darinot, « Questions sur l'énergie nucléaire », *L'Unité*, 324, 26 janvier 1979.
68　ラ・アーグ情報委、情報メモ、1990年11月。
69　クロード・ビヤンヴニュ〔フランス電力の役員〕から〔ラ・アーグ情報委アドバイザーのアルベール・〕コリニヨン医師への書簡、パリ、1987年5月4日（ラ・アーグ情報委所蔵文書）。
70　IAEA暫定事務局長からコリニヨン医師への書簡、ウィーン、1987年7月28日（ラ・アーグ情報委所蔵文書）。

す「余裕」がなかったとはいえない。ラ・アーグ情報委のスローガンを借りれば、たった「年間1人1フラン」にすぎない。だが、保健大臣の対応に示された国家の姿勢は、露骨な拒否ではないまでも及び腰だった。地方（マンシュ県議会、バス゠ノルマンディ地域圏議会）はどうかというと、記録整備が役に立つのかと二の足を踏み、そのような事業の後援は国家の仕事だと逃げを打った[71]。再処理工場の経済効果で潤うマンシュ県議会は、91年に姿勢を転じるが、支援額は必要総額の1割でしかない[72]。要するに、当初から支援に応じていたのは、がんと核の関連性に直接的な利害関係のあるコジェマ社だけだった[73]。ただし提示金額は10万フランほどで、「がん対策連盟」その他の市民団体が約束した8万フランより少しは高いという程度にすぎない。しかもコジェマは最初から、恒常的な資金提供は考えられないと明言していた。さもなければ、「特段の理由なく事業税に加算される税金[74]」のようなもの、不当な負担になるという理屈である。

89年の夏、体制機構の対応の鈍さに痺れを切らした北コタンタンの医師211名が、県に記録整備を求める署名活動を展開している。しかし、整備は実現されない[75]。90年8月には「闘争会議」が欧州議会に請願書簡を送ったが、これも実を結ばない。事態が動き出すのは、92年に地域の一団の医師が先頭に立って、「マンシュがん記録推進協会」（ARKM）を結成してからのことである[76]。記録整備は94年初頭に、国家の支援のないまま、コジェマ、県議会、地方圏議会、がん対策団体からの寄付と補助金によって始まった。

---

71 « Registre des cancers dans le Cotentin : l'Europe pourrait donner le coup de pouce », *La Presse de la Manche*, 24 juin 1991.
72 CSPI, « Vers un registre des cancers dans le département de la Manche », février 1992.
73 Albert Collignon, « État du projet de registre des cancers dans la Manche » (rapport), 1989 (archives de la CSPI).
74 コジェマの役員ユーグ・ドロネからラ・アーグ情報委員会委員長ベルナール・コヴァンへの書簡、シェルブール、1990年9月28日（ラ・アーグ情報委所蔵文書）。
75 « Pétition des médecins de la Manche : le registre des cancers refait surface », *Ouest France*, 6 juin 1989.
76 « Registre des cancers dans le département : les médecins prennent le dossier en main », *Ouest France*, 18 décembre 1992.

マンシュ県のがんに関する継続的な記録整備の件に示されているように、一般市民への情報提供という肝腎な分野で、チェルノブイリに続く10年間に行政が開放的な姿勢をとったとは言い難い。むしろ知識の創出を、つまり核の健康影響に関する証拠の創出を、積極的に妨害すらした。政治が動こうとしなかったので、きわめて重要性の高い研究や専門評価の一部が市民団体まかせになっていた。「記録推進協会」が結成された時の状況は、CRIIRADとACROが誕生した時の状況と同様だ。この二つの市民団体もまた、国家がなおざりにしていると思われた仕事、すなわち核エネルギー分野の独立的な監督を手がけるために立ち上がったものだった。

事故対応措置の開示は部分的

　がんに関する継続的な記録整備をめぐる闘争に敗れたラ・アーグ情報委は、同じぐらい複雑微妙な問題をまだ山のように抱えていた。とりわけ大きな問題は、ラ・アーグで重大事故が起きた場合、一般市民にどのような情報を出すかである。フランスのメディアではチェルノブイリ事故の後、国内で重大事故が起きた場合の影響が議論されるようになっていた。もし国内の原発で惨事が起きたなら、というストーリーもさかんに書き立てられた。なかでもメディアの注目を集めたのが〔セーヌ川の上流、パリから100kmあまりの距離にある〕ノジャン＝シュル＝セーヌ原発であり、87年にはフィクションも刊行されている[77]。その一方でラ・アーグ再処理工場については、メディアは「世界一クリーンなゴミ箱[78]」と揶揄こそすれ、もっぱら経済効果に目を向けて[79]、事故の想定をまともに論じることがなかった。

　情報委は非常に早くから、ラ・アーグ個別対処計画（PPI）の批判的分析を始めていた。この計画は、ラ・アーグのプラントで重大事故が起きた場合の対応措置であり、情報委には84年の時点で伝達されている。しかし、考え方の基礎となった理論的検討や仮説は、86年以後も大部分が伏

---

[77] H. Crié et Y. Lenoir, *Tchernobyl-sur-Seine*, Paris, Calmann-Lévy, 1987.
[78] « La Hague, la poubelle la plus propre du monde », *Le Quotidien de Paris*, 14-15 juin 1986.
[79] « Du côté de la Hague, les retombées de la manne atomique », *Libération*, 27 mai 1986.

せられていた。〔プラントから25kmほどの距離にある〕シェルブール海軍工廠に関する対処計画は、情報委も一般大衆も、91年まで関連文書の閲覧を禁じられていた。防衛機密が理由である。重大リスクに関わる情報入手権の行使に関する1990年10月11日付の政令第90-918号の施行にともない、計画の「文民」部分はようやく公表されるが、措置発動の根拠となる事故シナリオは開示されていない[80]。情報委が90年に医師を対象に行った調査によると、地域の核施設で重大事故が起きた場合にどうすべきかをほとんどの医師が知らなかった[81]。さらにひどいことに、各地の核施設に関する対処計画は、明らかな矛盾を呈している。事故が起きた場合、ある計画では、保護者が急いで学校に迎えに行くようにと勧告している。ところが別の計画では、新たな指示があるまで児童を校内に留め置くことを命じているのだ。

81年に策定されたラ・アーグ個別対処計画は、11年後に初めて改訂された。この間に工場の再処理能力は4倍に増えている[82]。にもかかわらず、改訂版は臨界事故を考慮していない。チェルノブイリでは30km圏を指定する必要に迫られたというのに、改訂版の退避区域は5km圏内に据え置かれている。事故時に用いる安定ヨウ素剤の備蓄についての具体的な情報の記載もない。ラ・アーグ情報委は、事故時に一般市民への情報提供を行う機関に加えてほしいと要望していたが[83]、92年版の計画でも組織図に入っていない。行政の関係部局にとっては、情報委を入れずにおけば、対処計画の考え方や段取りに関する開示情報を抑えることができるからだ。

以上の事実は意外でもなんでもない。チェルノブイリ事故に続く時期、核エネルギーはヨーロッパ全域で日陰に追いやられた。ラ・アーグで核惨事が起きた場合の段取りを一般市民と議論するような気運はなかっただろ

---

80 アルベール・コリニヨンから〔エクルドルヴィル町長〕ジャン・ルルヴルールへの書簡、シェルブール、1990年11月23日。
81 CSPI, « Nucléaire : vers quelle information ? », *op. cit.*
82 Préfecture de la Manche, « Vers un nouveau PPI de la Manche » (document préliminaire), 1992 (archives personnelles de Pierre Barbey).
83 ラ・アーグ情報委の会合議事録、1992年6月15日(ラ・アーグ情報委所蔵文書)。

う。とはいえ、10年後に核事業「ルネサンス」を迎えても、議論の気運がない点は変わっていない。透明化はあくまで部分的なものでしかない。それは、核テクノロジーによる潜在的な惨事に関する知識の周知という局面だけでなく、知識を実際に運用する局面においても同様である。哲学者ジャン＝ピエール・デュピュイの所説によれば、我々が惨事〔＝破局〕を管理・防止できないのは、知識がないからというよりも、知ってはいても信じられず、最悪の事態を思い描けないからだが、核分野はこの説を適用する条件すら満たしていないことになる[84]。

欠けていた情報、欠けていた課題

チェルノブイリに続く10年間に、ラ・アーグ情報委に渡された情報には全体として、たいした変化は見られない。コジェマに請求した結果、作業員の年間被曝量に関する情報や、工場からの液体・気体の排出物に関する情報は得られるようになった。だが、コジェマによる環境測定の結果（年間5万件前後）は、90年代を通じて知らされていない。サンテレーヌ川の堆積物の測定結果の定期的な連絡も、91年序盤にACROが異常な汚染を明らかにした後に始まったにすぎない。工場で異変が発生した場合も、コジェマからは心配無用という簡単な情報が出てくるだけだった。報道やエコロジスト・グループの情報から、情報委が初めて知った異変もあった[85]。

チェルノブイリ後に出されなくなった情報もある。たとえば、地下水位観測井（地下水を帯水層から採取するためのボーリング孔）の情報だ。「観測井の汚染測定値は、86年3月までは、ラ・アーグの委員会に定期的に伝えられていた」と、ACROの関係者は記す。「ところが急に、一部の情報が伏せられるようになった。コジェマの敷地内と廃棄物機構の敷地内

---

84 J.-P. Dupuy, *Pour un catastrophisme éclairé. Quand l'impossible est certain*, Paris, Seuil, 2002.〔ジャン＝ピエール・デュピュイ『ありえないことが現実になるとき――賢明な破局論にむけて』、桑田光平・本田貴久訳、筑摩書房、2012年〕

85 « Fausse alerte à l'usine de la Hague », *La Presse de la Manche*, 2 décembre 1989 ; « Légère contamination dans l'atelier de cisaillage », *Ouest France*, 12 septembre 1990.

の測定結果が、なんの説明もなしにまるまる消えた。70本の観測井のうち31本が『核機密』に指定された（……）。ディギュルヴィル村に設置された観測井702号の測定結果も、88年1月から消えた。ラ・アーグの委員会の強い要望で、ようやく復活したのは91年4月のことだ。偶然にしてはできすぎで、それは施設外では最も汚染がひどく、87年から数値が上がり続けていた井戸だった[86]」

　情報委が知らされていなかった重要問題もある。再処理工場が扱っている燃料の詳細な含有物は何なのか。保管センターに置かれた廃棄物は、正確にどれぐらいの量にのぼるのか。廃棄物はどのような経路で輸送されているのか。外国の廃棄物の場合、再処理後の返還の段取りはどうなっているのか。再処理工場の衛生安全委員会〔法定の従業員代表機関のひとつ〕の議事録も、依然として閲覧できなかった[87]。91年4月5日、核事業の保安に関する関係省庁委員会との会談の席で、「科学者集団」代表のモニク・セネは語気を強めた。「透明化だ、情報提供だ、デモクラシーだ、とおっしゃいますけれども、実際の政策はいかがなものでしょうか。（……）プラントの立入調査をやめ、メロックス〔MOX燃料製造工場〕の建設を決定し、廃棄物返還の確約なしに外国と契約することが透明化ですか。いったいなにが透明化なんですか。デモクラシーに関していえば、発言の機会という趣旨であれば、まあ合格です。しかし、単に話を聞くという姿勢にとどまらず、中身も理解していただきたいところです[88]」

　ラ・アーグ情報委はこのように透明化の限界にぶつかっていた。とはいえ運営体制の面では、この時期に相当な改善が実現されている。88年には、分析結果を情報委に提供する測定組織にACROが加えられて、情報源が多様化した。それから10年ほど後には、情報委の任務にモニタリングが正式に追加され[89]、環境中の放射能に関する追加的な評価や測定を外部委託できるようになった[90]。対処計画、シェルブール海軍工廠に関わ

86　D. Boilley, « L'état de l'environnement dans la Hague », *Silence*, 197, novembre 1995.
87　« Transparence nucléaire. Encore trop de zones d'ombre », *Que choisir*, 288, novembre 1992.
88　*Ibid.*
89　ラ・アーグ情報委の会合議事録、1997年6月26日（ラ・アーグ情報委所蔵文書）。
90　CSPI, « Fonctionnement et nouvelles orientations », août 1997 (archives de la CSPI).

る問題、マンシュ保管センターに関わる問題のように、設置時に規定された以外の課題も取り上げている。その一方で、ある種の課題はごっそり抜け落ちている。たとえば再処理のコストと採算性は、論争のある重大な問題である。しかし情報委はそれらにほとんど関心を払わず、再処理の技術リスクの問題に終始した。90年代序盤に原子力本部とコジェマが「再利用」の技術上・環境上のメリットを大いに吹聴した際も、情報委にはそれを明確に検証できるような情報が何もなかった。再処理で取り出されるプルトニウムは「軍事級」ではなく「民生用のプルトニウム」だというのも、この時期にコジェマが唱えた言説であったが、情報委がそれに疑問を突きつけたとは言い難い。ラ・アーグ情報委がプルトニウムの軍事性に関心を払ったのは、あかつき丸の事件をめぐる論争が起きた時だけだった。92年に、再処理後のプルトニウム1.5トンを積んで日本に向けて出航した運搬船[91]が数日間にわたって所在不明になった事件である。IAEAはその間、プルトニウムがテロ目的で盗まれたのではないかと懸念していた[92]。

「平和なプルトニウム」「核リサイクル」といった婉曲話法から距離を置かずして、一般市民へのまともな情報提供などありえまい。こうした話法、こうした政治的な語り口こそが、なによりも大きな影響を一般市民に及ぼしているからだ。一般市民は情報を欠いた状態に置かれていた。国家は透明化を標榜しながら、がんに関する記録整備を怠った。ラ・アーグ工場の事故リスクの明確なシナリオも示さなかった。この工場の異変や排出物についての多元的な情報提供も行わなかった。事業者側のつくり上げた広報体制が、そうした情報欠乏状態の一般市民を狙い撃ちにする。まずは、核用語の定義が変更される。チェルノブイリ事故の最大の波及効果は、核エネルギーを社会に受け容れさせるための、その種の政治的な用語の全般化にあったとすらいえそうだ。この仮説を次章の導きの糸とする。

---

91 « L'Akatsuki Maru en avance », *Ouest France*, 2 novembre 1992 ; « Fission impossible », *Paris Normandie*, 14 octobre 1992 ; « Chargement de l'Akatsuki Maru sous haute surveillance », *Le Monde*, 9 novembre 1992.

92 J. Denis-Lempereur et B. Latome, « On peut faire des bombes avec le plutonium de la Hague », *Science et Vie*, 903, 1992.

第6章　ニュークスピーク——用語による統治

「合理性に貫かれているわけではないこの世界では、用語が時として異様なパワー〔＝権力〕をもつ。原子力本部は、〔原潜用〕陸上原型炉＝PATをベースにして、格段に大きな1000MW〔100万kW〕級のモデルを建造するという案を示していたが、私はそれに意味深長な略号を考えてやった。1000PAT(tes)〔千足、日本語でいう百足(ムカデ)〕である。すぐに使える米国の特許に依拠するか、むげに時間をかけて陸上原型炉を開発するか。議論はこれで、ライセンスかムカデかの二者択一になった。ムカデという語はどうやら壊滅的な打撃を与えたようだ[1]」

マルセル・ボワトゥ、67～79年のフランス電力総裁

1. 端緒は冷戦期

技術革新という、私たちのリスク社会を牽引する「もろい動力[2]」をめぐる心象を形づくり、担い、さらには押しつける抜群の手段が語法である。用語というものは、ある種の世界観を反映するだけではない。世界観の構築それ自体に積極的に関与する[3]。世界の現にある状態、ありうる状態、ありうべき状態を述べることで、世界を改変する力がある。この点からして、用語は統治性の重要な手段として捉えられ、また捉えるべきである。

政治的なバイアスがかかり、したがってロラン・バルトの言う意味での「神話」[4]として作用する可能性のある用語が、核分野ではつねにきわめて重要な役割を演じてきた。これをまず確認したうえで、次の前提を置こう。

1　M. Boiteux, *Haute Tension, op. cit.*, p. 145-146.
2　A. Gras, *Fragilité de la puissance. Se libérer de l'emprise technologique*, Paris, Fayard, 2003.
3　J. L. Austin, *Quand dire, c'est faire*, Paris, Seuil, 1970.〔*How to Do Things with Words*, William James Lectures, 1955；J・L・オースティン『言語と行為』、坂本百大訳、大修館書店、1978年〕
4　R. Barthes, *Mythologies*, Paris, Seuil, 1957.〔ロラン・バルト『現代社会の神話——1957』、下澤和義訳、みすず書房、2005年〕

政治的な語法は、全体主義をはじめとする特殊な、例外的な政治体制——〈第三帝国の言語〉[5]によるプロパガンダを強力な柱としたナチス体制など——に固有のものではない。たとえば1990年代に始まる新自由主義秩序(ネオリベラル)のさりげない進展にも、エリック・アザンが説得力をもって論じたように、さまざまな用語が荷担していた[6]。核用語の場合は、間違いなく冷戦期が節目となり、用語を統制する体制が確立された。核用語は大部分がコード化され、徹底的に統制されるようになったのだ。核兵器を議論の対象外にしておくためである。「平和のための原子力」言説が、まさに軍拡競争の最高潮期に伸長したのは、その典型的な例だ。冷戦期には用語が核兵器と同じぐらい重要な役割を担っていた、とさえいえるかもしれない[7]。米国の研究者やアクティビストはこの時期に、オーウェルのニュースピーク（Newspeak）になぞらえたニュークスピーク（Nukespeak）という概念をつくり出している。冷戦期以降の核用語に備わった権力の検討に際しても、このニュークスピークの概念は有用である。

専門産業分野が異なれば、ボキャブラリーや術語、広報手段が異なるのは当然だが、核用語の場合は、社会的・政治的な出来事に大きく影響される点が特徴的である[8]。核用語は、世論統制が最初期から重視された専門産業分野において、独特の使命を付与された。

2. 神聖化から脱神聖化へ

核時代の初期の特徴は、核エネルギーをまさに特別視する感情にあった。それは、このエネルギーの一方では大きな可能性、他方では無視で

---

5 V. Klemperer, *LTI, la langue du Troisième Reich. Carnet d'un philologue* (1947), Paris, Albin Michel, 1996.〔*LTI, Notizbuch eines Philologen*, Aufbau-Verlag, 1947；ヴィクトール・クレムペラー『第三帝国の言語〈LTI〉——ある言語学者のノート』、羽田洋ほか訳、法政大学出版局、1974年〕

6 É. Hazan, *LQR. La propagande du quotidien*, Paris, Raisons d'agir, 2006.

7 W. van Belle and P. Claes, « The Logic of Deterrence : A Semiotic and Psychoanalytic Approach », *in* P. A. Chilton (ed.), *Language and the Nuclear Arms Debate : Nukespeak Today*, London-Dover, F. Pinter, 1985, pp.91-102.

8 Cf. V. Delavigne, *Les Mots du nucléaire. Contribution socioterminologique à une analyse de discours de vulgarisation*, thèse de doctorat en linguistique, université de Rouen, 2001.

きないリスクによってかき立てられたものだ。「民生・軍事両用の核の歴史は、合理性への階梯を上がってきた歴史ではない。にせの超越性が、すなわち大文字で『爆弾』、『技術』と称する〈二番手の神聖化〉が、仰々しくも笑止にお出ましになった歴史である」とジャン=ピエール・デュピュイは述べる[9]。この初期の展開に寄りそっていたのが、核の特別性、グレゴリー・ベイトソンの言う意味での神聖性[10]、ひいてはギュンター・アンダースの言う「核の神学[11]」の系譜に連なる宗教性を示唆する用語の群れだった。

　産業化の段階になると、広島・長崎の悲劇との関連づけを避けるべく、軍事的な意味合いの強い「原子力」が「核」に言い換えられる。初期に原子力発電所あるいは原子力電力変換機と呼ばれていた核発電所[(i)]は、「民生」テクノロジーに位置づけられなければならなかった[12]。ただし、あくまで特別で、ひいては神聖である点に変わりはない。フランスは高速増殖炉の原型炉に、なんとも興味深い名前をつけている。自分の灰の中から再生する神話上の不死鳥、フェニックスである。その後継炉はスーパーフェニックスだ。古代人にとってフェニックスが不死の魂の象徴だったように、フランスの高速中性子炉もまた同様の象徴体系を備えている。この核発電炉の格納容器に封入された人類の精霊／工学(ジェニー)は、形ある不死の存在、時を超えた創造主と化す。50〜60年代に推進勢力は、核発電所をよく「20世紀の大聖堂」になぞらえた。それが示唆しているのは、壮大で、栄光に満ち、宗教的な存在である。大聖堂の喩えからはおのずと、教会と核発電所が組織構造の点でも酷似していることが喚起される。ど

9　J.-P. Dupuy, *Retour de Tchernobyl. Journal d'un homme en colère*, Paris, Seuil, 2006, p. 103.〔ジャン=ピエール・デュピュイ『チェルノブイリ——ある科学哲学者の怒り』、永倉千夏子訳、明石書店、2012年、123ページ〕

10　G. Bateson, *Une unité sacrée. Quelques pas de plus vers une écologie de l'esprit*, Paris, Seuil, 1996, p. 357〔*A Sacred Unity : Further Steps to an Ecology of Mind*, Cornelia & Michael Bessie Book, 1991〕.

11　G. Anders, *La Menace nucléaire, op. cit.*, p. 36.〔ギュンター・アンダース『核の脅威』、前掲書、36ページ〕

12　M. Calbert-Challot, D. Candel et S. Fleury, «"Nucléaire" et "Atomique", deux formes concurrentielles dans le domaine nucléaire ? », 8e Journées internationales d'analyse statistique des données textuelles, Besançon, 19-21 avril 2006.

(i)　本節で論じられているように、フランス語では「核」と「原子力」の「使い分け」が日本語と逆だが、発電所と炉に関しては、ここ以外では原則として「原発」「原子炉」をあてた〔訳注〕。

ちらも複数の「区域(ゾーン)」からなっていて、その各々への立ち入りは厳しく制限され、一定レベルの「秘儀伝授(イニシエーション)」が求められる[13]。

　70年代に反原発活動が高揚すると、原子力本部とフランス電力の広報部門は、こうした従来の語法がまずかったと考えるようになる。原子力本部のあるスペシャリストが、次のような見方を記している。「核事業推進派は、プレステージと必要性を鼓吹した……。初期の預言者たちは、『宗教に入門する』ように核に開眼した。彼ら亡き後に残ったのは、知識と権力を誇った教会である。そこに偶像破壊者らがやって来て、今や教会の連中を異端審問官呼ばわりする。驚くほどのことはあるまい。要はこういうことだ。反原発運動を生み出したのは、民生核の神聖化である。神聖化の責任の一端は、科学者にも政策決定者にもある。科学者には、核エネルギーにプレステージの後光をまとわせた責任が、政策決定者には、核エネルギーの必要性を訴えた責任が[14]」

　このように核事業機構は70年代に、「核のテーマの脱神聖化」が必要だと感じた。特別性を示唆する用語は捨てなければいけない。核エネルギーは数ある発電法のうちのひとつ、そのリスクは単なる産業リスクの一種だという認識を促さなければいけない。この時期にフランス電力は、社会学や心理学、統計学の専門家だけでなく、言語学や記号論の専門家も採用した。すぐに「語法と広報」という名の社内研究グループを立ち上げて、広報・マーケティング・広告部門で彼らの専門知識の活用を図った[15]。彼らが原発の新たな言い換えとして考案したのは「西暦2000年の蒸気機関」である。火力発電所と同じような巨大な湯沸かし「釜」であると高言し、太陽が巨大な熱核融合炉である以上、原子炉ほど自然なものはないとまで主張した。見学の受け入れを開始したのも同様の発想からで、原発は一般市民の立ち入れない「聖域」だという観念を打ち破るためである。

13　Cf. A. Moreau, « La perception du nucléaire. La communication entre les initiés et les profanes », *Revue générale nucléaire*, 3, 1990, p. 249-251.

14　E. Stemmelen, « Le nucléaire dans les structures de l'opinion publique », *Revue générale nucléaire*, 4, 1983, p. 304.

15　É. Fouquier, « Petite historique de la sémiotique commerciale en France », *in* B. Fraenkel et C. Legris-Desportes, *Entreprise et sémiologie, op. cit.*, p. 11-19.

この時期に始まった見学はやがて、年間30万人規模の原発ツアーへと発展していった。

3. チェルノブィリ後の核用語

だが、大規模な被害を招いたチェルノブィリ事故が起きたことで、核エネルギーの脱神聖化はいったん頓挫する。核の特別性を示唆する用語が再登場するが、大半は期せずしてそうした意味合いを帯びるようになったものだ。事故後に発電所を封じこめるために建設された「石棺(サルコファーク)」を例にとろう。この語は無色透明ではありえない[16]。語源は「肉を食らい、ぼろぼろにする」を意味するギリシア語「サルコファゴス」、エジプト人がファラオの遺体を納め、やがて死骸を同化吸収すると信じた墓所の呼称である。ファラオと同じく防腐処理されたレーニンの遺体が安置された場所が「石棺」なら、送電開始時に「レーニン」という愛称をつけられたチェルノブィリ4号機が大破の後に封じられたのも「石棺」だ。この核エネルギー装置は、かつてのレーニンと同様の偉大性、ひいては不死性を与えられ、そして今では、みずからの創造者である人類を支配すらする。石棺の及ぼす支配はただならぬものだ。爆発直後に〈死亡〉した多数の人間、〈退避〉させられた多数の人間の苦しみが、この象徴の中には凝縮されている。

「リクヴィダートル」という語についても考えてみよう。あの惨事の後、故郷を追われた人々はおよそ20万人にのぼる。彼らの故郷は単なる幾何学的な区域（半径30km圏）と化し、排除区域としか呼ばれない。事故プラントと退避対象区域では、別の20万人（半数は軍人）が除染作業に投入された。リクヴィダートル＝掃討員と呼ばれる人たちだ。「掃討」は、スターリン体制下の徹底的な反体制派狩りを思わせるだけでない。核事故を取り巻く事態に、権威主義の様相、戦争の様相を与える観念であり、

---

16 Cf. A. Petryna, « Sarcophagus : Chernobyl in Historical Light », *Cultural Anthropology*, 10, 2, 1995, pp.196-220.

現実もまさにそのような状況だった。4号機から火の手が上がると、戦時にしかありえないような出動が命じられ、手段が投入された。住民の退避は、武力紛争時に強制移住あるいは移送される敵性人のごとく、町や村をまるごと対象として実施された。

　チェルノブィリ事故は要するに、言語のレベルでも衝撃であったのだ。フランスの核事業界は、この衝撃をやわらげるために、核のテーマの脱神聖化に改めて取り組むことになる。原子力をごく普通のものと位置づけ、少なくともフランスにとっては必要不可避だと言い切ることが、広報の基本路線に据えられる。チェルノブィリ事故に続く10年間は、政府当局が「透明化」の内実を問われた時期である。事業者の路線にこうした調整が加えられるのは必然のなりゆきだった。それに沿った広報が80年代終盤から、さまざまな広告手段を通じて大々的に展開されていく。「私の古巣の部員たちは相も変わらず、異変を中心とした広報をやってましたよ。異変に関する広報は外せないものですが、それ一本槍では立ちゆかないことがわかってなかったんだな」。フランス電力の広報部長だった男性のコメントだ。「他方の重し（カウンターバランス）がないといけませんでした。異変の発生しか能がないなら、原発を止めれば万事平穏、問題なしじゃないかという話になってしまうから。だから他方の重しがないとね。どういう意義があるのか、国にとって有意義か、経済にとって有意義か[17]」。ある役員も同様のことを述べている。「同じ時代を生きる人々に情報提供を行って、納得してもらうには、我々に対する信頼が欠かせない。核エネルギーの受容においては、フランス電力のイメージ、公共サービスというイメージも大いに寄与した（……）。世論調査の示すところ、我々が置かれている現状は、チェルノブィリを経験したというだけではない。フランス人はエネルギー問題を意識しなくなった。エネルギー問題を説明されないかぎりは、いかに軽微なリスクでも受け容れないだろう[18]」

　フランス電力はこうして、チェルノブィリ事故に続く10年間の時期に、

17　著者によるインタビュー調査、パリ、2008年11月3日。
18　C. Rémy, « Développement électronucléaire : les réalités françaises », *Revue générale nucléaire*, 5, 1987, p. 442.

核エネルギーが既成事実であることを強調する広報戦略を展開するようになる。転機は90年代である。核という語を公然と使ったことは、それ以前にはまったくない。70年代終盤に、いささか悪化したイメージの回復を狙って一連の広告を打った時には、フランスの電化を支える国営大企業という点をアピールし、核エネルギーにはひと言も触れなかった（79年の広告キャンペーン「人に奉仕する人」などがそうだった）。80年代序盤には、フランスのエネルギー自立にポイントを置いた。82～83年のキャンペーン「フランス・エネルギー」のスローガンはよく知られている。「フランスには水があり、石炭があり、ウランがある。電力の国産化を進める条件が揃っている。フランス・エネルギーで、自分の翼で飛ぼう」。ここでもウランが出てきた以外、核という語は出てこない。80年代を折り返す頃には、「ナショナル」なイメージは抑え気味になった。それに代わって、フランス電力は「開かれゆく世界の中」で高い品質を維持し、顧客を満足させ、時代の風に乗り、活力に満ちているというイメージを打ち出した[19]。

広告で初めて核エネルギーを正面から取り上げたのは、91年の大型キャンペーン、「電力の75％が今日では核エネルギー」である。そこには、核エネルギーの「地盤沈下を回復し、長所を活かす[20]」ため、攻勢に転じなければいけないという考えがあった。このキャンペーンは、1200万フラン[(i)]の費用をかけて[21]、核の社会的効用――電力――を並べ上げていく。テレビのシリーズ広告では、「核電ドリル」「核電列車」「核電トースター」等々が登場し、核電力に大きく依存したモノにあふれた日常を映し出す。皆さんは核エネルギーに満ちた暮らしをしています。それはもはや現実の一部、日常の一コマであって、受け容れるしかないのです。「電力の75％が今日では核エネルギー」。メッセージは明瞭だ。その意図は、当時の広報部長の男性によれば、「現実を淡々と描き出す」ことにある[22]。このメッ

19　M. Wieviorka et S. Trinh, *Le Modèle EDF, op. cit.*
20　F. Sorin, « À ENC'90, le nucléaire en attente de redémarrage », *Revue générale nucléaire*, 5, 1990, p. 488.
21　F. Sorin, « EDF donne du "punch" à sa communication nucléaire », *Revue générale nucléaire*, 3, 1991, p. 243.
22　著者によるインタビュー調査、パリ、2008年11月3日。

(i)　この時期のレートは1フラン＝約22～26円〔訳注〕。

セージは、心理学・認知科学的な手法の独特な応用である。とりわけ認知不協和の理論に依拠している。つまり、恐怖の対象との接触、対象の直視こそが恐怖症の治療になるという発想だ。「（そうはいっても）核エネルギーは現にあるのです。ほら、そこのシェード付きライトのやわらかな光に、音楽のひとつひとつの音程の間に、洗濯機の耳慣れた回転音の中、テレビの後ろ、それにおかずの中にさえ。私たちの日常的な行為のどこを切っても、そこには核エネルギーがあるのです。核エネルギーは今日、電力需要の４分の３以上をカバーしているだけでなく、市場や時勢の気まぐれから私たちを守り、今やなくてはならない電力に不足がないようにしています。こんなふうに満ち足りて、振り回されず、安らかでいられるのは、フランス電力あってのことなのです」。この時期に制作された広告ポスターの文句であり、誇らしげで得意げな社員たちの姿が大写しにされていた。

　90年代の展開について重要な点をもうひとつ述べておくと、核エネルギーを新たな現実、新たな社会秩序と位置づける基本理念を確立したのは、フランス電力だけに限らない。他の推進組織体も早くから足並みを揃えている。規制機関ですら、そうした言説を繰り出していた。核は現にあって、ともに暮らすしかないだけでなく、その良好な稼働を望むのであれば、皆で用心しなければいけないという。要するに、一般市民に対しても、核という現実への責任が求められたのだ。「核──用心第一です！核はわが国の現状の一部であり、発電所は動き始めてからだいぶ経っています。なおさら用心しなければなりません！」。〔最北部〕ノール＝パ＝ド＝カレ地域圏〔現オー＝ド＝フランス地域圏北部〕の産業・研究省合同地方支局（DRIR、以下「省合同支局」）が91年に配布した文書の表紙には、そう記されていた。

　だが、核を言語化し、透明性を打ち出すことは、少なくとも事業体にとっては、核物質リスクを言語化することと同義ではない。それはチェルノブイリ事故を経験した後も変わっていない。原子力本部の広報スペシャリストの男性が述べた言葉を以下に引く。「核は危険だと人々が言うから『核は危険ではない』と広報しよう、とはなりません。『核は危険ではない』

と広報すれば、『あそこがそんな広報をしているのは危険だからだ』と言われるのがおちです。問題の悪化にしかなりません。マーケティングのイロハですよ。企業のことを広報すれば、売上が増加するんですから、企業名だけ売りこめばいい。リスクについて広報すれば、リスクが余計に大きく見えます。だから広報してはいけないんです[23]」

　この時期に——透明化の内実を問われながら——核を受け容れさせるための攻勢に打って出た核事業界は、行為遂行的な用語の拡散という政治的な作業を徹底的に進めていく。それは「無難そうな術語を定着させることで、もろもろの表象に作用を及ぼそうという、語彙レベルでの強行突破の企て[24]」ですらあった。そのような「偏向した術語群[25]」が、90年代にとりわけ重点的に投入された分野は、第1に安全性、第2に低線量放射能、第3に廃棄物である。たとえばフランス電力は、90年代中盤に「リスクとセキュリティに関する世論調査室」内に「リスクの語義的側面」と名づけたワーキング・グループを設け、95年には事業記号論に関する第1回国際シンポジウムを後援している。また、この時期に採用した記号論の専門家たちを活用して、ブランド、コーポレート・アイデンティティ構築、市場予測、市場調査などの研究調査体制を強化している。環境にやさしくエコロジカルであるとアピールすることで、核事業の巻き直しを図ろうとする動きには、こうした用語づくりの作業が荷担していた。

「事故」ではなく「事象」

　チェルノブイリ事故から生まれた語法改革の最初のターゲットが、核事故・激甚事故・惨事である。これらの語は次第に関係者の公の発言から消えていく。79年のスリーマイル事故からして、フランスの政府当局は事故ではなく異変と表現し、メディアもそれに追随した。米国の政府

23　著者によるインタビュー調査、ヴァンセンヌ、2007年3月24日。
24　V. Delavigne, « La formation du vocabulaire de la physique nucléaire : quelques jalons », in D. Candel et F. Gaudin (dir.), *Aspects diachroniques du vocabulaire*, Rouen, Publications des universités de Rouen et du Havre, 2006, p. 104.
25　*Ibid.*

当局が数十万人規模の退避を検討している最中に、『ル・モンド』紙は「支障[26]」と題した社説を一面に掲載した。事故の代替語は、7年後のチェルノブイリ事故とともに百花繚乱となる。専門的には「放射線緊急事態」、公衆向け・メディア向けには、「異変」「問題」「故障」「憂慮される状況」「劣悪化した状況」といった具合である。87年1月12日にサンローラン=デ=ゾー原発で大きな事故リスクが生じた時も、報道陣は状況について、早期にフランス電力の広報担当から「情報提供」を受けたが、その内容は「故障」が起きたというものだった[27]。

チェルノブイリ事故から数年後、不全を意味する認定用語に「事象」が加わった。89年にIAEAが設定した評価尺度は「国際核事象評価尺度[(i)]」(International Nuclear Event Scale、INES)と称している。これを手がけた一団の専門家が手本にしたのは、原発に関しては徹底して異変と呼び慣わすフランスの専門機関だった。事故を重大性に応じて7段階[(ii)]に区分したINESの下で、事故・異変・異常は「事象」として一括される[28]。ちなみにフランス電力の記号論チームは96年に、「個人にとって望ましからざる、もしくは有害な影響のある特殊事実[29]」を「事象」の標準定義として提案している。それ以前の定義はいずれも、事故の事態を示唆しているとは捉えにくいものばかりだった。

ベクレルの桁数

放射線防護に関係する用語や術語も要注意扱いになった。いくつかの語に対し、チェルノブイリ危機がフランスで深刻化した元凶という嫌疑がかけられた。そのひとつが、放射線の測定単位の大半（キュリー、レン

---

26 B. Belbéoch et R. Belbéoch, *Tchernobyl, une catastrophe : quelques éléments pour un bilan*, Paris, Allia, 1993, p. 16〔ベラ・ベルベオーク、ロジェ・ベルベオーク『チェルノブイリの惨事』、桜井醇児訳、緑風出版、1994年〕も参照。

27 « Le gel d'abord, la panne en prime », *Libération*, 13 janvier 1987.

28 V. Delavigne, *Les Mots du nucléaire, op. cit.*, p. 446.

29 M. H. Bonnefous *et al.*, « Aspects sémantiques du risque. Vocabulaire lié au risque à travers une analyse bibliographique », IPSN, note SEGR/LSEES-96/123, 1996, p. 16.

(i) 日本語では通例「国際原子力事象評価尺度」と訳されている〔訳注〕。

(ii) 英語・日本語（環境省訳）の順に、レベル4以上が「accident」「事故」、レベル3とレベル2が「incident」「異常事象」、レベル1が「anomaly」「逸脱」である。本書では「異常事象」に換えて「異変」、「逸脱」に換えて「異常」を訳語とした〔訳注〕。

トゲン、シーヴェルト、グレイ）と同様に、偉大な学者の名前からつけられたはずの単位「ベクレル」である。「1秒間に崩壊する放射性物質の量」を表すもので、旧来のキュリーに比べてはるかに小さい（1Ci＝370億Bq）。キュリーに代わる単位として新たに導入されたのだが、チェルノブイリ事故の時に、防護中央局のピエール・ペルランは執拗に旧単位を使用した。86年5月10日のテレビ番組でも、「科学者集団」のモニク・セネの批判にめげず、かたくなにベクレルを使わなかった。スペシャリストとして長年キュリーを使い慣れていたこともあるだろうが、数千や数万の桁の数字で人心の「動揺」を招きたくなかったのだろう。このキュリー偏重も、ペルランが非難された理由のひとつだった。それから数年後にCRIIRADによって、サントバン処分場に法律上あってはならないプルトニウムがあることが明らかにされた時、原子力本部は「ベクレル」を「グラム」に置き換えて、「0.22gのプルトニウム」が確認されたと発表した。CRIIRADからすれば「粉飾」でしかなく、正しくは「5億Bqのプルトニウム」である[30]。

　ベクレルという単位は、低線量放射能に関する公衆の認識の点で問題だとして、90年代を通じて核分野のスペシャリストたちの会合で何度も俎上に載せられる。たとえば（ペルランの一件の後に創設された）環境放射能測定の整合化に関する関係省庁委員会で89年に委員を務めた放射線生物学者、レーモン・ラタルジェは、「一般市民をおびえさせる」ベクレルに代わる単位を94年に考案した。キュリーとベクレルの中間的な大きさのもので、名前は「ジョリオ」である[31]。響きが「すてき」に似ているし、接尾辞「-ot」のおかげで愛称めいた感じさえある。それにひきかえ「ベクレル」の響きは、なんだか「口喧嘩」のようで始末が悪い。核物質リスクに関係する用語は、こんな具合にチェルノブイリ事故の後、微に入り細にわたって吟味された。80年代後半から最大の懸案となった核廃棄物の問題も例外ではない。

30　« Le dépotoir de Saint-Aubin », *La Gazette nucléaire*, 111-112, novembre 1991, p. 23.
31　R. Latarjet, « Rads et grays – Becquerels et curies », *Revue générale nucléaire*, 1, 1994, p. 70-71.

統御できているという幻想

　核廃棄物は、人類には技術的にコントロール不能な問題の典型例である。なのに、ほぼすでに統御できている問題だという正反対の主張が、あの手この手でなされている。「深部地層保管」なる術語がある。旧来の術語は「埋没」処置だが、これはとにかくいただけない。無力、あきらめ、ひいては後ろ暗さを思わせるからだ。新たな術語に取り換えれば、旧来の術語による反発もやわらぐだろう。「短寿命廃棄物」と「長寿命廃棄物」という分類も、同様の発想に立つものだ。ある広報アドバイザーの男性が述べるように[32]、廃棄物を実務的管理に落としこみ、時間軸の上に位置づけてみせれば、否定的な意味合いが薄まるだろうとの読みがある。セシウム137は半減期が30年であり、1世紀を経た後も、放射能レベルの変わらない物質が約8分の1残っている。にもかかわらず、分類上は「短寿命」に括られる。

　微量でも致命的なプルトニウムのように数千年、数十万年にわたって残存する廃棄物に比べれば、百年や数百年は取るに足りないとされているのだ。核廃棄物の時空は、物差しが異なる独特な、近年まで想像もつかなかった別世界である。いわゆる短寿命の廃棄物ですら、消滅までに人間の時間で優に10世代かかる。この事実は、何を短期と見なし、何を長期と見なし、何を統御可能と見なし、何を管理不能と見なすのか、という定義の変更を避け難く迫る。（どのみち管理の必要な各種の放射性廃棄物が）改めて区分され、区分に応じて新たに序列化される。それはマネージメント的な方式であるだけではない。どう見ても、統御幻想の維持に役立てられている。

　同様に、「廃棄物」の代替語の使用が徐々に進んでいるのも、実務的な統御の過程に組みこまれていると主張するためだ。再処理産業を擁す

32　B. Freiman, « Déchets radioactifs : l'ambiguïté des mots », *Revue générale nucléaire*, 5, 2004, p. 61-63.

るフランスの推進組織体は、原発から出たものを「使用済み燃料」「照射済み燃料」と呼んでいる。その意図はこうだ。再処理すれば、プルトニウムとウランを回収できる。回収できない核分裂生成物だけを廃棄物と見なす。プルトニウムのような使用済み燃料中の超ウラン元素は貴重な物質、「特別の価値[33]」のある物質である。しかし、核産業の主張とはうらはらに、使用済み燃料に含まれるプルトニウムの貴重性は仮定の域を出ず、そうした認識を経済主体が共有しているとは言い難い。ラ・アーグ工場で分離されたプルトニウムの返却問題を見ればわかる。外国のクライアントの大半は、自分たちのものであるはずのプルトニウムを回収せずにおきたいと思っており、フランスはしばしばタフな交渉を迫られている。使用済み燃料が「貴重な物質」だという主張は、司法の場でも認められていない。その判決は、「グリーンピース・フランス」が2001年3月に始めた法廷闘争で示されたものである[34]。

一般市民への情報提供──「再利用」の場合

　廃棄物を尋常なもの、ごく普通のもの、さらには価値あるものだとする婉曲語法戦略が、再処理事業を軸として進められる。チェルノブイリ事故に続く10年間に大いに喧伝されたのが、「核燃料サイクル」であり、廃棄物の「再利用」である。「再処理」は、もともと爆弾用プルトニウムを単離する技術であり、軍事的なバイアスがかかっていることから、これ自体も次第に「再利用」に置き換えられていった。

　「核燃料サイクル」は、採鉱から精鉱、転換、濃縮、燃料加工、再処理、回収された核分裂性物質の再利用に至るまで、核燃料に関わる作業の総体を指す。そこで想定されているのは、全体が閉じてつながったサイクルをなす事業である。なかでも廃棄物中から回収された物質の「再利用」は、核産業が草創期から追求してきた目標だ。だが、それは完成の

33　Cf. G. Vendryes, « L'ordre mondial et l'avenir de l'énergie nucléaire », *Revue générale nucléaire*, 1, 1993, p. 64.
34　カーン控訴院民事部第1法廷、2005年4月12日の判決。

域にはまったく達していない。再処理で取り出されるウランは微々たる量でしかない。プルトニウムは大部分が取り出されているが、使用済み燃料全体に占める割合はごくわずかでしかない。再処理後に残る廃棄物は再利用の対象ではないし、再利用できるものでもない。再処理プルトニウムから製造されるMOX（混合酸化物）燃料[i]も、使用後は再処理できずに、究極の廃棄物となるだけだ。にもかかわらず核産業は、90年代から「再利用」を錦の御旗とかついできた。「再利用（リサイクル）」言説には明らかに利点があるからだ。日常的なゴミのリサイクルと同様、環境にやさしいイメージをかもし、クリーンさ、環境に対する責任、省エネすらも想起させる[35]。98年にコジェマ社の当時の会長ジャン・シロタが、「私はエコロジストですよ[36]」と報道陣にうそぶいたエピソードもある。

　ごく普通の問題に見せかける語法が一貫しているのは、放射性廃棄物の輸送についても同様だ。廃棄物の輸送・中間貯蔵・保管に関わる作業に用いられる語、「コンディショニング[ii]」を検討しよう。この用語は社会心理学の術語〔条件づけ〕からの借用で、廃棄物が統御されていること――「人間はこれらの物質のあらゆる状態を底の底まで知り抜いている」――、置かれた環境におとなしく従うことをイメージさせる。廃棄物は種類に応じて「減容」「コーティング[iii]」「ガラス固化」「焼却」などの〈コンディショニング〉を施され、パッケージと呼ばれるものとなる。1個の「パッケージ〔小包（コリ）〕」と聞いて思い浮かぶのは、日常的で、ごく普通の、こぢんまりとした物体だ。しかし、その実態は数百キログラムの廃棄物を詰めこんだコンクリート容器であり、以前は「殻体（シェル）」と呼ばれていたシロモノだ。大量に行き交う放射性物質に対する批判も、用語を取り換えれば緩和されるだろうという魂胆である。具体的にどれほどの量かというと、国内で輸送される放射性物質「パッケージ」は年間70万個、うち17％が廃棄物である。ラ・アーグ再処理工場とマルクール抽出工場の間では〔フランスを縦断するルートで〕、毎週300～450kgのプルトニウムが行き交っている。それに加

35　B. Freiman, « Déchets radioactifs », art. cit.
36　« Jean Syrota : "Oui, je suis écologiste"», *L'Humanité*, 17 juin 1998.
(i)　これを使用する方式は日本語では「プルサーマル」として知られている〔訳注〕。
(ii)　日本語でいう「前処理」に相当する〔訳注〕。
(iii)　日本語でいう「固化処理」に相当する〔訳注〕。

えて、ドイツやベルギーのほか、日本やオーストラリアなどに向け、国際的に搬出される再処理プルトニウムが年間数トンにのぼる。

　本章では多くの事例を通じて、核エネルギーとそのリスク、そして批判活動を統べるうえで、チェルノブィリ事故に続く10年間に、用語がいかに中心的な位置を占めるようになったかを検討した。それは核物質リスクに関わる技術的データ――批判的アクターが中心となって専門機関・事業体の関係者から「もぎ取った」データ――よりも、はるかに大きな影響を世論の動向に与えている。用語による統治は、90年代終盤に新たなる時代の幕を開くことになる。「グリーンで民意を反映した核エネルギー事業」の時代である。

第 3 部

1990年代以降
―「参加」と「エコロジー主義」の至上命令―

第7章　汚染地における「参加型デモクラシー」

「そうだ、僕たちは退避指示区域の論理のなかに入ったのだ。意識しないままに、知覚できないほどに少しずつ、強い恐怖が僕たちを捕捉した。とてつもなく大きな恐怖がときおり、突発的に沸き起こり、制御できない。あたりには沈黙しかない。何かが狂ってしまった。いったい何が狂ったのかはわからないのだが、何かが狂ったという印象があまりに明確かつ明白に存在するため、それを感じずにはいられないのだ(……)。双葉町、富岡町、浪江町、大熊町、南相馬市、飯舘村…。すっかり忘れてしまう前に、これらの町の名前をしっかりと記憶にとどめておいてほしい。不在の思い出だけが響く虚ろな名前の町まち。日本に新しく登場した幻の町だ[1]」

ミカエル・フェリエ

　チェルノブィリの惨事により最も大きな被害を受けたベラルーシは、1990年代中盤以降、新手の環境「ガバナンス」の実験と試行の場となった。あるフランスの専門家グループが、公衆参加を掛け声として、新たな復興アプローチを推し進めたのである。このアプローチは、「自律的」で「参加型」の「明るい」ガバナンス、一般市民のエンパワーメントを基本とするガバナンスを謳った。主要な政府機関（フランス、ベラルーシ）と超国家機関（欧州委員会、世界銀行）には大好評を博し、さまざまなプロジェクトが生み出されていった。それらのプロジェクトの目標は、ベラルーシ各地の復興にとどまらない。ヨーロッパ全域の核エネルギー化に際して、現地の「経験学習」を活かすことも意図されていた。ベラルーシに輸出された「参加型」ガバナンスは、新たな世界を素描するものであるから

1　M. Ferrier, *Fukushima. Récit d'un désastre*, Paris, Gallimard, 2012, p. 174.〔ミカエル・フェリエ『フクシマ・ノート——忘れない、災禍の物語』、義江真木子訳、新評論、2013年、192〜193ページ、引用文は訳書による〕

だ。そこでは独特の社会的自己規定がつくり出され、特異な言語コードが用いられ、市民社会と国家の関係が組み換えられる。このガバナンスの基軸となる参加の理念は、不可逆的な放射能汚染〈とともに〉暮らさざるをえない人々の、社会的・政治的・倫理的な難題の解決をめざすことにあるという。ここには矛盾がある。アクターの自律性(オートノミー)が唱えられる背後にあるのは、個々の人々に凄まじい制約を強要する放射能汚染にほかならない。そこでいわれる市民のエンパワーメントなるものは、国家が被害者を「遺棄[2]」する新たな手口の様相を呈することになる。

1. チェルノブィリという「人類規模の衝撃[3]」

　チェルノブィリの惨事が招いた結果は、ある意味で、多くの戦争と同じぐらい壊滅的だった。故郷を追われた人は数万世帯、数十万世帯にのぼる。退避対象は事故直後に30km圏の11万5000人、86年夏には50km圏に拡大された。最終的には二つの都市（プリピャチ、チェルノブィリ）と70の村が地図から抹消されている。自分の住まいが「不浄」な存在になる。自分の村の付近一帯が放射能対策として焼き払われる。金輪際、先祖の墓所に行くことさえ禁じられる。86年4月26日以前にそんなことを考えた者が、これらの土地の住民のうちにいるだろうか。ベラルーシの数十万ヘクタールに及ぶ農地が金輪際、全面的に営農禁止になり、数百万ヘクタールの森林が汚染地に分類されるなどと、いったい誰が思っただろうか。
　秘密主義の締めつけが強まっていた時期に、被害の重大性、不可逆性を徐々に明るみに出したのは、一連の土壌除染・浄化計画の失敗であ

2　国家による個人の「遺棄」の様態は多岐にわたる（cf. J. Clarke, « New Labor's Citizens : Activated, Empowered, Responsibilized, Abandoned ? », *Critical Social Policy*, 25, 4, 2005, pp.447-463）。

3　U. Beck, « The Anthropological Shock : Chernobyl and the Contours of the Risk Society », *Berkeley Journal of Sociology*, 32, 1987, pp.153-165.

る[4]。89年5月にチェルノブィリ事故に関する出版検閲が解除されると、ソ連の報道機関は「20世紀最悪の惨事[5]」として事故を語り始めた。がんが増え、動物に奇形が誕生していることを続々と報じる。32年前にマヤーク複合核施設で起きたキシュテム事故をはじめ、伏せられていた過去の核事故も暴き出した。抗議活動が次々と立ち上がり、復興方針の見直しや、チェルノブィリ原発の閉鎖、進行中の新設工事の中止を要求した[6]。30km圏外で新たな汚染が見つかると、論争はますます激化した。さらに20万人の退避が検討される。排除区域に住んでいた人々の避難先だったはずの村までも、重ねて退避を迫られる状況になっていた[7]。チェルノブィリ事故で最大の被害を受けたのが、核施設をもたないベラルーシである。高汚染地域は国土の4分の1に及び、政府は90年に、国土全域を国家的な生態的罹災区域に指定することになる。

89年春、政府当局に対する一般市民の不信感は頂点に達した。惨事から3周年の機会にモスクワで大規模なデモが組織され、複数の国際機関による独立的な調査の実施を要求した。同年10月、ソ連はIAEAに調査を委託する。国際チェルノブィリ計画の名で知られる調査は、25か国の専門家200人近くによって進められた。うち10人ほどがフランス人である（その一部が後に「エートス」という参加型方式の主導者となる）。調査の目的は、事故の健康への影響がどの程度だったか、ソ連当局がとった防護措置に実効性があったかどうかを評価判断することだった。最終報告書は91年5月下旬に提出される。調査対象者には健康への作用は認められず、住民が受けた被害は心理的な問題だけだという。ソ連当局によ

---

[4] S. D. Schmid, « Transformation Discourse : Nuclear Risk as a Strategic Tool in Late Soviet Politics of Expertise », *Science, Technology and Human Values*, 29, 3, 2004, pp.353-376 ; G. Medvedev, *La Vérité sur Tchernobyl*, Paris, Albin Michel, 1990.

[5] A. Montaubrie, « La presse russe et la catastrophe de Tchernobyl (1986-1995). Représentations et mémoire » (supplément), *Cahier d'histoire immédiate*, 9, 1996.

[6] G. A. Babcock, *The Role of Public Interest Groups in Democratization : Soviet Environmental Groups and Energy Policy Making, 1985-1991*, 博士論文, RAND Graduate School, Santa Monica, 1997.

[7] A. Yarochinskaya, *Tchernobyl, vérité interdite*, La Tour-d'Aigues, Éditions de l'Aube, 1998. 〔Алла Ярошинская, Чернобыль. Совершенно секретно, « Другие берега », 1992 ; アラ・ヤロシンスカヤ『チェルノブイリ極秘——隠された事故報告』、和田あき子訳、平凡社、1994年〕

る防護措置については、保守的にすぎるとの評価を２年前に下したWHOと同様に、あまりに過大であるという判断を示している。「たとえ善意から出たものであるにせよ、実施済みまたは検討中の長期的な防護措置は、放射線防護の観点から必要とされる域を概して超えている。転居〔＝移住〕と食品制限は、それほど過大でないものとすべきであった。これらの措置には放射線防護上の妥当性がない[8]」

心配無用とうそぶくIAEA報告が出た後、旧ソ連諸国は逆に防護措置を強化した。事故残留汚染の管理に関して、91年にベラルーシで整備された法制は次のとおりである。200万人近くの「被害者」は三つに区分される。「リクヴィダートル」が11万6000人、「86年の退避者」が13万5000人、「汚染区域居住者」がのべ160万人だ[9]。汚染地は以下の五つの区域(i)〔ゾーン〕に分類される。

- ・排除区域 ──────── 30km圏内。
- ・即時強制転居区域 ──── 個人線量が年間5mSv超、土壌のセシウム堆積が40Ci/km²〔148万Bq/m²〕超。
- ・後続転居区域 ────── 個人線量が年間5mSv超、土壌のセシウム堆積が15～40Ci/km²〔55.5万～148万Bq/m²〕。
- ・転居任意区域 ────── 個人線量が年間1～5mSv、土壌汚染が上記に比べて低度。
- ・定期的放射線管理区域 ── 個人線量が年間1mSv未満、国家による特定対策の対象外[10]。

---

8 IAEA, « The International Chernobyl Project. Technical Report. Assessment of Radiological Consequences and Evaluation of Protective Measures. Report by an International Advisory Committee »（報告書), 1991, p.511.
9 G. Grandazzi, *De Tchernobyl à la Hague. La vie quotidienne entre expérience de la catastrophe et épreuve de l'incertitude*, thèse de doctorat, université de Caen, 2004.
10 *Ibid.*
(i) 本書の趣旨に照らし、区域名は仏語表現の意をとって訳出した〔訳注〕。

後ろ三つの区域については、食事と農作業に関する制約がある。金銭給付あるいは社会福祉の形で補償措置も規定され、食費の補助、継続的な医学調査、給与の割増、年休の追加、早期退職、サナトリウムや外国での子どもの保養、等々の制度が設けられた。

核物質リスク管理の重大な転換点をなすのが、〈転居任意区域〉の設置である。該当区域の住民は、94年の時点で汚染区域の住民の6分の1にのぼる。汚染地に残るかどうかの決定を、国家は被害者に委ねてしまう。つまり、公衆衛生の管理者の役割を部分的に放棄している[11]。ここでは国家はもはや、健全度の評価基準、居住可能性の評価基準を定めない。国家の責任が軽減される一方で、個々の人々は自分で「自由」に決めて行動しろといわれる。選択は自由です。だが、経済的な困窮が深まるなかで、いったい何を自由に選べるのか。転居は任意です。しかし、すぐに明らかになったように、任意性など虚構でしかない。残留するという「決定」は、ほとんどの場合、出発を許さない財布の事情に制約されていた。

チェルノブィリ被害者を対象として、91年に各共和国が設けた防護と補償の制度は、〔同年末の〕ソ連崩壊後の新生独立諸国にとって莫大な負担となった。91～92年の国家予算に補償金と転居費用が占める割合は、ベラルーシでは22.5％、ウクライナでは16.5％にのぼっている。両国の経済は悪化の一途をたどり、5年後の時点でも強制転居すら終わっていない。転居した者も多くの場合、もとのところより低いとはいえ、高いレベルに汚染された地域を斡旋されただけだ。転居先として建設されたものの、汚染が判明して、新築のまま打ち捨てられた住宅も多い。〈後続転居区域〉では、94年の時点で4万2000人が生活していた[12]。その6年後には2万8000人に減っているが、以降は横ばいとなる[13]。残留するほかなかった人々だ。

---

11 P. Girard et G. Hériard Dubreuil, « Conditions de vie dans les territoires contaminés huit ans après l'accident de Tchernobyl » (rapport pour la Commission européenne), 1995, p. 13.
12 Ibid.
13 V. B. Nesterenko, A. V. Nesterenko, and A. Sudas, « Belarusian Experience in the Field of Radiation Monitoring and Radiation Protection of Population. Role of Governmental and Non-Governmental Structures in Solving these Problems », 報告書 (SAGEプロジェクト), 2004.

そうした状況の下で、住民の転居はベラルーシ当局にとって、明らかに優先策ではなくなっていく。96年からは、汚染地の「平常復帰」の確定という考えが打ち出される[14]。すでに10年にわたって措置や調査、人道援助を続けてきました。今や区切りをつけて、未来を信じる気持ちを取り戻さなければいけません。補償措置をやめ、高リスク集団の医学的サーベイランスをやめる必要があります。91年に決定された退避プログラムは放棄すべきです。

　すでに80年代終盤から、国際機関は転居政策の放棄を勧告していた。欧米の核事業界にとって、退避に関する決定がいかに大きな政治的課題となっていたかは、IAEA報告の内容からも明らかだ。転居は金銭的コストがかかるし、心理的・社会的な影響（心労、社会のひずみ）もあるから、新たな転居の実施は推奨しない[15]。惨事から何年も経っているのに、今さら新たな退避を決定するだなんて、核事故のコスト（経済コストに加えて政治コストや象徴コスト）の大幅な上昇につながりかねない。将来の投資家が二の足を踏み、核事業に対するヨーロッパの一般市民のイメージが悪化しかねない。そういうわけで91年のIAEA報告は、転居を最小限に抑える手段の検討を求めた。IAEAはさらに5年後にも、同じ見地に立った文書を発表し、「転居トラウマ[16]」の問題を強調した。〔OECDの〕核エネルギー機関が同じ96年に発表し、2002年に改訂した報告書も同様で、転居の心理的影響のみならず、一連の補償措置の心理的影響を力説した[17]。このような枠組みに沿って、汚染地の平常復帰の可能性を検討するための研究調査が、心理学と社会学の分野で続々と展開されていく。

　そのひとつが、欧州委員会のチェルノブイリ事故影響評価プログラム（1991～95年）である。評価の対象は、汚染地でとられた防護措置に

14　G. Grandazzi, *De Tchernobyl à la Hague, op. cit.*, p. 113.
15　IAEA, « The International Chernobyl Project »、前掲報告書, pp.455-456.
16　IAEA, *One Decade After Chernobyl : Summing up the Consequences of the Accident*, 1996年4月8～12日のウイーン国際会議の記録、1996年。
17　AEN, « Tchernobyl. Évaluation de l'impact radiologique sanitaire. Mise à jour 2002 de "Tchernobyl. Dix ans déjà"» (rapport d'étude), 2002 [NEA, « Chernobyl : Assessment of Radiological and Health Impacts 2002. Update of Chernobyl : Ten Years On », 2002].

実効性があったかどうかだ。作業は2人のフランス人専門家に委託された。1人は高リスク事業の管理を専門とする民間調査会社、ミュタディスの代表であり、もう1人はカーン大学の社会学・精神分析学の研究者である。ウクライナとベラルーシで数百人を対象に実施された調査は、以下のことを明らかにした。放射能汚染を前にした住民は、大きな不安を覚えており、政府当局への不信をつのらせている。汚染地からの脱出の見込みが立たずに、よるべなさ、心もとなさ、絶望感を抱いている[18]。ミュタディスはこの結論をもとに、新たなアプローチを展開する。村を去って別の場所、事故の影響がさほどひどくない環境で人生を立て直す意向、あるいは手立てのない人々を側面支援するという。そうしたアプローチによって復興を進めるべき汚染地として、恰好の「実験場」となったのが〈転居任意区域〉である。許容不能なリスクが明確に定められていないことから、〈許容可能な汚染〉の社会的構築を図る余地があった。これが、96年に開始されたエートス・プロジェクトである。名前の由来は慣習、習慣、風習を意味するギリシア語だ。次節で見ていくように、汚染された環境で生き抜くための新たな習慣を身につけることが、このプロジェクトの重要部分をなしている。

2. エートス・プロジェクト——汚染地での暮らし方、教えます

エートス・プロジェクトの第1段階（96〜98年）は、ベラルーシのアルマーヌィ村で実施された。人口は1300人、チェルノブィリ原発からの距離は250km、汚染された20の地区の一つであるストールィン地区の中にある。ミルク、小麦、食肉を主要産品とする農村だ。エートスの対象地とされたのは、ひとえに〈転居任意区域〉の中にあるからだ。

このプロジェクトは、欧州委員会から3年間にわたる資金提供を受け、

---

18 Cf. P. Girard et G. Hériard Dubreuil, « Conséquences sociales et psychiques de l'accident de Tchernobyl. La situation en Ukraine sept ans après l'accident » (rapport pour la Commission européenne), 1994, p. 36 ; les mêmes, « Conditions de vie dans les territoires contaminés huit ans après... », rapport cité, p. 44-78.

ミュタディス社が「防護評研」と組んで運営した。前に述べたように非営利団体である「防護評研」に、会員は四者しかいない。核分野の三つの事業体（フランス電力、原子力本部、アレヴァ）、それに政府機関の防護安全研である。プロジェクト推進のための学際チームには、国立パリ＝グリニヨン農学院とコンピエーニュ工科大学からメンバーが集められた。提携先は現地の行政機関とベラルーシ政府機関（非常事態省のほか、事故の影響を管理するチェルノブィリ委員会など）である。こうして、ヨーロッパ発のエートス・プロジェクトが、ベラルーシ国家の推進する措置とプログラムの近代化をめざして展開される運びとなる。フランス側は96〜98年に12件、それぞれ10日間の出張を行った。

エートスの根底にあるのは、現地の住民が汚染地の復興に大きく関与するという考え方である。そこでいう復興の意味は、一方では健康を守りながら、他方では同時に社会的・経済的な発展を実現することであり、「持続可能な発展[19]」の論理が看板だ。「放射線についての実用的な教養」を掛け声に、各種の参加型プロジェクトが立ち上げられ、被害者はそれぞれの生活を自分で設計するよう促される。母親であれば、子どもたちの被曝をコントロールすることを学習する。自営農家であれば、「高感受性生産物」の「放射線クオリティ」をどうやって改善するかを考える。平たくいえば、汚染度が非常に高い食品の放射能レベルをどうやって下げるかということだ。村の学校教員たちもプロジェクトに関与して、「放射線事情」の新しい教え方を組み立てる。「放射線事情」は「汚染」の代替語である。汚染地での新生活の構築を側面支援するという目的に沿って、こうして一連のコンセプト、一連の語法がつくり上げられていった。

惨事が起こる以前の古きよき日々を懐かしむのはもう終わりだ。エートスは高らかに希望を掲げる。チェルノブィリの被害者は諦観を克服して、未来を信じる気持ちを取り戻し、自律的にならなければいけない。だが、ここには矛盾がある。個人の〈自律性〉が求められているのは、きわめて

---

[19] Cf. J. Lochard, « Rehabilitation of Living Conditions in Territories Contaminated by the Chernobyl Accident : the Ethos Project », *Health Physics*, 93, 5, 2007, pp.522-526.

〈他律的〉な状況の下でだからだ。自律的であるためには、「自らの律(みずか)(おきて)によって自己を統べる権利」がなければならない。ところが汚染地で暮らす個々の人々は、「自分たちを統べる律を外部から受け取って」いて、その意味でどうしようもなく他律的な状況に置かれている。汚染地での主要な行動ルールは放射能汚染によって強要されている。人それぞれが環境とどうつきあうか、自分の身体とどうつきあうかは、なによりもまず放射能汚染によって制限されている。

　人々はまさにこのような状況の下で、自律的であれと言説レベルで命じられるのみならず、実践に移すことを期待された。そのための道筋が〈放射線についての実用的な教養〉である。放射性防護の基本知識、放射能測定といった一定の専門技能を身につけ、そこかしこにある汚染に向き合うための実践を積み上げろ、という意味だ。なかでも重視されたのが、周囲の地理について、物質についての新たな教養の醸成だ。放射能レベルに応じて場所、食べ物、生産物、日用品の定義を変更すべし。ベラルーシの豊かな森林は、もはや散策と憩いの場ではない。放射能汚染がひどく集中し、線量が「割高」な場所になっている。立ち入りはほどほどにすべし。住民の課題は、場所による汚染度の大小の見当をつけることであり、そのための用具、適切な挙動を万人に保障するのが放射線測定器である。これを手にすることで、チェルノブィリの「現実」に立ち向かい、汚染が今や生活、食べ物、身体の一部をなしていることを思い起こすのだ[20]。

　エートスのチームは、フランスの医療用放射線源による個人被曝線量の平均値、年間1.3mSvを基準として、さまざまな場所を三つに区分した。第1グループの場所は、汚染度がかなり低く、普通に出入りしてよい。被曝は基準値に達しないからだ。第2グループの場所では、年間1.3〜8.7mSvにおさまるよう、滞在時間を限らなければいけない。第3グループは、避けるべき場所である。汚染レベルが非常に高く、年間8.7mSvを超えてし

---

[20] Mutadis et CEPN, *La Réhabilitation des conditions de vie dans les territoires contaminés par l'accident de Tchernobyl. La contribution de l'approche Ethos*（2001年11月15〜16日にベラルーシで開かれたストールィン国際セミナーの記録）, 2002.

まう。家屋は安全な場所（第1グループ）とされた。家庭菜園の大部分は、ほどほどであれば出入りしてよい（第2グループ）。森林、干し草の山は、避けるべき場所だ。森の薪の汚染灰にまみれたストーブのそばもだ（第3グループ）。ただし、一定の場所への立ち入りが禁じられるわけではなく、それらの場所に関しては接触の最適化を図ることになる。たとえば菜園にしばらくいた場合は、自宅で過ごす時間を長めにして、菜園の分を相殺しなければいけない。時には自宅内にさえ、そのような最適化プランが適用される。屋内の汚染度が一様ではなく、他より汚染度の高い部屋があると気づいた家庭もあるからだ。そうした家庭に対しては、汚染した部屋で過ごす時間を最小限にすること、測定結果が高汚染の部屋からクリーンな部屋への放射能塵の移動をなるべく抑えるよう、家屋を頻繁に洗浄することが推奨された。

　放射能レベルに応じた定義変更と分類は、食品にも及んだ。広範な測定調査により、村で口にする食物は、放射能レベルに応じて三つに区分された。第1は、規制上限を超える高い汚染があるもの（キノコ、ベリー類、乳製品、豚肉、魚など）。第2は、中・低度の汚染があるもの（カブ、ジャガイモ、ニンジン、キャベツ、キュウリなど）。第3は、「中立的」なもの（他の地域から運びこまれた食品、国定検査済みの食品など）。以上の区分を頼りに、母親たちは品目ごとの「放射線ポイント数」を計算し、それぞれの分量を加減しながら、リスクを低度に維持するように子どもの献立を組み立てる。ここで実施されているのは、いわば線量ベースの配給制である。汚染区域で配給が必要とされたのは、一定の食品がわずかしかないせいではなく、食品中にあまたの放射性元素があるせいだ。エートスのチームは、このような食品配給を管理しやすくするために、〈年間算入予算〉というコンセプトを編み出した。2万Bqが「最適年間予算」、10万Bq（年間1.3mSv）が推奨上限だ[21]。エートスのシステムでは、汚染食品はこのように摂取可能とされる。第1グループの食品も摂取可能だ。

21　G. Hériard Dubreuil *et al.*, « The Ethos Project in Belarus. 1996-1998 » (Mutadis-CEPN report), 2000, p.26.

ただしベクレルが「割高」だから、量はほどほどにすべきである。

 とはいえ、すでにエートス・プロジェクトが始まる以前から、多数の住民が汚染された食品、禁止された食品を口にしていたことも指摘しておかなければならない。とりわけ基本的な食材（ミルク、肉、魚など）は、献立から簡単に外すわけにはいかないし、検査済みのものや域外のものはどうしても値が張るから、置き換えるのは不可能だ。多くの村民は、自分や家族がしっかり栄養をとれるかを第一に心配した。そのため罪の意識をもちながら、なかでも子どもたちに申しわけないと思いながらも、有害性の問題はおろそかにせざるをえなかった。〈放射線についての実用的な教養〉という形でエートスが提唱したのは、よくよく承知のうえで合理的に、最適化された方法で、食品を口にすることだった。エートスのチームに言わせれば、それは禁止の解除である。被害者はこれまで多くの制限を課せられていた。彼らに「生活の質（クオリティ・オブ・ライフ）」をもたらすための重要な条件は、それらの禁止を解除することだ。自分たちが今では〈汚染された天地〉に生きている、という事実を被害者は〈受け容れ〉なければいけない。

 この新たな、そして不可逆的な天地では、規制値や線量限度という観念は、もはや実質的に意味をなさない。規制値の意義は線を引くところにある。何が良くて、何が悪いか、何が許容可能で、何が許容不可能か、何が尋常で、何が例外かを分かち、ある種の慣行に制限を課す。しかしエートスの見方によれば、現に施行中の規制値があるとしても、政策措置が規制値による統治から導かれているとは、概していえなくなっている[22]。現地では、規制値の代わりに「基準値」が用いられる。非公式なツールでしかないが、達成すべき目標レベルを指し示し、個々の人々の行動の便宜を図る。汚染された天地では、被曝線量もまた存在意義を失って、先に述べた年間算入予算に置き換わる。「基準値」と同様に非公式な指標にすぎないが、個々の人々がどのようなリスクをとるかの目安とされる。要するに、汚染された天地では、リスク管理は私的領域に大きく押しやられ

---

22 Mutadis, « Retour d'expérience de la gestion post-accidentelle de l'accident de Tchernobyl dans le contexte biélorusse » (rapport pour l'ASN), 2007, p. 16-17.

ているのだ。注意をめぐらせ、食品の配給に留意し、空間の定義を変更する。ひいては自分を見つめ直し、「誘惑を統御しなければいけない」。これらの新たな反射行動・習慣・指針こそが、現地の住民のエンパワーメントなるものの特徴をなす。

　ここでのエンパワーメントは、〈注意をめぐらせる市民〉たる態度をとることだけにとどまらない。アルマーヌィ村民たちは地元生産者として、生産物の汚染低減に向けて畜産の仕方、農業の仕方を見直すことも促された。エートス・プロジェクトが開始された時、地域の二大産品であるミルクと食肉は出荷禁止になっていた。村の干し草と牧草地がひどく汚染された結果、ミルクは時に上限値の20倍もの放射能を含んでいた。とはいえ、クリーンな干し草は高価だった。セシウム137が飼料から雌牛の乳まで移行するのを抑える薬剤、フェロセンも高価だった。エートスはそこで酪農家に、飼料の最適化プログラムを提案した。汚染の少ない干し草は、雌牛が乳を出す時期だけ与えるといい。フェロセンの使用も泌乳期に、どうしても汚染飼料を与えざるをえない場合だけに限るといい[23]。これにより、アルマーヌィ村の自営農家が生産するミルクの「放射線クオリティ」——特筆大書すべき婉曲語だ——は大きく向上し、98年3月には出荷再開にこぎ着けるまでになった。

　汚染地における一般市民のエンパワーメントは、核事故が人類に課した新たな条件と不即不離の関係にある。自然を再び統御下に置き、汚染された土地を肥沃な土地に改造することで、生き抜くすべを学ばなければいけない。エートスに具現されている思想は、核惨事の影響の管理を個人に帰す。人々は個々に、まず情報に通じ、次いで技能を身につけ、最終的には責任ある自律的な存在となることを求められる。新たな（新自由主義的な）統治の技法が立ち上がっている。その中核はリスクの個人化であり、エンパワーメントが住民統治の話術の基軸となっている。この種のエンパワーメント、〔哲学者の〕エミリー・アッシュが「自由を付与する自己責任化」と言い表したものは、個人への責任転嫁の特殊で実利的な形態

23　G. Hériard Dubreuil *et al.*, « The Ethos Project in Belarus »、前掲報告書、p.43.

にほかならない。個々の人々は、自分の置かれた社会的状況を内面化し、自己に配慮し、問題を自力で管理するよう仕向けられる[24]。

実際のところ、ベラルーシで観察された事故残留汚染は、技術的にも経済的にも、政府の専門機関と行政機関だけでは〈管理不能〉であることが判明しつつあった。先に述べたように、汚染区域の住民を他の場所に「再移植する」——という表現が定着した——のはコストが高すぎる。しかも国土は広域的な被害を受けており、相対的に被害の少ない場所はあまりない。住民が汚染区域に残れば残ったで、国家とその専門機関が事態を実際に管理するのは不可能だった。汚染という現象は複合的である。個々の人々がどのように暮らし、どういう食事をし、どこをどう移動するか、といった日常行動のひとつひとつが、危険な被曝の程度を大きく左右する。実効性のあるリスク防止を行おうとすれば、大部分の場所を立入禁止、ほとんどの食品を摂取禁止にするしかない。住民の食料を他の場所から数十年、数百年にわたって運びこもうとすれば、とてつもない負担になる。そんなことは現実的に不可能だった。かくして汚染区域の被害者たちは、「専門家（エキスパート）」として、いわゆる「共同専門知」方式に関与させられる。この〈複合的な事態〉を管理する専門知識は、あらかじめ確立されているわけではない。被害者も一緒になって創出する必要がある[25]。長期的な汚染に向き合い、転居その他の対応策を縮小し、健康被害が後日に問題化するのを避ける——実際に避けられるかは疑問だが——ため、要するに、惨事の事後を〈常態視／規範化〉するためには、リスク管理に住民を参加させることが唯一の解だった。この転換について、エートスの立案者の男性は、著者のインタビュー調査に対して次のように説明した。
「チェルノブイリは、それまでなかった種類の公衆を出現させました。放射能とともに日常生活を送る数百万の人々です。予想外の事態です。それまでに我々が経験した事態はいずれも、専門員の介入や作業員の放射線防

---

24 É. Hache, « La responsabilité. Une technique de gouvernementalité néolibérale ? », *Raisons politiques*, 4, 28, 2007, p. 49-65.

25 J. Lochard, « Expertise et gestion des risques en matière nucléaire », *Revue française d'administration publique*, 3, 103, 2002, p. 471-481.

護などで、全面的にコントロール可能でしたからね。チェルノブィリでは専門員を1軒ずつ、1人ずつに張りつけるわけにもいきません。では、いったいどうしたらよいのでしょうか。二つに一つです。複雑すぎると言ってしまうのか。その場合は、住民に代わって管理を行いますから、局外者をつくり出すことになります。それとも、彼らを改めてプロセスに組み入れるのか。この場合は、事態を共同で管理することになります。専門家は専門家の仕事をして、住民は自分を守るためにすべきことをする。『よし、じゃあ、今後は歯科衛生に関しては、一般人は何もしなくてよいことにしましょう。歯科医にまかせておきましょう』などと言えば、システムそのものが根底から崩壊します[26]」

アルマーヌィ村はこうして、汚染された世界でどうやって生き抜くかの実験場となった。その世界が受忍可能かどうかの判断は、エートスのメンバーは避けて通った。だが、アルマーヌィ村民たちにとっては、そこが問題の肝である。フランス人チームが最初に集会を開いた際、村民の大部分から質問が浴びせられた。この村で本当に暮らしていいのでしょうか。ヨーロッパから来た専門家の皆さんは、本当のところ、どう思っているのでしょうか。ご自分のお子さんがここで育つとしてもかまいませんか。質問されたエートス側は、村で暮らすかを決めるのは専門家ではなく、住民であるという言い方で受け流した[27]。

エートス・プロジェクトはかなりの住民に、少しずつ受け容れられるようになる。フランス人チームは、ミルクの品質の改善といった具体的な目標を示し、住民の声に「積極的に耳を傾ける」ことで、うまく信用を得ていった。母親たちが食品の放射線管理を実施した結果、子どもの内部被曝は大幅に減少し、98年12月には97年7月の半分になった、とエートスの報告書は記す。そうした具体的成果が、「ここで本当に暮らしていいのでしょうか」への言外の答えであった。

---

26 「防護評研」メンバーの男性への著者によるインタビュー調査、フォントネ＝オ＝ローズ、2008年11月28日。

27 J. E. Rigby, *Principes et processus à l'œuvre dans un projet d'amélioration de conditions de vie dans les territoires contaminés par la catastrophe de Tchernobyl – Ethos I (1996-1998)*, thèse de doctorat, université de technologie de Compiègne, 2003.

ベラルーシの地方当局と政府当局は、エートス方式に希望をかき立てられ、ストールィン地区全域での事業続行を決定した。フランスの核事業者と行政機関、スイス政府もすぐに大きな関心を寄せ、この第2期プロジェクトに欧州委員会とともに資金を供与した。拡大された対象地域はストールィン地区の五つの村、住民およそ1万人である。フランスのノウハウをベラルーシの専門家へ〈移転〉する目的で、プロジェクトは80人近くの無給の専門員を起用した。

　2001年の終盤にストールィン地区で、第2期を締めくくる国際セミナーが催された。ベラルーシの機関、フランスの機関（フランス電力、防護安全研、大学など）、国際機関（欧州委員会、UNDP＝国連開発計画、世界銀行など）から150人が集まった。セミナーでまとめられた共同宣言では、汚染地の復興はエートス方式を軸に進めるべきことが明言された[28]。ベラルーシ政府はこのタイミングで、転居や社会的扶助の縮小に踏み切ったようだ。チェルノブィリ事故による汚染区域のリストから146の村が除かれたのは、それからまもなくのことである。6万6000人が扶助を奪われ、健全な食品を奪われ、ロシアのサナトリウムでの定期保養を奪われた[29]。

3. 事故後管理の新たなパラダイム

　エートスの方式とそれが掲げた「参加型」で「持続可能」というアプローチは、すぐに主要な国際機関でも取り入れられた。2002年にUNDPとユニセフは、チェルノブィリ事故の人的影響に関する共同報告書の形で、この惨事の——健康への影響だけでなく——社会的・経済的な影響に初めて注目し、エートスのようなプロジェクトの強化を勧告した[30]。同じ年に出た世界銀行の報告書も、同様の見地から次のように述べた。ベラルーシの「政府は経済発展を主要な優先課題とすることで、〈被害者

28　Mutadis et CEPN, *La Réhabilitation des conditions de vie..., op. cit.*, p. 155-156.
29　V. B. Nesterenko *et al.*, « Belarusian Experience... », 前掲報告書, p.24.
30　UNDP and UNICEF, « The Human Consequences of the Chernobyl Nuclear Accident. A Strategy for Recovery » (study report), 2002, p.77.

意識と依存心をつくり出すプログラムからの移行〉を図るべきである。機会をつかむようインセンティブを与え、現地の取り組みを促進し、住民を関与させ、彼らが自信をもって自分の前途を決定するのを支援するプログラムへと[31]」。〈被害者意識と依存心〉の持ち主とされたのは、かつて社会主義体制下で暮らし、91年の立法で定められた国家の援助を受けている個々の人々である。そのような姿勢は、世界銀行に言わせれば、旧態依然で時代遅れのものでしかない。自由主義・新自由主義システムに見合った転換が必要だ。それは「自律的で進取の気性に満ちた」姿勢である。市場経済への移行のただ中にあったベラルーシ国家は、「近代的」な個人の出現を後押しするように求められた。扶助と補償を極力縮小・廃止して、被害者という法的地位をなくしてしまえ、ということだ。世界銀行はすでに2000年序盤に、チェルノブイリ事故で多大な被害を受けたもうひとつの国、ウクライナにも同様の方針を勧奨していた[32]。

　2003年終盤には、エートスが先鞭を着けた新たな路線に沿って、CORE（ベラルーシの汚染地の生活条件の回復をめざす協力）という広範な国際プログラムが始動する。ストールィン地区だけでなくブラーヒン地区、チャチェルスク地区、スラウハラド地区にも対象を拡大し、エートス方式を事故後管理の新たなパラダイムにしようとしたものだ。コーディネーターはエートスの主要関係者、資金源は欧州委員会、フランス政府、スイス政府、ベラルーシ政府、それにいくつかの国連機関である。2005年の予算規模は800万ユーロだ。

　COREプログラムの展開には、数百のアクターからなる一大ネットワークが関わった。ベラルーシの機関、国際機関、ヨーロッパの財団・大学・研究所、ジャーナリスト、ベラルーシのNGO、ヨーロッパのNGOに加え、米国のNGOまでいた。「パートナー」という位置づけでの市民社会アクターの参画は、被害者の生活条件の改善につながる斬新なアプローチだ

31　World Bank, « Belarus : Chernobyl Review »（報告書）, 2002, p.48.（強調は引用者による）
32　A. Petryna, « Biological Citizenship : The Science and Politics of Chernobyl-Exposed Populations », *Osiris*, 19, 2004, pp.250-265, p.264.

と、COREの原則を宣言した文書は謳っている[33]。「包摂的ガバナンス」「持続可能な復興」「複合的事態の適応型管理」といったキー・コンセプトが、事故対策関係者のボキャブラリーに加わった。惨事を話題にすることもCOREプログラムではもはやタブーではなく、「惨事の記憶を同世代へと国際的に伝える」ための啓発プロジェクトが立ち上げられていった。

一般大衆向けのガイドブック

2001年9月11日の悲劇的な事件を受け、テロのリスクが課題に浮上するなか、フランスの政治そしてヨーロッパの政治では、緊急局面にとどまらない事故後管理に大きな関心が向けられていた。しかも、気候変動問題を追い風として、世界の原発は「核事業ルネサンス」の下で2倍、3倍に増える見込みだった。そうなれば当然、事故リスクも増大する。

一般大衆向けの〈放射線についての実用的な教養〉ガイドブックの作成が、欧州レベルのプロジェクトとして始まったのは、COREプログラムがスタートする直前の2002年のことである。このプロジェクト「SAGE」では、焦点がベラルーシの汚染地からヨーロッパへと移っている。ヨーロッパの核施設で重大事故の起こる可能性が初めて想定されたのだ。激甚事故の可能性が視野に入れられただけではない。すべての者が「自分の将来の管理という問題を自分の手に取り戻す[34]」ことのできる参加型方式だと銘打たれている。

NGO・保健医療・教育各界代表の加わった関係当事者(ステークホルダー)ミーティングが、欧州3か国（フランス、英国、ドイツ）でそれぞれ開かれて作業を進めた。できあがったガイドブックは50ページほどで、さまざまな場所や食品、人体の放射能汚染をどのように測定すべきか、解釈すべきかを記している。ただし、ストールィン地区の経験をベースにしているため、対象はほぼ農村部に限られる。汚染源もセシウム137だけで、他の放射性元

---

[33] « Declaration of Principles on the Core Program » (パンフレット), 2005.
[34] P. Croüail, C. Bataille et S. Lepicard, « Un exemple de démarche participative : élaboration d'un guide pratique dans le cadre du projet européen Sage », Document CEPN, non daté.

素は考慮されていない。ガイドブックの主眼は、いずれにせよ、想定される事故後事態のコントロールよりも、「放射能に関係する新たなリスクと行動についての公衆の意識向上[35]」にある。つまり個々の人々の啓発である。それは二つの側面からなる。一つめは〈惨事についての啓発〉だ。自分の生活条件が根底から不可逆的に変わるという発想になじませる。二つめは〈責任についての啓発〉だ。惨事が起こる以前から自己責任を喚起して、事故後の状況ではつねに自分から積極的に動くことになるという自覚を促す。

フランスはどこまで想定したか

続けて多くの似たようなプロジェクトが、とりわけフランスで立ち上げられる。2005年に始まったPAREX（事故後管理の経験学習）は、核事業安全規制・放射線防護総局[(i)]（DGSNR、以下「安全総局」の要請により、「防護評研」とミュタディス社が推進した。省庁の専門部局、保健機関、事業体、地方議員、NGOから集められた参加者は、ベラルーシの経験から二つの大きな教訓を引き出した。第1に、事故が起きた場合、汚染地に残るかそこを離れるかの決定は、個人の自由な選択に委ねなければいけない。第2に、汚染地の生活条件の改善に現地アクターを参加させることで、規制値の遵守を重視する論理から、協議を通じて「生活の質」を立て直す論理へと移行しなければいけない[36]。

それから数か月後に、政府は大がかりな措置を講じた。2005年6月に安全総局が、「核事故または放射線緊急事態の事故後局面の管理に関する指針会議」（CODIRPA、以下「事故後指針会議」）という機関を設置して、フランスで事故が起きた場合の事故後管理の〈基本理念〉(ドクトリン)を策定させることにしたのである。委員を出すよう求められたのは、安全総

---

35 CEPN, « Strategies and Guidance for Establishing a Practical Radiation Protection Culture in Europe in Case of Long Term Radioactive Contamination after a Nuclear Accident : Final Report » (報告書), 2005, p.22.

36 Mutadis, « Retour d'expérience de la gestion post-accidentelle... », *op. cit.*, p. 46.

(i) 2002年2月に安全中央局の後継組織として発足。2006年6月に安全当局に改組〔訳注〕。

局、防護安全研、〔首相直属の〕国防総局（SGDN）、関係省庁、保健機関、NGOである。核事故の長期管理は行政と市民社会の共同案件であるとして、事業体はメンバーから外された。当初の想定は中程度の事故に限られ、恒久的な退避や放射性物質の大量放出は想定されていない。議題は緊急措置の解除、住民の継続的な健康調査、汚染された農村地帯の復興、放射線量と被曝線量の影響評価、被害者への補償措置、行政と「関係当事者」の間の組織づくり、廃棄物の管理など、一群の複合的な問題である。分科会に加わったNGOは、ACRO、「科学者集団」、（ラ・アーグの白血病をめぐる論争が起きた97年に創設された）「怒れる母たち」、「ロバン・デ・ボワ」などだ。

　ここには事故後リスク管理の大きな方針転換がある。2008年2月21日付の『ル・モンド』紙の見出しを引くなら、「チェルノブイリのような国内事故の影響に、フランスも備え」である。70年代中盤の時点では、フランスで重大事故が起きることはありえないとされ、一般市民は対処計画のような基本文書すら閲覧できずにいた。それから30年後、将来ありうべき重大事故の影響の共同管理について、NGOとの協議が呼びかけられている。事業体が外され、NGOの批判的意見を活用するというのだが、先行きはまったく不確かだ。永続的に汚染された都市あるいは国の管理計画を、いったいどのようにして立てるのか。

　政府当局はすでに90年代中盤の時点で、フランスで重大な核事故が起こる可能性があることを認めていた。学校のカリキュラムに事故対応訓練が組みこまれ、5km圏内の住民に安定ヨウ素剤を事前配布する制度も96年に設けられた。ただし、これらは緊急時の差し迫った影響を最小限に抑えるための措置である。数十年、ひいては数百年、数千年にわたる広域的な汚染の可能性は、当時はまだ示唆されていない。だが、そうした認識は以後、着実に広がった。事故後指針会議の専門家の中には、我々の社会は事故後局面にあると述べる者さえいた。要するに、我々はすでに惨事の道に踏みこんでおり、事前と事後の連続性を打ち立てる必要があるということだ。

　とはいえ、そうした発言は、参加者の限られた場で論じられたにすぎ

ず、さしあたり一般大衆に向けられたわけではない。事故後指針会議に加わった市民団体からは、核事故へのフランス政府の備えは充分ではないとの見方も出た。「たとえばですね、ラ・アーグ工場で悪意による事故が発生といった想定は、残念ながら絶対に議題にならないのかもしれません」と、市民団体出身の委員の男性は言う[37]。このシナリオは最も危惧されるもののひとつであり、2001年には激しい論争も起きている。その年に公表された欧州委員会の調査報告書には、ラ・アーグのプラントを標的としたテロが起きれば、チェルノブィリの数十倍規模の惨事になりかねないと書かれていたのだ[38]。

　最初はベラルーシに、次いでフランスとヨーロッパにも定着した復興計画を概観すると、事故後管理において「関係当事者」の果たす役割が著しく増大している。理由は単純だ。核事故に見舞われた国家が汚染地の管理を全面的に担うのは〈不可能〉であり、したがって仕事の一部を「市民社会」に委ねることが肝要だという考えが、ベラルーシの実例、そして日本で進行中の実例にかんがみて、少なからず了承されつつあるからだ。しかし関係当事者としてプロジェクトに関与する市民団体は、COREでもSAGEでも、PAREXでも事故後指針会議でも似たり寄ったりで、ACROと「科学者集団」、それに核エネルギー批判はあまり行っていない一握りの環境保護団体や消費者団体という顔ぶれである。体制機構レベルでは、エートス方式は異論の余地なく成功したが、市民団体サイドでは、いくつかの点で失敗に終わっている。時とともに、この種のプロジェクトは、激しい異議を立てられるようになったからだ。

4．そこに異議あり

　2005年3月に国立工芸学院で開催された「SAGE」国際セミナーは、派手な妨害行為の舞台となった。覆面をした何人ものアクティビストが会

37　著者によるインタビュー調査、2009年2月5日、パリ。
38　Cf. M. Schneider *et al.*, « Possible Toxic Effects from the Nuclear Reprocessing Plants at Sellafield (UK) and Cap de la Hague (France) »（欧州議会への報告書), 2001.

場に乱入し、諸国から来た主催者と参加者をめがけて、腐った卵や赤インクの「血のり」を投げつけた。「反SAGE突撃隊」としてメディアをにぎわせた彼らは[39]、SAGEプロジェクトをこう非難した。「ベクレルをいやほどカウントするのを学ぶ行動ガイド[40]」にしたがえば、汚染区域でも「尋常」な暮らしができるだなんて、まるで事故残留汚染がごく普通のことみたいじゃないか、と。

その翌年には、映像作家ヴラディーミル・チェルトコフが『チェルノブイリの犯罪——核の収容所』を出版した。エートス方式とCOREプログラムを強く批判する著作である。チェルトコフによれば、それらは住民の健康を充分に考えてはいない。持続可能な発展という美名の下に、被害者の苦しみを相対化するものでしかない。チェルトコフは憤激をこめて記す。「『持続可能な発展』がなかった頃、この輝くような自然の中で、子どもらは楽しげだった。それが今では、陰気で、打ちひしがれ、内側からむしばまれている[41]」

エートス方式への疑問は、すでに第1期の完了後から提起されている。アルマーヌィ村の子どもたちの身体から放射能が現実に減っている可能性[42]に関して、子どもの内部被曝の測定を86年から始め、最終的に20万人以上を測定することになるベラルーシの反骨の科学者、ワシーリイ・ネステレンコ[43]が、それは考えにくいと2001年に述べている。続けて翌年には、ネステレンコの親しい友人で反原発派のミシェル・フェルネクス医師が、「防護評研」その他のエートスのコーディネーターは核ロビーの「隠れ蓑」として、子どもたちの健康に関わる情報の創出を牛耳ろうと策動しているのだ、と非難した[44]。同じ頃にCRIIRADも、「防護評研」はEU

---

39 « Nucléaire : une conférence à Paris violemment perturbée », *Le Figaro*, 15 mars 2005.
40 « La vie contaminée. Mode d'emploi », *Libération*, 15 mars 2005.
41 W. Tchertkoff, *Crime de Tchernobyl : le goulag nucléaire*, Arles, Actes Sud, 2006, p. 378.〔ヴラディーミル・チェルトコフ『チェルノブイリの犯罪——核の収容所』、中尾和美ほか訳、緑風出版、2015年〕
42 Mutadis et CEPN, *La Réhabilitation des conditions de vie...*, *op. cit.*, p. 69.
43 V. B. Nesterenko *et al.*, « Belarusian Experience... », 前掲報告書, p.35.
44 M. Fernex, « Les mensonges clés. Ou comment effacer des mémoires les empreintes de Tchernobyl », *Trait d'union*, 22, 2002, p. 18-22.

の補助金をはじめとする公的資金を核ロビーに流しており、ベラルーシ国内の「真の」独立プロジェクトを阻害していると批判した[45]。

　市民団体の間に、次のような分断線が生まれている。一方には、汚染区域で被害者が暮らすのを放置するなんて容認できない、と理想を曲げない人々、他方には、被害者の転居のめどが立たない以上は他の形での支援が必要だ、と実際性を重んじる人々がいる。一方には、事故後指針会議のような機関への参加を受け容れる人々、他方には、「専門式デモクラシーに対しては斜めにかまえた[46]」ほうがよいと考え、国家が原発の建設にあたって一度も民意を問わなかった以上、核エネルギー問題の管理に参加するなんて論外だという人々がいる。ACROを例にとろう。PAREX、SAGE、COREの各プロジェクトに加え、事故後指針会議にも参加したACROは、COREへの参加について、汚染地の「現実の惨状」に関わるデータの収集を根拠に挙げた。それはCRIIRADといくつかの反原発グループにとっては、ロビーへの歩み寄りにしか見えなかった。2008年にリヨンで国際会議「チェルノブイリ後に生きる」が開かれた際に、両者の対立が噴出した。ACROから参加した男性はこう語る。「私は激しく突き上げられました。続いて『脱核ネット』の面々がだしぬけに、（COREに参加している）ベラルーシの市民団体の人たちのほうを向いて、こう言ったんです。『あのですね、私たちは皆さんを悪く言うつもりはありませんが、でも、いったい自覚されてるんでしょうか。皆さんは実験場にされたんですよ。彼らは皆さんを実験場として使っているんですよ』。その瞬間に、以前はプリピャチに住んでいた女性――しかもリクヴィダートルになった人です――が立ち上がって言いました。『ええ、実験場になったことはわかっています。開かれた実験場です。だからなんだって言うんです。あなたもおいでになって、こっちで働けばいいじゃないですか』。会場は凍りつきました[47]」

45　C. Castanier, « Des structures écran au service du nucléaire », *Trait d'union*, 22, 2002, p. 15-17.
46　R. Barbier, « Quand le public prend ses distances avec la participation », art. cit.
47　著者によるインタビュー調査、2009年6月14日、カーン。

*

　疑問を提起する余地があるとすれば、それは当然ながら、汚染地の住民の生活条件を改善しようという発想に対してではない。被災地の住民が求めるとおり、生活条件の改善は急務である。こうしたプロジェクトのどこが問題かといえば、汚染地の新たな生活条件が尋常であり、受忍可能であり、地球のどこでも核事故時はそうなるという考えの裏づけにされかねないことだ。だが無論、放射能の強要するルールにしたがって、自分の食事に留意し、日常行動の配給に留意するなどというのは尋常ではない。世界中の子どもたち、世界中の住民の誰もが、自分の身体に蓄積されるベクレルを四六時中カウントすることを強いられずに、健全な環境で自由に暮らせてよいはずである。汚染地の住民は、どう見ても不正義をこうむっている。手立てがないまま、次善の策として、こうむる害悪のレベルを可能なかぎり下げるために、自己の挙動を律する新たなルールの下で暮らすしかなくなるという事態は、もちろんありえなくはない。だからといって、核惨事によって強制された暮らし方が、民主的な熟議もなしに「解決策」として推奨されるなんて、いかなる場合もあってはならないことだ。激甚な核事故の発生時にこうむることになる猛烈な影響に関し、フランスをはじめ他の核エネルギー諸国の住民を安心させるために、そのような暮らし方を引き合いに出すなどということが、あってよいはずがない。ベラルーシそして最近では日本北部という「対岸」で、現にどれほどの問題が起きているかを見るがいい。持続的かつ不可逆的な放射能汚染を前にして、真の解決策は存在しない。さまざまな仕切り直しがあるのみだ。それが歴然たる事実である。

第8章 原子力大国フランスにおける「専門式デモクラシー」

「そんなことが、あの子にできるものだろうか。ラ・アーグの施設で汚染の管理を担当している知り合いのエンジニアは、エカルグラン湾で海水浴をしてはいけないよ、と自分の子どもたちに何年も前から言い含めている。そんなことが、うちの子にできるだろうか。生きとし生ける原点を立入禁止にされてしまうなら、根っこを断たれてしまうなら、――そして、幼い頃から慣れ親しんだ海のエビジャコもタマキビ〔小さな巻き貝〕もミミガイも、胃の中に汚染が濃縮するのを恐れて食べようとしなくなるなら――、そんなことになれば、プラスチックでできた植物として一生を送るだけだ。たしかにどこにでも持ち運びできるけれど、ただのフェイクだ。枯れ草でさえない。一度も生を得たことがないのだから。私はあの子が地べたに釘づけにされるのを望まない。地べたを自分で持ってほしいのだ。それがたとえ嵐の海のように逆巻きうねる地べたであってもだ。なのに地べたが欠けつつある。私たちには地べたが欠けている[1]」

グザヴィエル・ゴーチエ

1. ラ・アーグの白血病問題

1997年1月、ラ・アーグ再処理工場周辺の子どもと若者に白血病が過剰発生していることを示す研究が、疫学者のジャン゠フランソワ・ヴィエルによって発表された。北コタンタンに巻き起こった激しい論争に対して科学的に信頼性の高い結論を与えるべく、多元的専門評価機関として設置されたのが、北コタンタン放射生態学グループ（GRNC、以下「コタンタン調査委」）である。調査委のミッションは、ヴィエル教授の観察した白血病の過剰発生（期待値1.4人に対して4人）の原因が電離放射線源に

---

1 X. Gauthier, *La Hague, ma terre violentée*, Paris, Mercure de France, 1981, p. 127.

あるのかを評価判断するために、過去にさかのぼって地元住民が受けた放射線量を復元することだ。第1期の作業は97年11月から99年7月まで2年近くを要し、メディアからも注目された。作業はさらに2期にわたって継続した（GRNC2、GRNC3）。市民団体にも門戸を開いた専門評価機関の実例は核分野では少なく、コタンタン調査委は今日でもなお、参加型方式の試みの参照事例となっている。そこで打ち出された参加の形態は、しかしながら一種独特なもの、「体制機構和合的」とでも呼びうるものであった。

調査委が設置された事情

コタンタン調査委は日の目を見なかったかもしれなかった。設置が実現した背景には、〔95年にミッテランの後任となったシラク大統領の下での〕97年6月の〔リヨネル・ジョスパン〕左派連合内閣の発足がある。新任の環境大臣ドミニク・ヴォワネが設置を主導し、防護安全研の当時の防護局長アニー・シュジエが立案した。シュジエは市民運動関係者とも親交があり、「社会への開放」政策を唱える幹部として知られていた。彼女は開放政策を通じて、防護安全研という政府専門機関が近代化を実現し、チェルノブィリの件で悪化したイメージを回復できると期待していた。ラ・アーグの白血病をめぐる論争への対処を迫られた時、シュジエがCRIIRAD、ACRO、「科学者集団」といった「市民団体サイドの関係当事者」に声をかけたのは、そのような発想からだった。

市民団体への門戸開放に対し、コジェマ社とフランス電力は最初のうち反対した。ラ・アーグの再処理事業を問題視されることを懸念したからだ。しかし、この懸念はすぐに払拭される。ラ・アーグのプラントの排出物と白血病の過剰発生との因果関係は、仮にあるとしても立証できないというのが、おおむね放射線防護の専門家の共通認識だった。問題となっている低線量被曝は、継続的な疫学調査で影響が認められるレベルを下

回っているからだ²。ヴィエルの指摘した潜在的リスクの責任を核事業界が問われることはない、と防護安全研をはじめとするスペシャリストは考えた³。

似たような論争が何年も前に、英国のセラフィールド〔旧ウィンズケール〕再処理工場をめぐって起きており、その際の経緯も彼らの安心材料だった。83年終盤のこと、工場近隣に住む子どもの間で白血病が異常に多発していることが明らかとなったが、英国政府によって設置された専門家グループは、84年にこう結論した。白血病の過剰発生はたしかに認められる。しかし再処理工場の排出物との因果関係は立証できない。その12年後に独立的な専門評価機関として、環境中の放射線の医学的側面に関する委員会(COMARE)が設置され、84年の調査を再検討した。結論は同様である。入手可能なデータから算定した核物質リスクは、白血病の過剰発生を説明するほど高くはない⁴。以上の経緯からフランスの専門家たちは、ラ・アーグの場合も因果関係が立証されるおそれはないと考えた。むしろ「新しいことは何も出てこない⁵」と確信していたに違いない。

専門評価の門戸を批判的アクターに開くことを核事業サイドが受け容れたのは、それが事業継続の脅威にならないと見たからだ。最大の懸念はクリアされた。依然としてくすぶっていた消極論は、すぐにアニー・シュジエにうまく言いくるめられる。コタンタン調査委は近代化への道筋です。イメージを改善し、核分野でも透明化や多元主義がありうると示す絶好のチャンスですよ。「コタンタン調査委が失敗するようであれば、多元主義も失敗に終わることでしょう」と、発足後の初会合の席でシュジエは牽制した⁶。

2　J. Estades et E. Rémy, *L'Expertise en pratique, Les risques liés à la vache folle et aux rayonnements ionisants*, Paris, L'Harmattan, 2003, p. 73.
3　*Ibid.*
4　COMARE, *Fourth Report. The Incidence of Cancer and Leukaemia in Young People in the Vicinity of the Sellafield Site, West Cumbria : Further Studies and an Update of the Situation since the Publication of the Report of the Black Advisory Group in 1984*, London, 1996.
5　Y. Miserey et P. Pellegrini, *Le Groupe Radioécologie Nord-Cotentin. L'expertise pluraliste en pratique*, Paris, La Documentation française, 2007, p. 43.
6　*Ibid.*, p. 56.

市民団体側の委員たち

　コタンタン調査委が推進した「専門式デモクラシー」における関係当事者、対話、参加の捉え方は一種独特である。そこに組み入れられた市民団体は、専門性の高いところに限定されている。エコロジストや反原発のグループ、そしてヴィエルの調査結果で不安になった母親らが結成した「怒れる母たち」は入っていない。コタンタン調査委が重視したのは専門的な対話であり、参加するNGOはリスク分析への寄与を期待されていた。

　コタンタン調査委は、決定を下す全体会と複数の分科会からなる。組織面での多元主義は、どちらかといえば形式レベルのものである。市民団体はあくまで少数派だ。全体会を構成する25人の委員のうち、防護安全研からは7人なのに、市民団体からは3人にとどまる。分科会には2～3人ずつ入ったが、座長や司会として議論を主導するのは、そこでもやはり防護安全研の出した委員である。

　批判サイドの委員と体制機構サイドの委員の権限が非対称的であることは、機微な問題が取り上げられた時にとりわけ鮮明に浮かび上がった。住民の被曝線量の計算――という根幹的な事項――に関する分科会で、市民団体側の意見が反映されたとは言い難い。彼らの意見では、電離放射線による一般市民の被曝量の算出にあたっては、保守的な評価手法をとったほうがよい。最終値に影響するかもしれない因子は最大限に算入し、リスクが過小評価されないようにすべきである。だが、彼らの意見は少数意見だった。市民団体のもつ現場知を認めさせるのも至難のわざだった。それは一義的にはローカルな暗黙知である。たとえばACROは、軟体類の汚染レベルが高いとにらんでいた。しかし、食物の生産方式に関わる評価が議題となった時に、地元で実際に行っている方式を踏まえさせることができなかった。

　市民団体側の委員たちは（ボランティアという以上の）明確な地位がなく、充分とはまるでいえない条件の下で（資料の分析に夜を費やして）作業していた。したがってコタンタン調査委に本来の意味での多元性があっ

たと単純に言い切ることはできない。参加した市民団体は体力やリソースが尽きかねない状態で、他の活動を圧迫されたところが多かった。それが一因となって、CRIIRADは次第に手を引いていく。残留した他のNGOも、コタンタン調査委は「異なるアクター間のリソースの不均衡を覆い隠すべくもない多元的専門評価[7]」であった、と記すことになる。

解析作業の特徴

白血病の過剰発生という所見への対応として、コタンタン調査委は前例のない方式で検討作業を進めた。放射性物質の排出の「諸特性」（ソース・ターム）の同定にあたっては、ラ・アーグ再処理工場だけでなく、フラマンヴィル原発、マンシュ保管センター、シェルブール海軍工廠も対象に含めた。さらに、80年代序盤に放射性物質を環境中に排出した二つの異変も勘案した。

これらの核施設からの排出物を解析するために、50万近くの放射能測定ポイントから膨大なデータを収集した。測定は大部分が事業者と行政によるが、ACROやCRIIRADによるものもある。系統的な測定が行われていない放射性元素については、移行モデルを考案して按分した。

住民が受けた被曝量の検討にあたっては、ボモン＝アーグ地区〔後にラ・アーグと合併〕に78〜96年の間に居住経験のある若年層（0〜24歳）6656人をコーホート集団〔同時期出生集団〕に設定したうえで、地域の生活習慣に関する定性調査に基づき、個々の被曝レベルを算定した。次いで、閾値なし直線（LNT）仮説に立つ国際的なモデルにしたがって、放射性核種の吸収量を臓器吸収線量に換算した。

白血病の過剰発生と地域の核施設の影響との因果関係を示す証拠はない。これが99年7月にコタンタン調査委の出した結論である。ただし、核事業が白血病リスクに有害な影響をまったく与えていないとは断じずに、核施設に起因する白血病の件数を厳密に割り出してみせた。コーホート集

---

[7] Cf. GRNC, « Estimation des niveaux d'exposition aux rayonnements ionisants et des risques de leucémies associés des populations du Nord-Cotentin » (rapport de synthèse), 1999, Annexe 2, p. 32.

団を母数として0.002件、白血病の過剰発生を説明するような数ではないという。

コタンタン調査委の作業を見ると、この種の組織の解析作業の特徴がよくわかる。異論の多いグレーゾーンや仮定が多々あり、それらが結果を大きく左右しているのだ。排出物の（とりわけ大気中への）拡散は、環境中での網羅的な測定値がないため、モデルによる概算になっている。臓器吸収線量の計算では非保守的な、つまりリスクを過小評価しかねない仮定を採用している。白血病の発症には多重の因子が相乗作用する可能性があるにもかかわらず、さまざまなリスク因子を切り捨てている。核施設からの排出物のうち、化学物質など放射性物質以外のものは算入しておらず、重大な汚染の一部も除外している。たとえば英仏海峡には〔ラ・アーグ岬の沖合いの〕カスケッツ海淵の底に50～60年代に投棄された放射性物質があるが、このドラム缶およそ1万7000トンは計算に入っていない。さらに、実際に起きているはずの吸入摂取が、身体被曝についても胎内被曝についても考慮されていない。

民意を反映した近代的なアプローチを謳う調査委の成果に対し、そういうわけで市民団体サイドの反応はいまひとつだった。調査が完了した時、「怒れる母たち」は失望を隠さなかった。調査委の行った作業は、地域の子どもの健康を案じる家族を安堵させるには程遠かった[8]。最も強硬に批判したのがCRIIRADである。評価作業は拙速に進められ、とても完了したとはいえないとして、最終報告書への署名を拒否している[9]。「科学者集団」とACROは署名はしたが、ラ・アーグ工場による有害な影響はないという結論に同意せず、付属書の形で留保をつけた。「因果関係の立証が困難であることは、因果関係がないことの証拠ではない[10]」

ところが、コタンタン調査委の報告書がまだ公表前の7月2日、週刊誌『ル・ポワン』がトップ記事で「独占レポート――ラ・アーグは危険なし！」

---

8 「怒れる母たち」のメンバーへの著者による電話インタビュー調査、2008年12月29日。
9 CRIIRAD, « Bilan de la participation de la CRIIRAD aux travaux du Groupe Radioécologie Nord-Cotentin » (note de synthèse), 1999.
10 P. Barbey, « Travaux du Comité Radioécologie Nord-Cotentin. Réserves et remarques de l'ACRO », in GRNC, « Estimation des niveaux d'exposition... », rapport cité, p. 349.

とぶち抜いた。NGOがつけた留保は一気に消し飛んでしまった。この記事を知ったACROの学術アドバイザー、ピエール・バルベは委員辞任を真剣に考えた。ACROと「科学者集団」が最終的に「席を蹴る」のをやめた理由は、彼によれば次のとおりだ。「CRIIRADのような態度をとるほうがはるかに楽でしたよ。はっきりダメ出ししてしまえばいい。でも私たちのほうは、大いに関与したという経緯があって（……）。一般市民の目からすると、答えは白か黒かでないといけませんが、そういう答えにはなっていません。なんだかんだと理解に苦しむことを説明したわけです。証拠を固めることはできなかった。しかし証拠を固められなかったからといって、因果関係が存在しないというわけではない。こういう言い方は活動家には通じますが、そこから先には通じません。客観的にいえば、これが現実であり、ここに現実があるわけなんですが。（……）趣旨がぼやけたほうが都合のいい人間が大勢いるんです。どちらの側にもです。一方の側は、私たちのことを裏切り者だと非難するために。他方の側は最後にひと言、『ほらね、彼らは我々と同じことを言うつもりなんてないんですよ』と言い捨てるために[11]」

作業に作業を重ね

　最終報告書の結論には誤差限界の大きさという問題があったため、コタンタン調査委は2000年7月に新たなミッションを与えられる。第1期に実施した白血病リスク算定の誤差限界を計算すること。ラ・アーグ工場から排出される化学物質の影響についても解析すること。英国のCOMAREの評価手法とコタンタン調査委の評価手法を比較すること[12]。
　ACROのメンバー数名と「科学者集団」代表は参加継続を受け容れた

11　著者によるインタビュー調査、2006年6月14日、カーン。
12　ドミニク・ヴォワネとドミニク・ジロ〔保健担当閣外大臣〕からアニー・シュジエに宛てた第2次コタンタン調査委のミッション・レター、パリ、2000年7月24日。

が、今回は個人としての参加になった。いわば「大義の再個体化[13]」である。NGO側は、自分たちの活動がコジェマ社に回収されてしまうことを警戒していた。コジェマは第1期の完了後、「コタンタン調査委の50人の専門家」の結論によれば「健康影響はゼロ」、という広告キャンペーンを開始した。また、放射能測定の方式はエコロジスト団体の「お墨つき」だと、メディアや自社のウェブサイトで吹聴した[14]。第2期への参加に市民団体サイドがあまり乗り気でなかった理由はもうひとつある。彼らにしてみれば、コタンタン調査委は本当の意味での専門評価というより、防護安全研の報告書を成果物とする防護安全研の仕事でしかない。彼らがそう考えたのには理由があった。防護安全研は、第2次コタンタン調査委が発足する前から、第1期の誤差限界を計算する研究プログラムを始動させていたからだ。

　核施設に起因する白血病の推定件数の誤差を算出するために、第2期では200個以上のパラメーターを精査して、それらの変動範囲の決定を試みる。調査委は核事業に帰せられる白血病件数を再計算し、数値「帯」を導き出したが、この帯も依然として、白血病の過剰発生を説明するには低すぎるレベルにあった[15]。2002年7月に提出された最終報告書は、99年の報告書と同様に、作業に限界があること、とりわけ検討対象が限定的であることを強調した。白血病リスクとの関連で検討したのは、平常時の排出物による胎外被曝だけである。それ以外の被曝（胎内被曝）や、それ以外の排出物、なかでも異変発生時の排出物は対象外だった。

　最終報告書にはこのように予防線が張られたが、ACROはそれでも署名を拒否した。「部分的な留保をつけたところで、事業者がほとんど読み

13　リュック・ボルタンスキーが「大義の脱個体化〔＝脱特異化〕」と呼ぶものとは逆に。
　　Cf. L. Boltanski, M. A. Schiltz et Y. Darré, « La dénonciation », *Actes de la recherche en sciences sociales*, 51, 1, 1984, p. 3-40.
14　*Le Monde*, 29 octobre 1999 などを参照。
15　GRNC, « Analyse de sensibilité et d'incertitude sur le risque de leucémie attribuable aux installations nucléaires du Nord-Cotentin » (rapport), juillet 2002.

飛ばす以上は意味がありません[16]」。「科学者集団」は署名しつつも、次のような但し書きを加えた。「誤差限界を算出する努力は徒労に終わった。対象となる現象に関する知見が甚だしく不足しているため、健康に及ぼす作用の誤差限界ではなく、使用されたモデルの誤差限界を検証したにすぎない。それゆえ、変動は小さいという結果が出たのも不思議はない[17]」

核施設の健康影響の評価には、数々の誤差限界が関わっている。コタンタン調査委が手がけたような専門評価は、いつかは完了できる作業なのだろうか。できるとは思えない。第3期の始動と調査委の常設化を2004年にアニー・シュジエが決定した理由も、まさにそこにある。コタンタン調査委はもはや「白血病は核施設に帰せられるのか」といった問題に対象をしぼりこむことはしない。以降のミッションは、コジェマその他の事業者の資料の批判的分析を継続的に行うこと、北コタンタンの核施設から排出される化学物質その他の環境測定調査を新たに実施することである。コタンタン調査委の役割は、最終的に防護安全研と大差ないものとなっていった。

防護安全研は変わったのか？

核分野の関係者協議をテーマとして2003年に開かれたセミナーの席で、アニー・シュジエは防護安全研に「文化革命」が起こりつつあると述べた[18]。実際のところは何がどうなっていたのだろうか。

防護安全研は当時、みずからの新たな正当性を確立するために、社会に開かれた独立機関という位置づけを図っていた。コタンタン調査委を通じて最も大きく変わったのは、間違いなく防護安全研である。この調査委を成功体験としたアニー・シュジエは、2000年に〔防護〕局内にワーキン

---

16 ダヴィド・ボワイエ〔ACROの役員〕からアニー・シュジエへの書簡、カーン、2001年6月25日（ACRO所蔵文書）。
17 « Commentaire GSIEN sur les travaux du GRNC », in GRNC, « Analyse de sensibilité... », rapport cité, Annexe 10.
18 A. Sugier, « Ouverture du séminaire », Actes du séminaire de Ville d'Avray sur la concertation autour des sites industriels des 21-22 janvier 2003, p. 6.

グ・グループを設置した。グループの仕事は、社会との対話の道を研究することだ。なかでも重視したのが、いわゆる参加型方式であり、諸外国で実施された関係者協議のモデル調査をミュタディス社に委託する[19]。北米諸国と若干の欧州諸国（スウェーデン、英国など）の事例が詳しく調査され、以下の点を検討するために、現地のNGOに対するインタビュー調査も実施された。NGOはどの程度、既存の情報提供制度や協議制度に関与しているのか。彼らが事業者との直接対話に乗り出そうとする動機は何か。潜在的な「関係当事者」にはどのような団体があるか。

市民団体アクターへの接近によって防護安全研が期待したのは、事業者と密接な関係にある専門機関というイメージの払拭である。しかも、この時期に防護安全研が実施したバロメーター、つまり核事業に関する世論調査では、市民団体のほうが一般大衆から信頼されている傾向が浮き彫りになっていた[20]。2002年に新組織に改組された防護安全研は、社会への開放を基本戦略のひとつに据え、2003年10月に「関係当事者ミッション」を立ち上げた。2006年には、この作業チームをもとにして、社会開放担当部を設置している。2000年創設の地元情報委全国協会との提携に合意して、専門評価の手段を欠いていた地元情報委に科学・技術面での支援を提供するようになったのも、同じ2006年のことである。

防護安全研は以後、体制機構内での「CRIIRAD」となる道をたどるのか。そのような仮説を立てるのは拙速にすぎる。変化はまだおぼつかなかった。専門評価の門戸を市民団体アクターに開こうとするアニー・シュジエの大志は、所内の抵抗にぶつかっていた。多くの内部関係者にしてみれば、社会への開放というのは、一般市民への情報提供の改善（わかりやすく説明する、年次報告書を告示する、一般公開日を設ける、など）に尽きる。多元的な常設委員会なんてものは「ぽっと出のあやしい」機関、防護安全研の向こうを張り、ひいては上に立とうとするものにしか思えない。したがって体制機構内では、コタンタン調査委方式はエートス方

19　G. Hériard Dubreuil et S. Gadbois, « Expériences françaises et internationales sur la concertation autour des sites industriels. Un état des lieux » (étude réalisée pour le compte de l'IPSN), 2001.
20　Cf. les baromètres nucléaires IPSN 1999, 2000, 2001, 2002.

式ほど受けがよくなかった。常設化されたといっても、たいして意義を認められず、財政上の手当ても不充分だった。次節で見ていくように同様の問題は、コタンタン調査委にならってリムザン地方の鉱山に関する多元的専門評価グループ（GEP、以下「多元調査委」）が設置された際、それが難航した経緯にも現れている。

2. 旧ウラン鉱山の汚染問題[21]

リムザン地方の旧ウラン鉱山に関する論争のことはよく知られている。この地方では、半世紀（1950～2001年）にわたって計27のウラン鉱山で採掘が続けられ、環境への影響に対する抗議活動が次第に強まった[22]。70年代に環境保護団体が相次いで誕生した時、その大部分はリムザンでのウラン採鉱事業に反対した。90年代序盤以降は、徐々に閉山が進むという新たな状況の下に、新たな形の批判活動が展開されていた。

鉱山事業者コジェマの無罪放免

1991年にCRIIRADが、ラ・クルジーユ鉱区の鉱滓の問題を公にする。放射線管理に「非常に重大な不正」があり、「1000分の1に過小評価」されたケースすらあるという。CRIIRADはその3年後に、2000万トンの放射性の鉱滓が「家庭ゴミであれば許されない状態」に置かれていたこと、100万トンの鉱滓がベルザーヌ旧鉱に投棄され、汚染残土が周辺環境中にばらまかれたこと、河川が汚染されたことを明るみに出した[23]。さらに98年には、〔リムザン地方〕オート＝ヴィエンヌ県の観光地サンパルドゥ湖の泥と魚の汚染が次々に発覚した。地域の水流の堆積物に「異常」な汚染が見られるという問題も持ち上がった。リモージュ市の水源となってい

---

21 以下の分析はリムザン調査委の所蔵文書（アニー・シュジエ個人蔵）に多くを負っている。
22 P. Brunet, *La Nature dans tous ses états. Uranium, nucléaire et radioactivité en Limousin*, Limoges, Presses universitaires de Limoges, 2004.
23 CRIIRAD, « Études radioécologiques sur la division minière de la Crouzille » (rapport de synthèse), 15 juin 1994.

るマルゼ水流もだ。

　相次ぐ問題発覚を受け、99年3月に市民団体「リムザンの水源と河川」（以下、「水の会」）がコジェマ社を相手に、「水域の汚染、放射性廃棄物の放置、他者への危害」を罪状とする刑事訴訟を起こした。この団体は86年に法律家や経済学者らによって創設され、牧畜や水力発電所、ダムなどをめぐる20件前後の訴訟に関わり、法的な知見を蓄えていた。関係者の男性はこう痛罵する。「放射能汚染の問題で刑事裁判を起こすことにしたのは、私たちが一連の調査によってリムザンの河川流域にまぎれもない問題があることを示したというのに、行政も事業者もまったく動かなかったからです。事業者は全面否定で、廃棄物置き場の存在すら認めようとしません。行政（国家と地方公共団体）は問題を持て余しながら、事業者側に荷担する状況でした[24]」

　2003年8月、予審判事は次の決定を下した。他者への危害があるとは認められない。しかし水域の汚染および放射性廃棄物の放置に関しては充分な証拠がある。よって、（2001年発足のアレヴァのグループ企業となっていた）コジェマに対する軽罪裁判を開廷する。歴史的な決定だった。アニー・シュジエが第2の多元調査委の立ち上げを図り、コジェマがそれを支持した背景には、このようにコジェマが「市民団体の訴訟ゲリラ[25]」に負けかねない状況があった。シュジエは言う。「アレヴァに『水の会』との法廷闘争が持ち上がるのを見て、（コジェマの環境部長だった女性は）コタンタン調査委のようなものをつくるしかない、と心の中で考えたのです。私も同じことを考えていました[26]」

　だが、2005年10月にリモージュ軽罪裁判所はコジェマを無罪放免とする。この時点ではまだ、リムザン鉱山多元調査委（以下「リムザン調査委」）は発足していない。

24　著者によるインタビュー調査、パリ、2009年3月31日。
25　Sources et rivières du Limousin, « Pollution radioactive du Limousin. Cogéma/Areva responsable, mais pas coupable ! » (communiqué de presse), 28 juin 2006.
26　著者によるインタビュー調査、フォントネ＝オ＝ローズ、2008年12月3日。

リムザン調査委にかけられた縛り

　コジェマはコタンタン調査委の際には激しい抵抗感を示した。しかし数年のうちに、この種の機関が論争のガス抜きに役立つとの認識をもつようになった。リムザン調査委についてコジェマが出した条件はひとつだけ、単独での資金負担はしないというものだ[27]。

　アニー・シュジエが発案した多元調査委の設置に対し、コジェマと環境省のほかには支持する動きはまるでなかった。防護安全研の一部の関係者にとっては、コタンタン調査委と同じく、自分たちの職権を危うくしかねないシロモノである。どれぐらいの費用負担を求められるのか、技術的に実現可能なのか、といった点も大いに問題だった。「監督権を十全に行使しなかった[28]」とリモージュの予審判事から名指しで批判されたリムザン地域圏〔現ヌーヴェル＝アキテーヌ地域圏東部〕の省合同支局にとっても、多元調査委ができれば「事態を鎮静化させる」よりも、ただでさえミソをつけられた支局の権威を縮小させるおそれがある。

　これらの障害に直面したアニー・シュジエは、以下の縛りに同意せざるをえなかった。調査委はあくまで防護安全研を補完する道具とする。その「ミッションは、事業者と行政と第三者専門家との従来型対話の拡大を通じて、当該（専門評価）方式の技術的信頼性を高めることにある[29]」。具体的には、防護安全研がコジェマの資金によって「第三者専門評価」を進めるにあたり、舵取りを務めるのが調査委の役割となる。ここでいう「第三者専門評価」は、過去10年間の環境影響に関してコジェマが提出した総括文書の批判的分析を意味している。「多元調査委は、事業者コジェマの最終報告書の提出先となる科学評議会ではない（……）。第三者専門家（防護安全研）が事業者の資料の批判的分析を開始・実施するに

27　2004年7月15日のコジェマ・防護安全研会合（アニー・シュジエのメモ）。
28　リモージュ控訴院、「リモージュ軽罪裁判所への移送命令を支持する判決」、2004年3月25日、12ページ。
29　エコロジー・持続的発展省で2006年1月4日に開かれた会議の議事録。

あたって予定した方法に対し、多元調査委はそのミッションに照らして評価・変更を加えるものとする[30]」

いわゆる参加型専門評価が防護安全研の専門評価に近づいていく動きは、数次にわたったコタンタン調査委をもって始まり、リムザン調査委によって頂点に達する。多元的専門評価という理念が、実務レベルでは補完的、さらには「体制機構和合的」としか呼べないものに変わっている。「市民社会」に発言権が与えられるのは、体制機構（と時の権力）への反対や代替ではなく、賛同や協調（協力、共同生産など）の姿勢を示す場合に限られる、ということだ。

このように多元調査委の輪郭が定まった後も、オート＝ヴィエンヌ県長官は2005年4月まで同意しなかった[31]。長官は警戒を崩さず、員数や任期の制限を示唆さえした。他方、調査委のサポート役として地元情報委の設置も予定されていたが、その委員長を引き受けようとする議員がいなかったため、調査委の発足はさらに遅れた。関係諸省からのミッション・レターが発されたのは、2005年終盤のことである[32]。先に述べたように、その間にコジェマは無罪放免になっている。同年10月14日のリモージュ軽罪裁判所の決定理由は次のとおりである。刑事罰を定めた法律は放射能の影響に関しては明確でなく、当該法により参照される排出上限値を事業者は超過していない。

消極化していったNGO

リムザン調査委への参加を設置時に呼びかけられたのは、コタンタン調査委の場合と同じく専門性の高いNGO、具体的にはリムザン鉱山の問題に力を注いでいた「科学者集団」とCRIIRADだけだった。コジェマを提訴した立役者の「水の会」は、当初は排除された。ところが防護

---

30 安全総局で2005年4月22日に開かれた会議「リムザンにおけるウラン鉱山施設」の結論より。
31 オート＝ヴィエンヌ県長官からエコロジー・保健・産業各省の大臣代表への書簡、リモージュ、2005年4月7日。
32 多元調査委のミッション・レター、2005年11月5日。

安全研はまもなく、市民団体サイドの関係当事者の目減りという問題に突きあたる。規制の問題が作業のメインに据えられていないことを理由に、CRIIRADが撤退を決めたからだ。CRIIRADの見るところ、リムザン調査委はコタンタン調査委に比べて後退しており、「専門評価に関する防護安全研の専権が確立された[33]」にすぎない。

　CRIIRADの撤退により、防護安全研は他の市民団体にも門戸を開かざるをえなくなる。WISE〔世界エネルギー情報サービス〕パリ、ACRO、「水の会」のほか、コジェマから資金援助を受ける小規模NGO「ガルタンプ川保全協会」などが加わった。「水の会」は参加に二つの条件をつけた。一つは県レベルの地元情報・モニタリング委員会（CLIS）を設置すること、もう一つは法規に関する分科会を設けることである。「水の会」は一定の距離を保つために、全体会にはオブザーバーでしか参加しない方針を認めさせた。コジェマの側は少なくとも最初のうちは、「水の会」の参加に懐疑的だった。関係者の男性は語る。「初回の会合で、私たちの参加に条件をつけようとしました。調査委の文書を利用して新たな訴訟を地元で起こしたりしない、という確約を求めてきたのです。もちろん呑みませんでした。私たちは訴訟を起こすためにではなく、問題の管理に加わるために来ているのだと言っておきましたよ[34]」

　調査委は最終的に、全体会が防護安全研から8名（ほぼ3分の1）、コジェマから3名、大学から4名、国外から3名、市民団体から4名、行政から2名、労働組合から1名という構成で発足した。だが、当初の約束だったはずの地元情報・モニタリング委員会は、数か月経っても設置されなかったため、「水の会」は2007年3月に参加を停止した。

　位置づけが明確でなく、リソースが不充分だった点も、リムザン調査委がうまくいかなかった一因である。2006年1月には、「純然たるボランティアでの参加では、これほど複合的な問題群をこれほど短い時間で心得る

33　« Point sur les relations externes : CLIS, Coderst, CRIIRAD, mission en Allemagne » (note de travail d'Annie Sugier et d'Yves Marignac), 17 mars 2007.
34　著者によるインタビュー調査、パリ、2009年3月31日。

のは無理[35]」という理由で、ACROの学術アドバイザーが委員を辞任した。また調査委の予算では、外部の専門家に謝礼を出すことも測定調査を実施することもできず、防護安全研による分析の検証さえまともにできない状態だった。コタンタン調査委に加えてリムザン調査委でも委員長を務めていたアニー・シュジエ自身、こうした低予算に苦労したあげく、2007年4月に両委員長職を辞すことになる[36]。

シュジエは核エスタブリッシュメントの一員だと非難される一方で、そこでは周縁化(マージナル)されていた。核分野に「専門式デモクラシー」を導入しようと奮闘した彼女は、結局はどちらの側にも認められずに終わる。CRIIRADや「水の会」のような市民団体からすると、実際に設けられた専門評価制度が本当に多元的といえるのかは大いに疑問だった。「水の会」メンバーの男性は、「核エネルギー風味の多元主義」だと批判して、次のように言う。「『多元主義』のメッキをちょっと引っかくと、防護安全研の一門が核エネルギー問題を完全に押さえているという地金が見えてきます。リムザン調査委は防護安全研が舵取りをしていて、作業のベースにしているのは、そこがやる専門的対抗調査なんですよ。委員の過半数は、現在の肩書きが独立専門家とか別の省庁の所属とかでも、実際はみんな直接・間接にあそこの出身なんですから[37]」

市民団体が消極化していった理由はほかにもある。彼らと体制機構側ではリソースが非対称的であり、それだけになおさら、調査委としての決定や見解に、理解の追いつかないまま名前を貸すだけになりかねなかった。多元的専門評価という試みに非常に乗り気だったNGOでさえ、実体験を重ねるにつれて、ある種の失望感を覚えていった。ACROを例にとると、コタンタン調査委では設置を熱心に支持し、第2期には「警戒しながら参加する」方針に転じた。リムザン調査委では「限定的な関与」にとどめ、いつでも翻意する余地を残した戦略的アクターとして振る舞った。

---

35 ダヴィド・ボワイエからアニー・シュジエへの書簡、カーン、2007年1月23日。ダヴィド・ボワイエからイヴ・マリニャック〔WISEパリ代表〕への書簡、カーン、2007年1月25日。
36 アニー・シュジエからエコロジー・産業・保健各大臣への書簡、「多元調査委――リムザン調査委およびコタンタン調査委の委員長職」、フォントネ=オ=ローズ、2007年4月19日。
37 著者によるインタビュー調査、パリ、2009年3月31日。

参加型デモクラシーを謳う多元的専門評価の制度に乗ったところで、広く論争となって政治化した問題が技術的な問題にしぼりこまれるだけではないか。自分たちの活動が制度化されて、核物質リスクの共同管理に引き入れられるだけではないか。かなりの数のNGOがそう懸念した。核利用の是非について民意が「ストレート」に反映される見通しはなく、彼らの危惧には現実味があった。欧州新型炉に関する公衆討議が実施された際に、危惧はまさしく現実となっている。内側でよりも外側で活動したほうが有効だと考えて、多元的専門評価への参加から距離をとった市民団体も多い。その筆頭に挙げられるのが、90年代終盤から核エネルギー批判の主要アクターとして、全国的に際立つようになった「脱核ネットワーク」（RSN、以下「脱核ネット」）である。核産業が一方ではエコロジー、他方では（参加型）デモクラシーへと宗旨替えを進めた時期に、「脱核ネット」は反原発活動への回帰を打ち出していく。

3. 「グリーン」な核エネルギー vs「脱核ネット」

1997年に左派連合内閣が発足した際、ある重要な決定が下された。次々に技術問題を起こしながら10年あまり運転されていた高速増殖炉、スーパーフェニックスの廃炉である。この決定には大きな象徴的意義がある。フランスの原発事業計画の牙城のひとつが陥落したのだ。この時に芽生えた希望の中から「脱核ネット」は誕生した。結成を呼びかけたのは、88年の発足時から積極的に反対闘争を続けた「スーパーフェニックスに反対する欧州人の会」、創設メンバーに加わったのは「グリーンピース」、FoEミディ＝ピレネー、「放射性廃棄物の埋没処置に反対する市民グループ全国連合」、「ストップ・ゴルフェシュ〔SOSゴルフェシュの後継組織〕」、「ストップ・シヴォー」、市民グループ「カルネ」など10前後の組織である。

「脱核ネット」の憲章は、廃棄物埋没処置計画の取りやめ、再処理・MOX関連事業の廃止、電力輸出の停止、原発群の建て替え（リプレース）の中止、稼働中の原子炉の閉鎖を掲げている。それらの根拠は、核物質リスクの大

きさ（激甚事故のリスク、廃棄物の蓄積、低レベル放射能汚染、核拡散リスク）や、核事業の「とんでもないコスト」「デモクラシーにとっての核ロビーの危険性」などである。ラディカルな代替案を示せずにいた過去10年を超えるために、「核を脱することは可能だ」を結成当初からスローガンとしている。この「脱核ネット」の登場により、フランスは反原発活動への回帰を見たといえる。しかも「脱核ネット」の伸長と同時並行的に、「グリーンピース・フランス」をはじめ、一部のエコロジスト・グループの立て直しも進んだ[38]。「脱核ネット」は誕生から1年で、加盟団体が252、寄付者や賛同者が6000人弱という規模に達した[39]。加盟団体数は5年後には700に迫り[40]、2005〜06年頃には850を数えている。

だが、スーパーフェニックスの廃炉で希望が芽生えたのも束の間だった。それはたしかに強力な意味をもつ政治的決定だったが、他の施設にも連鎖したわけではない。むしろ逆だ。左派連合内閣の発足で（スーパーフェニックスの廃炉のような）制約が核産業に少しばかり課せられたとしても、第1次ミッテラン政権の時と同様、それを補う重要な推進策がたちまち決定された。一例がラ・アーグ工場の再処理事業である。この時期には、ヴィエルの調査を発端とする論争が起きていた。再処理が廃棄物処理の点で効率的でもなければ、経済的にも根拠がないことを示す公式報告も出されている[41]。しかしながら、社会党と緑の党が選挙協定で公約した事業再考は実行されなかった。この時期にドイツでは、2022年頃をめどに脱原発をめざすことが決定されている。フランスのメディアでも議論が再燃するが、具体的な政策措置には結びついていない。時流に乗った動きがいくぶん見られた程度だ。たとえば2000年7月に緑の党の議員イヴ・コシェの主導により、国民議会で「脱核」シンポジウムが開催された。フ

---

38 G. Gallet, « L'expertise, outil de l'activisme environnemental chez Greenpeace France », in P. Hamman, J.-M. Mon et B. Verrier (dir.), *Discours savants, discours militants : mélanges des genres*, Paris, L'Harmattan, 2002, p. 109-128.
39 「脱核ネット」総会議事録、1999年2月6〜7日、ポワティエ（「脱核ネット」所蔵文書）。
40 「脱核ネット」総会議事録、2004年1月31日〜2月1日、ブリユード（「脱核ネット」所蔵文書）。
41 J.-M. Charpin, B. Dessus et R. Pellat, « Étude économique prospective de la filière électrique nucléaire » (rapport au Premier ministre), 2000.

ランス核エネルギー史上初めての出来事だった。だがジョスパン内閣は、他方で反原発活動家の大きな失望を呼ぶ措置を相次いで講じている。99年には、長寿命の中レベル・高レベル放射性廃棄物の地層保管に関する調査研究を行う目的で、ビュールの地下研究所〔地層保管集中処理産業施設〕の設置許可を出した。ガール県マルクールにあるメロックス工場の拡張も許可した。拡張後に製造されたMOX燃料は、日本の原発にも供給されている。福島〔第1〕原発で、2011年3月12日に爆発した1号機に続けて2日後の14日に爆発した3号機も、メロックス工場からの供給先のひとつだった。

　核産業はチェルノブイリ事故に続く10年間の低迷の後、広く国際的な攻勢を開始していた。世界的な論点となった気候変動問題を追い風にして、その「解決策」は「エコ」で「再生可能」な核エネルギーだという新たな自己規定を組み立てた。「グリーンな核エネルギー」を謳う言説秩序には二つの柱がある。核分裂による発電は、化石エネルギーと違って燃焼の段階がないから大気中に直接CO_2を排出しない、というのが第1の柱をなす。フランス電力は2007年に、「未来は日々の選択です」をキャッチフレーズにした広告キャンペーンを張って、核エネルギーこそ「CO_2のない世界」の選択、「真に文明的な選択」だと訴えた。しかし核分裂の段階だけでなく発電に関わる全段階を考慮するなら、核エネルギーは気候変動にほとんど影響しないという主張は異論の余地があり、実際にも異論を突きつけられている。ウランの採鉱や放射性物質の輸送など、ある種の段階では膨大なCO_2を排出する。そうした点をめぐる専門的な論争が、賛同勢力 vs 反対勢力の枠を超え、長年にわたって繰り広げられている。核エネルギーの炭素会計は、核燃料サイクル全体を対象とするか、どのようなパラメーターを採用するかで大幅に変わる。2008年に『エナジー・コンヴァージョン・アンド・マネージメント』誌に掲載された調査[42]では10〜130g（CO_2換算）/kWh、同じ年に『エナジー・ポリシー』誌に掲載され

---

[42] M. Lenzen, « Life Cycle Energy and Greenhouse Gas Emissions of Nuclear Energy : A Review », *Energy Conversion and Management*, 49, 2008, pp.2178-2199.

た別の調査[43]では1.4〜288g（同）/kWhという数字である。

「グリーンな核エネルギー」言説を支える第2の論拠は、再処理技術とMOX事業だ。前者により廃棄物の「再利用」を可能にし、後者により再処理後のプルトニウムとウランから新しい燃料を製造するという。スーパーフェニックスの廃炉が決定されると、核産業はMOX事業のうちに、プルトニウムの過剰蓄積を避けるための活路を見出した。核産業はさらに、いわゆる第4世代原子炉——生成した廃棄物をも燃焼させるという新型高速増殖炉——が2050年以降に実用化されることに期待をかけた。技術的に失敗に終わったスーパーフェニックスが当初は熱烈に期待されたのと同様、第4世代原子炉も以下のように多大な期待をかき立てていた。燃料の問題は解決されるだろう。核エネルギーが「完全に再生可能なエネルギー源」となるからだ[44]。廃棄物は問題ではなくなるだろう。プルトニウムやマイナー・アクチノイドのような極度に危険な廃棄物も燃やしてしまえるからだ[(i)]。

だが、そこでいう再処理による再利用の効率は、今のところ部分的なものでしかない。使用済み燃料に含まれる放射性元素には、非常に毒性の強いマイナー・アクチノイドなど再処理不能な元素が多数ある。再処理自体も新たに廃棄物を生み出すが、それらは再利用不能である。MOX原子炉によって生じる使用済みMOXは、再処理も再利用もできず、放射能が尽きるまで数十万年、数百万年にわたって管理しなければならない。フランスの原発群のうちMOX燃料を使用するのは3分の1でしかなく、大半は再利用品ではない燃料を使っている。スーパーフェニックスの失敗からして、第4世代原子炉のほうも、少なくとも中期的にはさほど期待できないだろう。つまり、再生可能な核エネルギーという言説には、依然として異論が大ありだ。にもかかわらず、それは2003〜04年頃から支配的となる。

---

43 B. K. Sovacool, « Valuing the Greenhouse Gas Emissions from Nuclear Power : A Critical Survey », *Energy Policy*, 2008, 36, pp.2950-2963.
44 たとえば NEA, « Nuclear Energy and Climate Change » (OECD報告書), 1998、とくに6および19ページなどを参照。

(i) 日本が2014年に協力協定を結んだ「ASTRID」が、この第4世代原子炉である〔訳注〕。

この「グリーン」な核エネルギーという新たな自己規定に対する闘争へと、「脱核ネット」は次第に活動の焦点を合わせていく。核エネルギーをエコロジカルと位置づけて「明るい」ガバナンスを唱える言説に対し、重大事故のリスクと廃棄物問題の周知を図り、「核も温暖化もイヤだ」「ペストもコレラもイヤだ」と明言する。1999年末に、ブレイエ原発が冬の嵐による浸水に見舞われた時には、「未遂ですんだチェルノブレイエ」とメディアで連呼した。同じ頃にドイツの反原発運動に触発されて、放射性物質の輸送があるたびに阻止するアクションも開始した。それが核産業全体を阻止する唯一の手段だと考えたからだ。

　推進勢力が打ち出した参加型ガバナンス言説に対しても、「脱核ネット」はすぐさま抵抗を始めている。「ゲンパツ参上、デモクラシー往生！」「からっぽ討議はごめんだよ」「決定ありきで議論は後づけ、どういう参加のデモクラシーだ」とこき下ろす。参加型とは名ばかりの部分的・相対的なデモクラシーは断固拒否だと表明するために、あえて「アンチ」路線をとっているといえるかもしれない。そんなものは、せいぜい核エネルギーの監督体制、つまり管理体制の改善を促すだけで、核利用の是非の包括的な再考を議題にするべくもないからだ。体制機構側がリスクとその管理の問題にしぼりこんだ枠組み設定を押しつけてくるのに対して、「脱核ネット」が意図しているのは、〔科学論研究者の〕ブライアン・ウィンの用語を借りるなら、そのような「高圧的」強制[45]をはねつけることだ。

　「関係者協議、いわゆる参加型デモクラシー、国家公衆討議委員会（CNDP、以下「国家公聴委」）、エネルギーに関する国民的議論……。ここ最近、核分野の政府機関と多国籍企業は、市民団体や市民グループに対して、民意を反映させると称する各種の議論の場への参加を呼びかけている。気をつけろ、それらは実験的に漫然と試されているわけではない。そこでは強力な手立ての下で、一体的なプロセスが整然と進められている。目的はただひとつ、核エネルギーとそのリスクを住民に受け容れさせることだ。（……）『自宅のそばに核廃棄物なんてイヤだっておっしゃ

45　B. Wynne, « Elephants in the Rooms where Publics Encounter "Science"？», art. cit.

るんですね？　まあ、お運びくださいよ。話し合いをすれば、最終的にはご同意いただけるようになりますから』。核産業は今日こんなやり方で、新たな包囲網を敷きつつあるといっても過言ではない[46]」。2004年終盤に「脱核ネット」の当時のスポークスパーソン、ステファヌ・ロムが記し、「核の情報操作——反原発団体・環境保護団体への脅威」というタイトルで「脱核ネット」のメーリング・リストに流した分析からの引用だ。この文書は、いわゆる参加型方式をデモクラシーもどきにすぎないと断じただけではない。その推進に関与する多数のスペシャリスト・研究者・組織を名指しで非難し、とりわけ先に見たようにエートス方式を発案した「防護評研」とミュタディス社を槍玉に挙げた。国家公聴委の開催する公衆討議も「アリバイづくりの民主的プロセスごっこ戦略の制度化にほかならない」と切って捨てた。さらに、参加制度に加わっている市民団体をも、対敵協力であると酷評した。

　参加型方式に対する彼の指弾は、「脱核ネット」メンバー団体の間に大きな困惑を呼んだ。なかでも「グリーンピース」は、「核の情報操作」文書に激しく反応し、投稿前にメンバーへの充分な相談がなかったことに苦言を呈した。「この文書の結論は走りすぎだ。ミュタディスの話がいつのまにか、協議機関に出向いている活動家を対敵協力者呼ばわりする展開になっている。要するに、ひとつの事実を強引に敷衍(ふえん)して、仲間や研究者に対する攻撃材料にしている。筋違いの粗略なこじつけだ」と、この件で会合がもたれた際に「グリーンピース」サイドは発言し[47]、ことに国家公聴委の役割については戦略的に分析していこうと提言した。そのような流れの中で、欧州新型炉に関する公衆討議は破綻をきたし、ついには深刻な危機におちいることになる。

46　Réseau Sortir du nucléaire, « La désinformation nucléaire. Menace sur les associations antinucléaires et de protection de l'environnement » (document d'information), 2004, p. 1.
47　「グリーンピース」と「脱核ネット」との会合の記録、バニョレ、2005年1月8日（「脱核ネット」所蔵文書）。

4. 欧州新型炉に関する公衆討議

　欧州新型炉プロジェクトの発端は1989年、フランス企業フラマトムとドイツ企業シーメンスが出資比率半々のジョイント・ベンチャー、ニュークリア・パワー・インターナショナルを設立した時点にさかのぼる。1450MW〔145万kW〕の高出力PWRの技術を仏独で開発して、フランスの原発群の建て替えに使い、ヨーロッパや世界にも輸出するという青写真が描かれた。その後10年ほどは状況が不透明化し、さらにドイツの脱原発方針が追い打ちをかけたが、1号機をフランスに建設する構想が2000年序盤に動き出す。2015〜20年に予定されていた建て替えは、当時はまだ遠い先の話だった。しかもフランス電力は発電量に余剰があり、保有原発のうち5基分の電力は輸出に回していた[48]。にもかかわらずフラマトムとフランス電力は、フランスの核事業を将来的に維持するためには新型炉1号機の早期建設が絶対不可欠だと攻勢をかけたのだ。過去に工事にあたったエンジニアが相次いで退職しているため、建設業界の若手育成が急務であると両社は主張した[49]。

　1号機の建設予定地は2004年10月に選定された。フラマンヴィルである。新型炉は「革命(レボリュシオネール)」ではなく、「進化(エボリュシオネール)」を謳い文句とした。30年にわたる独仏の経験により、安全性の強化、寿命の長期化（30年ではなく60年）、出力の増大といった向上があり、国際競争力も増しているという。

　2005年序盤に国家公聴委が、公衆討議の実施を発表する。討議のテーマは欧州新型炉だけでなく、全部で3件が予定された。二つめは核廃棄物、三つめは新型炉と直結するプロジェクト、コタンタン半島と〔その

48　欧州新型炉に関する1998年3月4日の公聴会の際にエネルギー総局が示したデータによる。Cf. OPECST, « Projet EPR, mercredi 4 mars 1998 » (transcription des auditions publiques sur l'EPR tenues à l'Assemblée nationale), 1998, p. 40.

49　P. Roqueplo, « Évaluation de la séance du mercredi 4 mars 1998 relative au projet de réacteur nucléaire franco-allemand (EPR) » (rapport présenté à l'OPECST), janvier 1999 (archives personnelles de Philippe Roqueplo).

南方の〕メーヌ地方を結ぶ超高圧送電線（THT）の敷設である[50]。新型炉に関する公衆討議の運営のために設置されたのが、欧州加圧水型原子炉公衆討議特任委員会（CPDP EPR、以下「新型炉公聴委」）である。6名の委員のうち3名は、市民団体関係者に評判のよい人物が任命された。著作が出版時にコジェマ社から激しく批判されたことのある文化人類学者フランソワーズ・ゾナバン[51]、元フランス電力のエンジニア・研究者で、70年代に民労同・フランス電力支部で活動したロラン・ラガルド、防護安全研の内部で社会への開放を推進する人物として知られたアニー・シュジエである。国家公聴委からの独立性を確保するために、委員たちは職業倫理憲章の遵守を約束した。

　しかしながら、国家公聴委が公衆討議の実施を決定する以前から、プロジェクトを推進する方向の発言を次々と公人が口にしていた。2003年10月8日には産業担当大臣のニコル・フォンテーヌ、2004年4月15日には経済・財務・産業大臣だったニコラ・サルコジ〔2007～12年の大統領〕が推進を公言している。公衆討議の実施が発表された時、密室で決定済みの事柄を追認させる手段でしかない、と「脱核ネット」は切って捨てた。そしてメンバーに対しては、参加の是非をそれぞれの判断に委ねつつ、アルバート・ハーシュマン言うところの〈離脱〉戦略を推奨した[52]。だが、主要メンバー団体はそれに同調しなかった[53]。「グリーンピース」の見解では、核分野に民意を反映させる橋渡し役となるべき国家公聴委の出方を待つべきだった。「環境のための行動」は、公衆討議を通じて当初のプロジェクトを大きく変更させた例も、過去に一度ならずあると指摘した。WISEパリも実際的な観点から、少なくとも新たな調査や専門評価をやらせる機会になると見ていた。「脱核ネット」は姿勢を軟化させ、しばらくはどっちつかずを決めこんだ。参加を公然と拒否はせず、時間稼ぎをしながら攻

50　E. Ballan, V. Baggioni, J. Metais et A. Le Guillou, « Anticipation et contrôle dans les débats publics : le cas des premiers débats "nucléaires"», in M. Revel et al., Le Débat public, op. cit., p. 123-133.
51　F. Zonabend, La Presqu'île au nucléaire, Paris, Odile Jacob, 1989.
52　2005年1月29～30日の「脱核ネット」総会議事録、ヴァランス（「脱核ネット」所蔵文書）。
53　「脱核ネット」理事会の2005年3月22日の電話会議の決定事項リスト（「脱核ネット」所蔵文書）。

勢に転ずる間合いを計ることにしたのである。

決定ありきで討議は後づけ

　2005年6月23日、欧州新型炉の建設を予定することを盛りこんだエネルギー基本法案が成立し、7月14日〔革命記念日〕という象徴的な日付の官報に掲載された。「危機に瀕した公衆討議[54]」は、始まる前に時機を逸したものとなる。この急転は新型炉公聴委にとっては寝耳に水である。委員たちは一斉辞任も考えたが、公衆討議を維持すると決めた。すでに下された決定であっても、一般市民の意見によって再協議の道が開けるかもしれないと期待したからだ。一般市民がプロジェクトに関する情報を総合的に得られるだけでも意味があるとの考えから、新型炉公聴委はそれまでの公衆討議では前例のない措置を講じた。討議の対象として、事業者側資料に加えて「関係者作成資料集」も配布することにして、参加の見込まれる行政機関、社会・経済アクター、労働組合、市民団体といった「関係当事者」に対し、新型炉プロジェクトに関する各々の主張を短くまとめ、あらかじめ提出するよう依頼したのだ。六つの環境運動団体、「グリーンピース」、「環境のための行動」、FoE、「フランス自然・環境」、「世界自然保護基金」（WWF）、「気候アクション・ネットワーク」は、一つのグループとして共同文書を作成することにした。「脱核ネット」も意見公表の手段になると見て応じたが、作成は単独で行うことにした。他の「関係者」は以下のとおりである。アレヴァ・グループ。行政機関。「エコロジストで原発賛同派」の二つの市民団体、「核事業に賛同するエコロジストの会」、「気候を救おう」。対抗調査専門の三つの市民団体、「グローバル・チャンス」、「科学者集団」、エネルギーの節約と効率化を推進する目的で2003年に設立された「ネガワット」。賛同派の学術団体であるフランス核エネルギー学会。二つの地元市民団体、賛同派の「フラマンヴィ

54　F. Zonabend, « Un débat en débat. À propos du débat public sur le projet de centrale électronucléaire "EPR, tête de série" à Flamanville (Manche) » in M. Revel et al., Le Débat public, op. cit., p. 134-141.

ル・プラント推進協会」、反対派の「欧州新型炉はよそでもうちでも願い下げ」。

核機密令への違反による弾圧

　欧州新型炉に関する公衆討議は、「関係者作成資料集」の作成が進められていた最中に、第2の危機に突入する。そこであぶり出されたのが核機密の問題である。「脱核ネット」提出文書中の6行の文章、新型炉は飛行機の墜落に耐えられないとの記述が発端だった。防衛機密に指定されたフランス電力の正式文書を論拠としており、その「コピーを入手した」という。「コピーを入手した」は、「脱核ネット」結成当初からの定番の情報源、リークを意味する決まり文句だ。すぐさま産業担当省で防衛問題を担当する高官が乗り出して、この6行の削除を新型炉公聴委の委員長に要請した。根拠は2003年7月24日付の核機密令である。
　この省令は、9・11事件後の警戒措置の一環というだけではない。核物質輸送時に「脱核ネット」が仕掛ける妨害活動への対策でもあった。彼らは廃棄物を積んだ列車の（機密扱いの）運行時刻と経路の公表を繰り返していた。2003年の省令は、核分野の各種作業に関わる情報を「国防機密」に指定した。対象は放射性物質の格納・モニタリング・輸送から防御訓練にまで及ぶ[55]。NGO関係者は、施行当初から抗議の声を上げている。これほど広範な制限を核分野に関わる情報にかけるのは情報権とデモクラシーの侵害であると考えたからだ。核機密令の廃止を求める署名は、2003年末の時点で数万筆に達した。続けて2004年3月にCRIIRADとWISEパリが、この省令の廃止を求める訴えを国務院に起こすも棄却に終わっている[56]。
　第二の危機は、以上のいきさつを背景に起こったものだ。発端は、公衆討議が始まる数週間前に、新型炉公聴委の委員長が政府の要請にし

---

[55] 核物質防御・管理分野における国防機密の保護に関する2003年7月24日付の省令、官報、2003年8月9日。
[56] 争訟第266065号に関する国務院決定、2005年4月1日に審議会合、2005年5月25日に言渡。

たがって、「脱核ネット」提出文書の「検閲」を実行したことである。公衆討議の意義は一般市民への情報提供に変わっていたが、それすらも壁にぶつかった。省からの圧力と委員長の独断を前に、5人の委員はあまりに無力だった。委員長はこのいささか強権的な決定について、8月の時期に他の委員たちと協議するのが難しかったからだと説明している。委員のひとりは言う。「あれは委員長の大失策です。彼は非常に誠実な人ですけれど、出身が裁判官ですから、そういう心理が働いたのでしょう。検閲だとは考えなかった。(……)裁判官だから、『あの一節を残せば自分は防衛機密露見の共犯になってしまう』と思ったんですよ[57]」

ここで強調しておくと、核機密令への違反に政府当局がどう出るかは恣意的だ。過去にも「脱核ネット」は、フランス電力の同じ「防衛機密」文書に言及している。2003年11月下旬のことで、この省令の施行自体に抗議するのが目的だった。問題の文書をオンラインで公開したわけではないが、関係者には開示していた。この時には「脱核ネット」は処罰されていない。2003年終盤に報道されていた[58]出来事が2年近く経ってから、国家的重大事のごとく騒ぎ立てられたということだ。

エコロジスト団体・反原発団体・対抗調査団体は、一斉に公衆討議から引き揚げる。正式決定に先立って、NGO・政府・国家公聴委の間で集中的な協議が行われた。NGOは参加維持の条件として、第一に核機密令の廃止を求めたが、政府側は受け容れない。次いで新型炉の脆弱性に関する独立的な専門評価グループの設置を求めたが、それについても同様である。新型炉公聴委はこれらの要求を支持し、NGO側の信頼を回復した。とはいえ、彼らを引き留めるには至らなかった。

NGOの撤退により、新型炉公聴委は新たな危機を迎える。委員たちは再び一斉辞任を考えつつ、今回もまた見合わせた。この時に、たとえ単独でも辞任するという委員がひとりもいなかったのは実に印象的だ。新型

---

57 著者によるインタビュー調査、フォントネ=オ=ローズ、2008年12月3日。

58 « Un document "secret défense" dévoilé. Le futur réacteur EPR vulnérable aux chutes d'avion », *Le Figaro*, 25 novembre 2003 ; « Les écologistes attaquent EDF avec ses propres documents », *Libération*, 25 novembre 2003.

炉公聴委は一枚岩となり、公衆討議の実施を妨げかねない障害に決然と立ち向かう要塞と化していた。彼らはその結果、公衆討議の運営にあたって国家公聴委が定めた三つの原則——絶えず見直されていた原則ではあるが——、すなわち情報提供の透明性、参加者の対等性、討議の理路整然性のうち二つを放棄したことになる[59]。

「脱核ネット」は、新型炉に関する公衆討議の敢行に対して、放射性廃棄物に関する公衆討議ともども「積極的にボイコットする」動きに出た。2005年11月〜06年2月にかけ、18の都市で20回あまり開かれた討議集会のたび、メンバーの活動家が会場の入口で出席者に、自分たちの撤退の理由を説明し、新型炉のリスクについての情報を配った。部屋の入口でポリ缶(ビドン)を叩いて、「はしょった中抜き公衆討議」「からっぽからから公衆討議」と連呼するメンバーもいた。

参加制度はそもそも、ひとつの技術をめぐる重大な選択の場となるはずだった。その枠組み設定が、先に見たように、核機密によって変わってしまった。チェルノブィリ事故後の時期と同様に、核機密がデモクラシーとテクノクラシーの調節要因として、つまり均衡回復の道具として働いた。参加者がテクノクラシーの領域を少しでも離れ、核事業の将来にとって危険なデモクラシーの領域に近づくやいなや、そこに機密が登場する。するとカードが配り直され、焦点は機密に引き戻される。うまくいったかもしれない他の公衆討議にも累が及ぶ。そうこうしているうちに、欧州新型炉1号機の工事がフラマンヴィルで着手された。

しかも、各地で実施された公衆討議が終了してまもなく、参加型プロセスと入れ替わりに弾圧が登場する。2006年5月16日、防衛機密文書所持の嫌疑で「脱核ネット」のスポークスパーソン、ステファヌ・ロムが家宅捜索を受け、身柄も拘束される[60]。「脱核ネット」だけでなく「グリーンピース」その他の団体（CRIIRAD、農民総同盟、WISE アムステルダム、

---

[59] J.-M. Fourniau, « Les trois scènes d'une institutionnalisation controversée de la participation du public aux décisions d'aménagement », in L. Simard et al., Le Débat public en apprentissage, op. cit., p. 241-256.

[60] S. Lhomme, L'Insécurité nucléaire. Bientôt un Tchernobyl en France ?, Barret-sur-Méouge, Éditions Yves Michel, 2006, p. 140.

FoE、緑の党など）も弾圧に抗議して、不服従活動を展開することに決め、くだんの防衛機密文書をウェブサイトで公開した。禁錮5年、罰金7万5000ユーロに相当する行為である。彼らは各地の県庁、それに新型炉建設を検討中の諸国のフランス領事館にも、コピーを1部ずつ提供した。「言っておくが、この市民的不服従行動は、誰も危険にさらしはしない。欧州新型炉は現時点では机上のものでしかないからだ。今や衆人の知る情報が、潜在的テロリストに利用されないためには、要は建設しなければいいのである！」と、「脱核ネット」は皮肉たっぷりに述べている[61]。

　フランス電力の防衛機密文書をオンラインで公開した団体は、今のところ処罰されていない。だが、ステファヌ・ロムに対する攻撃は執拗に続いた。この反核活動家は2年後に再び拘束される。長期にわたる取り調べを受け、情報源となった人物の氏名を明かせと迫られるが、明かさないまま釈放された。2009年3月に、防衛機密事件は新たな局面を迎える。ステファヌ・ロムと「グリーンピース」の当時のプログラム・ディレクター、ヤニク・ジャドに対し、フランス電力の指示によるスパイ行為が行われていた疑惑が報道されたのだ[62]。

　公共圏に対する統治の形態は、欧州新型炉に関する公衆討議という枠組みの中で、本節で見てきたように次々に移り変わった。最初に予告された趣旨は、市民の意見聴聞だった。これは始動する前に水泡に帰し、早わざによる統治、既成事実化による統治にたちまち切り替わった。決定ありきで討議は後づけ、である。次いで新型炉公聴委が公衆討議の敢行を決めたことで、情報提供による統治が視野に入った。しかし防衛機密をめぐる危機の出来(しゅったい)により、これも同じく不発に終わった。情報提供による統治の長期化は意図されておらず、また不可能でもある。徹底した透明化は神話でしかなく、情報提供は必ず限界と規則に縛られている。それ

61　Réseau Sortir du nucléaire, « Les raisons de la publication du document "confidentiel défense"» (communiqué de presse), 15 juin 2006.
62　Cf. Mediapart.fr, 31 mars 2009 ; *Le Canard enchaîné*, 8 avril 2009.

らの限界と規則は、2001年9月11日という「概念[63]」の出現により、さらに一段ときつくなっている。2003年7月24日付の核機密令が指し示すのは、以上の事態である。こうして、底の底には弾圧のある秘密化が、支配的な統治形態として確立する。具体的な最終目的の見えない公衆討議の敢行を決め（討議をゆがめ）、主要な批判的アクターの撤退後もなお敢行した（討議を形骸化させた）ことで、国家公聴委はついには、一般市民の意見聴聞の新たな形態を編み出すに至った。討議もなければアクターもいないのに、それは討議と名づけられている。

---

63 J. Derrida et J. Habermas, *Le « Concept » du 11 septembre. Dialogue à New York (octobre-décembre 2001) avec Giovanna Borradori*, Paris, Galilée, 2004.〔*Philosophy in a Time of Terror : Dialogues with Jürgen Habermas and Jacques Derrida*, [interviewed by] Giovanna Borradori, University of Chicago Press, 2003 ; ユルゲン・ハーバーマス、ジャック・デリダ、ジョヴァンナ・ボッラドリ『テロルの時代と哲学の使命』、藤本一勇・澤里岳史訳、岩波書店、2004年〕

第9章　ニジェールにおけるアレヴァのウラン事業

「アーリットは平和で貧しく、精彩もなければ魅力もない大づくりな町だ。赤土の貧相な家々が並び、そこに取ってつけた近代化の印といえば、ガソリンスタンドが1軒（2軒めは建設中）、ネットカフェが1店、電気通信用の巨大アンテナが1本、目に入るのはそれだけだ。（……）アーリットのゲストハウスで、各室のナイトテーブルの上に置かれているのは、アレヴァの系列会社コジェマの〔パリ郊外〕ヴェリジ本社への電話のかけ方を説明したメモだ。食堂のキャビネットの上には、アレヴァの会長アンヌ・ロヴェルジョンが表紙を飾った『フォーチュン』誌が転がっている。すぐ近くの学校のパソコン室には、核エネルギーがどのようにつくられるかを詳しく説明したポスターが貼られ、私立病院では小児科の診察室の壁に、アレヴァの船艇がフランス国旗をなびかせて前回のアメリカズカップに参戦した時のピンナップが留められている。アレヴァの上級幹部のひとりは『なんだかなごみますよ』と言っていた。とはいえ、二つの鉱山で働くフランス人駐在員は、今日わずか10人にすぎない[1]」

グレゴワール・ビゾー

1.　ニジェールの逆説

「ニジェールは世界第2の最貧国ですが、地中には自然の富があります。ウラン鉱石です。ウラン開発はニジェールの輸出額（1億ユーロ）の3分の1、GNP〔国民総生産〕総額20億ユーロの5％を占め、関連の税収は国家税収の4％に相当します」

「ニジェールにおけるアレヴァ」と題されたプレス向け文書の書き出しである。この文書は2005年2月にアレヴァの広報部によって作成された。

1　G. Biseau, « Niger, la loi de l'uranium », *Libération*, 9 mars 2005.

アーリットの鉱山をめぐる論争が、アフリカとヨーロッパの間の国境をビザもパスポートもなしに越え、フランスのメディアまで到達したのと同じ時期だ。

引用部分の第1文を組み換えると、次の逆説があらわになる。「ニジェールは地中に自然の富——ウラン鉱石——がありますが、世界第2の最貧国です」。ウランが豊富にありながら、非常に貧しい。このニジェールの逆説は、以下の事実を考えると、さらにいっそう強烈だ。1億ユーロにのぼる輸出額は、ニジェールの歳入に直結しているわけではない。イエローケーキ〔ウラン精鉱〕の売却は、数十年にわたって旧コジェマ／アレヴァ〔現オラノ〕に任された。ニジェール国家の取り分は、フランスとの間で合意した固定価格を基準に計算された。この価格は長い間、国際市場価格よりはるかに低いままだった[2]。

多国籍企業アレヴァへの批判が始まってまもないタイミングで配られた先の文書は、これらの事実には無論まったく触れていない。鉱石中のウラン含有率や、保有鉱山の埋蔵量や、関連鉱山会社の売上といったテクニカルな事実のオンパレードだ。社会と自然の間、人間の経済とモノの経済の間、国民の貧困と自然の富の間には、明確な一線があるといわんばかりだ。ニジェールの逆説は数字の中に消え去り、視線はひたすら地中へと注がれる。

プレス向け文書に限ったことではない。ニジェールの鉱山に関わる公式言説の大部分も同様だ。ウランと貧困を並べて語るのは時代遅れであるらしい。とはいえ最初の時期は様子が違っていた。この国のウラン事業に関する研究は数少なかったが、その関心はニジェール経済への波及効果にも向かった[3]。フランスが経済的・技術的な投資を行うなかで、経済成長と進歩への期待はおのずと膨らんでいた。そうした期待をフランスの専門家たちはうまくかき立てた。彼らは植民地時代の「文明化」の使命を換

2　ウラン市場の構築については以下を参照。cf. G. Hecht, *Being Nuclear, op. cit.*, chap. 4.
3　Cf. M. Gerard, *Arlit et les retombées économiques de l'uranium sur le Niger*, thèse de doctorat, université Aix-Marseille II, 1974.

骨奪胎し、ポスト植民地時代を風靡する「開発」言説をつくり出した[4]。だが、時とともに期待はしぼむ。逆説は常態視／規範化されていった。以上の枠組みを前提として、以下で検討していくのは、かつて「第2のパリ」の異名をとりながら、今ではすっかり忘れられたニジェール北部の都市アーリットで、10年ほど前〔2000年代中盤〕に生じた論争である。この論争は、凄まじいまでの二分法を明るみに出した。一方には、国際的に喧伝される「グリーンで民意を反映」した核エネルギー事業、他方には、地元で問題化している被害と汚染がある。一方には、持続可能な開発の名の下に進められる政策、他方には、アフリカの人々を苦しめている低開発がある。一方には、参加型（・対話型）を標榜する政策、他方には、「聞く耳なしの対話」、さらに「現場」の実態と化している弾圧政策がある。フランスの原発が使用する燃料の6割をまかなっている「現場」を見ていこう。

2. 立ち上がったアーリット市民社会

2006年、アレヴァがアーリット地域で採掘したウランは、のべ10万トンという記録的な値に達する。盛大な祝賀会が企画された。現地のNGOは強い非難を浴びせた。「略奪を祝うなどという悪辣な発想は、名誉や品位の感覚を失った魔人どもの所業だ[5]」。大規模な抗議活動を前に「ウラン10万トン達成祝賀会」は中止されるが、この年の終盤に地域は激しい緊張に包まれることになる。

フランスはニジェール北部で1960年代終盤から、ウラン鉱山の開発を最初は原子力本部、次いでコジェマを通じて進めてきた。ニジェールはその結果、カナダとオーストラリアに次ぐ世界第3のウラン産出国となった[(i)]。フランスは開発に先立って、〔旧仏領の〕ニジェール、コートジヴォワール、

4　G. Hecht, « Rupture Talk in the Nuclear Age : Conjugating Colonial Power in Africa », *Social Studies of Science*, 32, 5-6, 2002, pp.691-727.
5　「アーリット市民社会連合」が2006年11月5日の行進と集会の際に発した声明（「アギル・インマン」所蔵文書）。

(i)　近年はカザフスタンが世界最大の産出国となっている〔訳注〕。

ベナン（75年までの国名はダホメ）が独立してまもない61年に、この3か国と防衛協力協定[6]を締結した。ウランに関係する規定は以下のとおりである。3か国は「国内消費需要を充足した後、フランス共和国へ優先的に売却し、かつフランス共和国から優先的に調達する[7]」。また、フランス軍のために備蓄を促進しなければならず、他国への輸出は制限ないし禁止される[8]。フランスはニジェールに対する植民地権力を放棄するに至った時期に、この国のウランの利用をすかさず押さえたのだ。

原子力本部はニジェールに二つの鉱山会社を設立した。露天掘り鉱山の事業体として68年に設立したアイル鉱山会社（ソマイル）と、地下鉱山の事業体として74年に設立したアクータ鉱山会社（コミナック）である。現在はアレヴァが資本の各々63.4％、34％を保有する系列会社となっている。これらの鉱山労働者を受け入れるために、サハラ砂漠の真っただ中に、「誘発」都市と呼ばれる二つの町、アーリットとアコカンが建設された。鉱山労働者の主体は定住化した牧畜民と農民であり、読み書きを知らない者が大部分だった。アーリットとアコカンの人口は、30年間で合計8万人にまで増加する。うち1600人弱が鉱山会社の従業員だ。ニジェールの鉱山をめぐる健康問題・環境問題が初めて論争の的となるのは、90年代終盤のことである。

発端は、鉱山労働者たちが抱いた疑念だった。鉱山で働いている者、働いていた者には、早死にや病気（高血圧、頭痛、皮膚や目の疾患）が多かった[9]。2001年、ソマイルの従業員10名前後が「アギル・インマン」を結成する。彼らの大部分はトゥアレグ族で、「アギル・インマン」は人間の盾を意味するトゥアレグ語だ。ウラン産業に対する困難な闘争をまさに象徴する団体名である。彼らはまるで〔旧約聖書の逸話にある〕ゴリアテに立ち向かうダヴィデだったが、ウラン問題を軸に、アーリットの女性団体や環境運動NGO、若者支援団体、農業団体、教員労組など、30ほどの

---

6 「フランス共和国とコートジヴォワール共和国、ダホメ共和国、ニジェール共和国との防衛協定」、1961年4月24日。
7 同上、付属書2第5条。
8 同上、付属書2第4条。
9 「アギル・インマン」メンバーの男性への著者による電話インタビュー調査、2007年5月13日。

NGOをうまく束ねた。彼らは「アーリット市民社会」を名乗って公共の場でのデモや署名活動を展開し、ニジェールのウランに関する論争を初めて表沙汰にしていった。

　82年に創設された鉱山会社の最大労組サントラミン〔ニジェール鉱山労働者全国組合〕は、放射線防護の問題にほとんど注意を払っていなかった[10]。「アギル・インマン」結成の動きが起きたのはそのためだ。99年終盤に、ソマイルの従業員150名、主に病気休暇を繰り返した者、延長した者が解雇されたことへの反発から、3か月にわたる大規模なストライキが起き、その後も抗議活動の気運が続いていた[11]。「アギル・インマン」が存在感を発揮し始めた時期は、ウランの国際価格が上昇に転じ、アレヴァ（2001年まではコジェマ）がアーリット地域で新たな探鉱に乗り出した時期である。この「核事業の世界トップ企業」が「アレヴァウェイ」として、社会と環境に対する責任、持続可能な開発を掲げたコーポレート・アイデンティティを新たに導入したのも同じ頃だ。2002年に社内に倫理室を設置、2003年にはグローバル・コンパクト（責任ある持続可能な開発をめざす国連世界協定）に参加し、人権尊重と環境保護を基本とする価値憲章を策定している。ニジェールの二つの系列会社ソマイルとコミナックでは、それぞれ2002年と2003年にISO14001〔環境マネジメント・システムに関する国際規格のひとつ〕の認証を取得している。

　現地では持続可能な開発をめぐって二つの捉え方、事業者側と市民団体側の捉え方が衝突する。アレヴァとその系列会社にとっては、節水や省エネなどの環境対策を講ずるという意味だ[12]。「アギル・インマン」の考えによれば、アーリットで持続可能な開発を標榜するのであれば、鉱山事業が環境と公衆衛生に及ぼす影響を考慮して、ウランがニジェール国民にもたらす経済的・社会的な利益を総括しなければならない。だが、それはアーリット地域の鉱山事業の意義自体に関わる機微な問題、ソマイルとコ

10　Cf. A. Seidou, *Condition et conscience ouvrières au Niger : les mineurs d'Arlit*, thèse de doctorat, université Bordeaux II, 1992, p. 400-443.
11　「アギル・インマン」の関係者の男性への著者によるインタビュー調査、パリ、2007年4月5日。
12　Cf. Cominak, « Environnement et développement durable » (rapport), 2002 ; Somaïr, « Rapport environnemental », 2002.

ミナックの経営陣がうやむやにしている問題である。「彼らにとって防護の問題と持続可能な開発の問題は、癇に障ることでありますから、関係当事者や一般市民との連絡は絶無になっております」。2004年に「アギル・インマン」の代表が、〔両鉱山を擁する〕アーリット県の副長官に書き送った苦情である[13]。

こうした状況に置かれた「アギル・インマン」は、フランス世論と国際世論を「証人」に立て、欧米人の責任を問うことに決める。「ヨーロッパの人たちそれぞれが、電球を点ける時、アフリカ産の原子力を使っていることを[14]」思い起こしてほしいと言う。この頃にはアーリットでも利用可能になっていたインターネットを通じて、多くのフランスの組織や財団にコンタクトをとった。コンタクト先は「フランス・リベルテ〔自由〕」、「グリーンピース」、「フランス財団」、「ニコラ・ユロ財団」など、そしてCRIIRADと「シェルパ」である。「アギル・インマン」と同じ2001年に結成された「シェルパ」は、南側諸国の人々を大企業グループの事業による健康被害・環境被害から守り、「企業の社会的責任」の有言実行を求めようとする法律家の団体だ。「アギル・インマン」、「シェルパ」、CRIIRADの協力が始まった。フランスの二つのNGOは、現地に飛んで健康調査と環境調査を行うことにした。それは、国内の抗議活動が顧みずにいたニジェールのウラン鉱床が、初めてフランスで報道される端緒となる。

3. CRIIRADと「シェルパ」の現地調査

ソマイルの経営陣は、2003年12月に予定されたCRIIRADと「シェルパ」の現地調査に激しく反発し、調査の中止を「アギル・インマン」に求めた。警告の文句はこうだ。「CRIIRADの連中は、各地のプラントを閉鎖させようとして、あることないこと言い触らす反原発勢力だぞ[15]」。アー

---

[13] 「アギル・インマン」からアーリット県副長官への書簡、2004年5月13日（「アギル・インマン」所蔵文書）。
[14] リスク防止に関する国際シンポジウム「放射能汚染と住民防護」の参加者に向けた「アギル・インマン」代表の声明、2005年4月1〜2日、リヨン（「アギル・インマン」所蔵文書）。
[15] 「アギル・インマン」メンバーの男性への著者によるインタビュー調査、パリ、2007年4月5日。

リットへの訪問の阻止は失敗に終わる。だが12月に〔首都〕ニアメの空港に降り立ったCRIIRADのメンバー2人は、測定機器を押収されてしまう。理由は10年後も明らかにされていない。現地調査は実現したものの、ひどい状況だった。測定機器もなければ、鉱山施設への入構許可も出なかった。測定責任者だった男性は語る。「どういう状況だったかというと、現場で作業できたのは2日間だけ。機材を留め置かれましたので（……）。しかも、その2日間ずっと、監視の目に気をつけて、憲兵隊のそばや、軍の詰め所のそばを通らないよう注意しなきゃいけないんです。見つかりそうだから急いで車に乗ってくれと、『アギル・インマン』代表に毎回せかされましたよ。携帯用の小型ガイガー・カウンターを使いました。服の下に、まあ要するに、隠したんです[16]」

こうした困難にもめげず、CRIIRADは現地でいくつかの重大な問題を確認している。たとえば、鉱山事業の廃棄物は管理計画が「何もない」状態だった。彼らは誰でも立ち入れる場所に投棄されていた鉱滓や、アーリットの市場で売られていた汚染屑鉄を持ち帰った[17]。

鉱山労働者の保健状況

「シェルパ」が派遣した2人のメンバーのほうは、鉱山で働いている人や働いていた人の健康調査に乗り出した。最初に得られた所見は慄然たるものだった[18]。元労働者には肝臓や肺の病気が多い。アレルギー性の疾患、呼吸器の疾患、皮膚の疾患もある。目を患っている子どもが多数いる。高血圧も問題だった。さらに鉱山労働者の妻たちの大半が回答したように、性的無力症も見られた。「シェルパ」が指摘した問題はそれだけではない。医療分野はウラン会社に「掌握」されていた。鉱山都市であるアーリットとアコカンの病院は、設立資金も運営資金も、それぞれの鉱

---

16 Témoignage de Bruno Chareyron, extrait du film *Nucléaire : une pollution durable* réalisé en 2004 par Dominique Berger.
17 CRIIRADのプレス・リリース、2003年12月18日。
18 Sherpa, « Pré-rapport de mission à Arlit/Niger : pour un état des lieux de la situation sanitaire dans la ville d'Arlit », 2003.

山会社〔前者がソマイル、後者がコミナック〕の丸抱えだった。「シェルパ」の調査は次の事実も明らかにした。鉱山の操業開始から35年が経つが、アーリットの国家社会保険事務所に職業病が申告された例はない。アーリットの鉱山施設では（自分はがんだと言っている労働者や元労働者が多数いるのに）がんの診断例はほぼゼロだ。労働者たちが自分のカルテを見ることはできなかった。

CRIIRADと「シェルパ」の現地調査は、ニジェールに激しい論争を引き起こし、フランスの一部の報道機関で取り上げられるようになる。『ル・モンド』紙のエルヴェ・ケンプ記者は、二つの市民団体の問題提起を報じるとともに、「アギル・インマン」代表にも電話でインタビューして、その暗澹たるコメントを掲載した[19]。テレビ局フランス3は討論番組を企画して、ゲストに「脱核ネット」のスポークスパーソン vs アレヴァの会長、という異色の組み合わせを招いている[20]。

アレヴァはCRIIRADと「シェルパ」の非難を強硬に否定した。水質汚染などない。「化学検査・細菌検査・放射線検査を定期的に実施しており、それらの結果によれば汚染はない[21]」。ニジェールの放射線防護規制はカナダと同等である。ニジェールでの事業は国際基準に適合しており、なかでもISO14001は「非常に厳格であって、フランス国内でも遵守している企業は少ない[22]」。二つの鉱山病院は「ニジェールで最上の部類に入る」。このような主張をアレヴァは展開した。

CRIIRADと「シェルパ」の問題提起を前に、関係機関も手をこまねいてはいなかった。防護安全研は2004年5月に5日間の日程で、専門家の一団を調査に派遣した。IAEAも急いで2人の専門家を送りこんだが、その報告書は機密扱いにされている。

---

19 H. Kempf, « Deux ONG s'inquiètent des conditions d'exploitation de l'uranium au Niger », *Le Monde*, 23 décembre 2003.
20 Émission « France Europe Express », France 3, « Le nucléaire civil en Europe », 16 novembre 2004.
21 Cf. Cogéma, « Le point sur l'activité de la Cogéma au Niger » (communiqué de presse), 23 décembre 2003.
22 H. Kempf, « Deux ONG s'inquiètent des conditions d'exploitation de l'uranium au Niger », art. cit.

「シェルパ」は現地の労働者と住民の調査を続けるために、2004年11月と2005年2月、2度にわたってアーリット地域に赴いた。2003年12月に妨害を受けたCRIIRADは、新たな現地調査には乗り出さず、「シェルパ」チームが持ち帰ったサンプルを用いて、何千キロメートルも離れた現場についての調査の完了をめざした。

調査結果をめぐる激しい空中戦がまもなく始まった。2005年4月上旬、防護安全研の現地調査報告が公表される。「両鉱山の近辺に設置されたモニタリング・ネットワークは、ウランの処理残渣の保管が及ぼす放射線影響のモニタリングに関するフランスのスタンダードと、大体において整合的である[23]」と太鼓判を押す内容だ。ただし屑鉄や廃石のような汚染資材についてはアレヴァに回収を勧告しており、この点ではCRIIRADの提起した問題を認めた形である。CRIIRADは2003年の調査の際、パイプの内側などで自然バックグラウンド放射線の10倍レベルの放射能を検出していたが、まったく同様の汚染を防護安全研も確認した。「屑鉄管理の手続きが鉱山施設に課されているにもかかわらず、アーリットの屑鉄市場には、地域のバックグラウンドを有意に上回る線量の各種金属片が並んでいる[24]」。しかし、この国家機関はCRIIRADと違って、まったく憂慮を示していない。そうした「異常」は局限されており、広範に見られるわけではないと記すだけだった。

両NGOが行った調査の最終報告書は、防護安全研報告の公表から数日後、チェルノブイリ事故19周年の直前に公表された。いずれも重苦しい内容だ。CRIIRADの報告書は、ことにアーリットの飲用水の汚染を問題視した[25]。測定結果はWHO基準の10～110倍にのぼる。新たに生じた汚染でも例外的な汚染でもなく、鉱山会社は完全に把握していたはずだ。

---

[23] IRSN, « Sites miniers d'uranium et Cominak (Niger) : bilan de la mission sur site en mai 2004, appréciation de l'impact radiologique et avis sur le réseau de surveillance de l'environnement » (rapport), 2005.
[24] *Ibid.*, p. 50.
[25] Cf. CRIIRAD, « Impact de l'exploitation de l'uranium par les filiales de Cogéma-Areva au Niger. Bilan des analyses effectuées par le laboratoire de la CRIIRAD en 2004 et début 2005 » (rapport), 2005.

CRIIRADの報告書には、2004年1月にニジェール南部で発生した重大事故も記されている。アーリットから〔隣国ベナンの港湾都市〕コトヌに向かう(i)幹線道路で起きたトラック事故で、積み荷はフランスへ輸送するウラン酸塩〔イエローケーキの主成分〕だ。放射能が漏れたらしく、自然レベルの1000〜1万倍のウラン238汚染が生じている。放射線防護規則への「明白な違反」である。

「シェルパ」の報告書は、2003年の時点で案じていた安全対策の問題を、アーリットでさらに集めた証言に基づいて追及した。ニジェールの鉱山事業では長い間、基本的な安全対策がまったく、あるいは不充分にしか講じられなかった。具体的な証言は次のとおりだ。鉱山内でマスクと個人線量計の装着が義務づけられたのは80年代中盤であり、操業開始から数年間は作業服も支給されなかった。線量基準の超過は「しょっちゅうのこと」で、とりわけ下請け労働者で多発している。労働者が受けている診断や経過観察に重大な疑義があることも明るみに出た。アーリットに何度も足を運んだ「シェルパ」の関係者は語る。「客観的にいって、ニジェールの病院の平均レベルからして、自分が病気になるならニアメや〔隣国マリの〕トンブクトゥより、アーリットのほうがいいですね。つまり、あそこはちゃんと努力を重ねているんですよ。といっても、一般的な医療の話です。ウラン事業、核事業などに即した専門医療があるわけではありません[26]」

「シェルパ」の報告書によれば、アレヴァの二つの系列会社が運営する鉱山病院での診断例は、糖尿病・マラリア・エイズなど、原因が放射能にはない病気に限られている。職業病の申告は「不可解なことにまったくない」。68年以降に鉱山会社から申告があったのは、難聴が1件、皮膚疾患が1件だけだ。数件あった肺がんは、習慣的喫煙に原因があると診断されている。性的不能については、「シェルパ」がインタビュー調査を行った医師らも発生を認めていたというのに、概して本人の老化のせいにされた。

---

26 著者によるインタビュー調査、パリ、2007年3月27日。

(i) ニジェールは海への出口をもたない内陸国である〔訳注〕。

アレヴァの系列会社に向けられた非難には、二つのポイントがある。一つは長年にわたって従業員の防護を怠ったこと、もう一つは罹患疾病と鉱山事業との因果関係を全面的に否認しようとしたことだ。だが、かくかくしかじかの病気であるとの診断書がないからといって、あるいはイアン・ハッキングの言う「生態的ニッチ」[27]が消滅したからといって、病気が実際に存在しないことにはならず、被害者の苦痛が軽減されるわけでもない。鉱山労働者やその家族との200件近い面談の記録を読めば明白だ。亡くなった労働者のひとりの健康状態は、こんなふうに記録されている。「1956年生まれのA・Wさんは、死亡時はソマイル社の運転手だった。95年から喘息を患っていて、晩年の2年間はほとんど仕事ができず、病欠が続いた。家族の話では頻繁に、時には数か月の入院を繰り返した。ニアメに搬送されたことが少なくとも3回ある。処方箋から判断すると、呼吸器科の治療を受けていた。しかし97年に交付された職業適性証には、『それと認められるような急性・慢性の疾患の徴候はない』とある。99年の処方箋を突き合わせると、咳と気管支炎の治療を続けていたことがわかる。何枚かの検査結果の記載事項によれば、他界する2か月前に痔核の治療を受けていた。ひどく痩せ細って、2000年7月21日に亡くなった。ソマイル社が家族に渡した死亡診断書には、A・Wさんは『自然疾患によって死亡』したと記されていた[28]」

4.フランスで論争が再燃

2003年12月の時点ではまだ、CRIIRADと「シェルパ」は疑問を提起し、鉱山会社に投げかけただけだった。2005年のフランスでは、新たな事実を明らかにした両者の報告書を機として、はるかに激しい論争が再燃

---

27 I. Hacking, *Les Fous voyageurs*, Paris, Les Empêcheurs de penser en rond, 2002.〔*Mad Travelers: Reflections on the Reality of Transient Mental Illnesses*, University Press of Virginia, 1998；イアン・ハッキング『マッド・トラベラーズ――ある精神疾患の誕生と消滅』、江口重幸ほか訳、岩波書店、2017年〕
28 「シェルパ」所蔵文書。

することになる[29]。チェルノブイリ事故祈念日前夜の4月25日、テレビ局カナル・プリュスはドキュメンタリー番組「ウラン――コジェマはニジェールを汚染したのか」を放映した。そこで語られた証言は、心胆寒からしめるものだった。たとえば病院の元職員の男性が登場して、がんの診断は医師団によって隠蔽されたと話す。鉱山から流れてきて町の市場で売られているパイプや屑鉄片が、高レベルに汚染されていることを示すガイガー・カウンターの映像もあった。

　論争の激化に直面したアレヴァは、提起された問題には根拠がないと、公然とシラを切り続けた。汚染された屑鉄については、もし汚染資材があちこちに出回っているとすれば、泥棒のしわざとしか考えられないと言ってのけた[30]。ただし2003年の時とは異なる対応もあった。40年にわたる鉱山事業の健康影響に関する独立的な疫学調査の実施を発表した点だ。何年も前から「アギル・インマン」と「シェルパ」が求め、アレヴァが拒絶していた調査である。この時期になって姿勢を転じたのは、「シェルパ」が集めた材料をもとに裁判を起こすことをほのめかしたからだった[31]。

　調査は2005年11月に始まった。委託を受けた医療評価の専門事務所は、アーリット地域の両病院で臨床監査を実施した。2007年3月に公表された最終報告書の結論は、「シェルパ」の見解とは異なっている。病院の管理するカルテは「質が高く」、患者に伝えられる情報は「透明」であるという[32]。だが、注意深く報告書を読むと、執筆者がまったく強調しなかった点が浮かび上がる。記録されたがんの件数の少なさだ。2000～05年にソマイルの病院では16件、その大部分は女性のがん（子宮頸がん、乳がん）だ。同じ時期にがんと診断された男性は3人のみ、うち鉱山の従業員は1人だけで、患部は精巣である。放射能塵によって引き起こさ

29　H. Kempf, « Areva est accusée de contaminer l'eau potable d'Arlit, au Niger », *Le Monde*, 26 avril 2005 ; « Nucléaire au Niger : Areva a-t-il menti ? », *Le Nouvel Observateur*, 28 avril 2005.
30　Areva, « Areva au Niger » (dossier de presse), février 2005.
31　Sherpa, « La Cogéma au Niger. Rapport d'enquête sur la situation des travailleurs de la Somaïr et Cominak, filiales nigériennes du groupe Areva-Cogéma », 2005 のとくに結論部分を参照。
32　Quanta Médical, « Mission d'évaluation du risque sanitaire par l'évaluation des pratiques professionnelles médicales (audit clinique) et par une étude épidémiologique pilote » (rapport de mission réalisé pour le compte d'Areva), 2007.

れるがんといえばまず肺がんだが、記録上の件数はゼロだ。アレヴァは続けて2007年3月から、疫学調査を第2段階に進め、ニジェールだけでなく、ガボンやカナダ、カザフスタンも含めた自社の全鉱山の周辺に、保健状況観測所を立ち上げていく。健康被害の問題は同じ時期に、閉鎖されてまもないガボンのウラン鉱山でも発覚していたのだ。

5.「アギル・インマン」と鉱山会社の間の緊張

　鉱山会社にしてみれば、ウラン問題の国際化は「お国の重大事」である。彼らはCRIIRADと「シェルパ」への監視を強め、「アギル・インマン」の信用をおとしめようと画策した。2003年12月に話を戻そう。フランスの両NGOから第一報が出た時、ソマイルの経営陣はアーリット県副長官を通じて「アギル・インマン」に圧力をかけ、これを否定する報告書を出させようとして失敗した[33]。12月23日付の『ル・モンド』紙に、この現地NGOの代表アルムスタファ・アルハセンの懸念[34]を伝えるエルヴェ・ケンプ記者の記事が出た時、鉱山会社の経営陣はNGO側に釘を刺した。「アギル・インマン」メンバーの男性は言う。「（コミナック社長フィリップ・ヴィヨーから）こう言われたんです。『いかん、いかん、ここにデタラメな真似をしに来る者たちがいるが、デタラメは許さんぞ』って。私は言ってやりました。『思うに、今のところ、デタラメなのはここでしょう。人々は防護されてないじゃないですか。それこそデタラメです』とね。もう、逆上状態でしたよ。（……）それからまた口を開いて、こう言ってきました。『うむ、しかしだね、それは我々の手に負えない事案だ。コミナックの事案でもなければ、NGO『アギル・インマン』の事案でもない。ニジェールとフランスの国家的重大事だ』[35]」

---

[33]「アギル・インマン」からCRIIRADへの書簡、アーリット、2004年1月15日（「アギル・インマン」所蔵文書）。

[34] アルムスタファ・アルハセンは「健康被害が町中に広がっています。人々は痒みを覚え、結核や腸チフスが多発し、肝臓がんで亡くなった人もたくさんいます」と語った（H. Kempf, « Deux ONG s'inquiètent des conditions d'exploitation de l'uranium au Niger », art. cit.）。

[35] 著者によるインタビュー調査、パリ、2007年4月5日。

「アギル・インマン」と鉱山会社の間の緊張は、論争の進展とともに悪化の一途をたどる。アルハセンがフランスでの公開講演会に参加するためにソマイル社内で必要な手続きをとった際、2005年以降は2度にわたって許可が出なかった。「ありとあらゆる圧力をかけて、私たちがこの状況を広く世界に知らせるのを妨害しようとするのです。メンバーとして活動する従業員の解雇を図っています。私たちを支援しようとする団体や個人を見つけると、カネを渡してやめさせます。アレヴァに与する御用団体も設立しています。私たちのことを悪く書かせるために、一部のメディアに資金を出しています」。2008年度のパブリック・アイ賞グローバル部門がアレヴァに決まった時、アルハセンはスピーチでそう述べた[36]。この賞は、1999年にダヴォス会議〔世界経済フォーラム〕への対抗イベントとして創設され、「最も無責任な企業に贈られる賞」である。

重要な点がもうひとつある。ウラン鉱山をめぐる集合的アクションは、当初から「トゥアレグ族の一団の策動」と見なされた。創設メンバーの大半をトゥアレグ族が占める「アギル・インマン」は、抗議活動の中では「異色のアクター」であり[37]、一部の鉱山幹部は彼らを「テロリスト」呼ばわりする[38]。「正義を求めるニジェール人たちの運動」(MNJ、以下「正義運動」)[39]が出現した2005年前後から、そうした誹謗はさらにエスカレートした。北部の多数派住民であるトゥアレグの人々は、数十年にわたって歴代政権から周縁化されてきた。ウラン生産に向けられた批判活動に対して次第にエスニックなレッテルが貼りつけられるにつれ、彼らはいっそう排除されるようになる。

---

36 « Exploitation de l'uranium au Niger par Areva » (transcription du discours prononcé par Almoustapha Alhacen à Arlit le 23 janvier 2008 ; archives d'Aghir In'man).
37 F. Chateauraynaud, *Argumenter dans un champ de forces, op. cit.*, p. 426-433.
38 リスク防止に関する国際シンポジウムの参加者に向けた「アギル・インマン」代表の声明、前掲文書。
39 2005年にニジェールを見舞った旱魃と飢饉の後、住民の生活状態改善のめどが立たない状況で、トゥアレグ族の一団が結成した武装運動組織。

6.「植民地化やめろ！」

　フランスのメディアでの論戦に続く2006年、現地の抗議活動もまた激化する。ウランの国際価格は急騰（10年間で10倍）しており、ニジェール政府は生産能力を3倍に増やすべく、アーリット南方80kmのイムラレンに新たな鉱山を開くことを検討していた。他方では「正義運動」がウラン収入の分配改善を求めて、武装闘争の再開をちらつかせていた[40]。

　5月3日、アーリットで5000人が街頭デモに繰り出して、アレヴァに実のある対応を要求した。地元の若者をさしおいて、よそから来た労働者を雇っているのは許せない。アーリットの労働監査官から提供されたデータによれば、労働者の6割が下請けだというのに、下請け労働者を差別するなんて許せない。デモ隊はそう非難した[41]。NGOと労働組合の共闘により、天然資源の「略奪」が初めて槍玉に挙げられたのが、このデモの時である[42]。

　アレヴァは5月3日のデモの後、地域住民向けの小規模開発プロジェクトへの援助を発表した。基金の額は3億CFAフラン[(i)]、両鉱山会社の年間売上高の1000分の1にすぎない[43]。抗議活動を前に、ニジェール国家はさらに踏みこんだ対応をとった。アーリットの鉱山が環境と健康に及ぼす影響に関する国会調査である。調査の結論は次のとおりだ。鉱山会社の講じてきた措置では、健全な環境の維持も、ウラン収入の公平な再分配も望めない。ニジェール「国家は両社に対し、一定の（経済的・社会的な）責務を負わせることができなかった[44]」。この国会調査の結論を

40　「正義運動」のメンバーだった男性への著者によるインタビュー調査、パリ、2008年9月24日。個人的な回顧談として以下も参照。I. ag Maha, *Touareg du XXIe siècle*, Brinon-sur-Sauldre, Grandvaux, 2006, p. 121-162.
41　Sherpa, « La Cogéma au Niger », rapport cité, p. 9.
42　« Manifestation à Arlit contre Cogéma et Areva : les raisons de la colère », *Aïr-Info*, mai 2006.
43　ニジェールにおけるアレヴァの系列会社、ソマイルとコミナックの2005年の売上高は4億2500万ユーロ規模に達する（Areva, « Areva au Niger », dossier cité, p. 3-5）。
44　Assemblée nationale du Niger, « Rapport de mission du réseau parlementaire pour la protection de l'environnement et la lutte contre la désertification dans les zones minières du Niger (du 5 au 13 juin 2006) », 2006 (archives d'Aghir In'man).

(i)　この時期のレートは1CFAフラン＝約0.21～0.22円〔訳注〕。

受け、鉱山都市を擁する〔アーリット県を含む〕アガデス州にウラン収入の15％を付与することが決定された。

ニジェール国家が譲歩した後も、抗議活動はほとんどおさまらなかった。アレヴァは約束の3億CFAフランを何か月も払いこまず、あらかじめ免税措置を求めたため、現地のNGOは憤慨した。デモの際の要求を「軽く見て」おり、「ナイジェリアの油田地帯と同じような状況（治安悪化と無秩序の極み）をつくり出して[45]」いると糾弾した。火に油を注いだのがイムラレン鉱山の計画である。アレヴァは数年前から探鉱を進めていたが、「アーリット市民社会連合」は手続きを問題視した。環境アセスメントが実施されておらず、牧草地の環境が悪化しているうえに、危険物質が「野積み」されている[46]。こうした怒りが11月に、再び大規模デモとなって噴出する。住民を「地中の富の人質」にしている「悲劇」の元締めがアレヴァだ、とデモ隊は叫び、「ウランは外向け、こっちは被曝と貧困だ」「アンヌ・ロヴェルジョン、国籍よこせ！」「略奪やめろ！」「植民地化やめろ！」とシュプレヒコールを上げた[47]。11月の行進の隊列には、NGOだけでなく、県内市町村の首長と議員の大半も加わった。

大規模な抗議活動に直面した鉱山会社は、「アーリット市民社会連合」との面談を受け入れた[48]。地元労働者の採用、持続可能開発基金の創設、独立的な疫学調査の実施、アーリットへの飲用水の供給、下請け労働者の労働条件の改善といった要求が改めて突きつけられる。ウラン10万トン達成祝賀会が中止になったのは、アレヴァ側がこれらに応じなかったため、祝賀会ボイコットの動きが強まったからである。その一方でアレヴァはニジェール国家との間で、食糧安全保障・感染症対策プロジェクトへの財政支援に関する協定交渉を急ピッチで進めた。協定は世界エイズ・デーにあたる2006年12月1日[49]に締結されたため、アレヴァはウランに直接

---

[45]「アーリット市民社会連合」からアレヴァ会長、アレヴァNCニジェール社長、コミナック社長、ソマイル社長に宛てた書簡、アーリット、2006年9月30日（「アギル・インマン」所蔵文書）。
[46]「アーリット市民社会連合」が2006年11月5日の行進と集会の際に発した声明、前掲文書。
[47]「アギル・インマン」メンバーの男性への著者によるインタビュー調査、パリ、2007年4月5日。
[48] 同上。
[49] この点を指摘してくれたカミーユ・サイセ〔科学ジャーナリスト〕に感謝する。

の原因がある他の病気を隠蔽する目的で、エイズに力を入れているのだという非難がさらに強まった[50]。ニジェール初のエイズの症例が1987年に「発見」された場所は、ほかならぬアーリットのアレヴァ系列病院のひとつである。それらの病院はどこよりも先に、HIV〔ヒト免疫不全ウイルス〕の検出機材を備えていたのだった。

7. 排除されるニジェールの社会運動

　激しい抗議活動が繰り返された2006年に続き、事態は翌年に大きく悪化する。2007年2月、12年間にわたる和平が破られた。「正義運動」によって武装闘争が再開されたからだ。彼らと一線を画する「アギル・インマン」と「アーリット市民社会連合」の活動は、ウラン収入の再分配を要求する「正義運動」の陰にじきに隠れてしまった。反乱とウランとの関連をうやむやにしたい政府当局は、政治不安の原因を「テロリスト」「麻薬密輸人」「イスラーム主義勢力の共謀者たち」のせいにした。ニジェール国家は徹底して武力をもって応じ、人道援助を封鎖した[51]。

　反乱が起こった時期、ニジェールは転換期にあった。政府は2006年終盤に、それまでフランス企業がほぼ独占していたウラン事業の分野で、いくつもの多国籍企業（北米、オーストラリア、アジア、南ア）に探鉱許可を与えた。アレヴァが他の企業グループとの競争にさらされたのは初めてのことである。アレヴァとニジェールの関係は一気に険悪化する。ニジェールはアレヴァが反乱勢力を援助して、諸外国の投資意欲をくじこうとしていると非難した。アレヴァはこれを否定した。2007年の夏、アレヴァの関係者2名が国外追放処分となる。アレヴァは事態の鎮静化を図り、ウラン価格の引き上げに動く。7月に「ウィン・ウィンの連帯パートナー

---

50 「アーリット市民社会連合」からニジェール共和国首相への公開書簡、アーリット、2006年12月6日（「アギル・インマン」所蔵文書）。
51 « Le sort des populations autochtones du Nord-Ouest Argentine et du Nord Niger face à l'essor fulgurant de l'uranium », réunion publique d'information organisée par les collectifs « Malgré tout » et « Areva ne fera pas la loi au Niger » du 22 septembre 2008, Montreuil (notes de terrain).

シップ[52]」と銘打った協定をニジェールと締結し、1キログラムあたり42ユーロから61ユーロへ、5割の引き上げを規定した。とはいえ、192ユーロの水準にあった当時の国際価格に比べ、著しく低いことに変わりはない[53]。

アレヴァは新協定によってニジェール国家との関係を正常化し、うまく「矛(ほこ)をおさめる[54]」に至った。2008年1月には、アフリカ最大のイムラレン鉱床の採掘について合意が成立した。激しい社会運動が起ころうと、反乱が始まろうと、アレヴァのニジェールでのプレゼンスは後退していない。それどころか、進出地域に非常事態が発令されたことで、逆に強化される結果となったのだ。

ニジェールの事例が私たちに見せつける世界では、核事業と結びついた問題が、フランスの枠内で追及されているのとは比べものにならないほど凄まじい。環境被害と健康被害が悪化しているだけではない。デモクラシーの根幹に関わる問題も非常に深刻だ。医療は極度に秘密主義で、NGOは弾圧され、武力紛争まで助長されている。このような構図〔＝布置〕の下地をなすのが、特殊としかいいようのない土地管理、住民管理である。アレヴァの進出地域では、基本資源とエネルギー資源のコントロールが強化されている。まずは（1961年の協定に規定されたように）ウランだが、それだけではない。水はアレヴァが搾取しており、電気の主用途は鉱山への給電だ。医療資源すら例外ではない。アーリット地域の住民を治療するのは二つの鉱山病院、そこの医師と職員はソマイルとコミナックの従業員だ。病院の設備のうちにも、核事業と医療の甚だしい癒着が現れている。それはラングドン・ウィナーの言う「政治的な」次元[55]にある。アーリットの病院は、一般的な医療にはしっかり対応しているの

52　Areva, « Areva renforce sa présence au Niger : signature d'un accord de partenariat gagnant-gagnant et solidaire » (communiqué de presse), 13 janvier 2008.
53　« À qui profite l'uranium nigérien ? », *Le Monde*, 18 août 2007.
54　« Le Niger et Areva ont enterré la hache de guerre », AFP, 14 janvier 2008.
55　ラングドン・ウィナーの示すところ、技術的なモノは、社会的世界を編成・変形・改変の対象として考察する特定の方法（必然的に「利害関係」に基づき、したがって偏った方法）の範疇に属しており、その意味において深い「政治性」を帯びている（L. S. Winner, « Do Artefacts Have Politics ? », *in The Whale and the Reactor : A Search for Limits in an Age of High Technology*, Chicago, University of Chicago Press, 1986, pp.19-39〔『人工物に政治はあるか』、『鯨と原子炉――技術の限界を求めて』、吉岡斉・若松征男訳、紀伊國屋書店、2000年〕）。

に、ウランに起因する可能性のある特定の疾患の大部分については、なんとも矛盾したことに検査の手段を備えていない。

　要するに町自体、町の病院、町のインフラの社会的編成をウランが規定している。地域住民は鉱山会社に強く依存させられている。経済の面ばかりではない。そこにあるリスクに関わる情報もまた同様だ。ウラン塵への曝露と、労働者や地域住民に見られる種々の病気との因果関係を示しかねない証拠は[56]、きれいさっぱり消されている。CRIIRADが2003年に機材を没収された例のように、独立的な対抗調査は妨害を受け、ひどい時には弾圧される。証拠管理の実権は鉱山会社が握っており、2006年6月の国会調査がみずから認めたように、国家は規制者・監督者の役割を果たせていない。以上を踏まえると、各地の鉱山施設の周辺に保健状況観測所を設置するというアレヴァの計画、2009年に「シェルパ」と「世界の医療団」の協力も取りつけた計画は、慎重に受けとめる必要がある。それは、より大きな変化の一環をなす。発展途上国で事業を展開する多国籍企業は、自社の事業に関わる保健問題と環境問題を牛耳るようになっている。そこでの協力相手は「市民社会」である。国家はお払い箱、これまで国家の役割と考えられていた規制者はお払い箱、ということだ。

　ここでいう「市民社会」は、ニジェールのウランの場合、どこまでもヨーロッパのそれでしかない。「シェルパ」しかり、「世界の医療団」しかりだ。企業が「対話」に応じたとしても、相手にするのはそこである。ニジェールの社会運動は正当性を剝奪され、さらには排除されている。その際には、エスニックな問題をことさら強調するという手法も用いられている。国内の運動が排除されている理由は、コルカタの不法占拠者(スクワッター)たちがどうあがいても「インド市民社会」に昇格できない[57]理由とまったく同じ

---

[56] 証拠の管理については、サイエンス・スタディーズの分野に多数の文献がある。それらの分析として以下を参照。D. Pestre, « Pour une histoire sociale et culturelle des sciences. Nouvelles définitions, nouveaux objets, nouvelles pratiques », *Annales. Histoire, sciences sociales*, 50, 3, 1995, notamment p. 507-510.

[57] P. Chatterjee, *Politique des gouvernés*, Paris, Amsterdam, 2009.〔*The Politics of the Governed : Reflections on Popular Politics in Most of the World*, Columbia University Press, 2004 ; パルタ・チャタジー『統治される人びとのデモクラシー──サバルタンによる民衆政治についての省察』、田辺明生・新部亨子訳、世界思想社、2015年〕

だ。彼らの運動そのものが、ニジェールの「逆説」——ウランが豊富にありながら世界最貧国のひとつ——を俎上に載せているからだ。この逆説は常態視／規範化されており、それを解消しようとするなら、ウランの開発と管理のあり方の抜本的な変革が必至である。ゆえに、ニジェールのウラン鉱山が健康と環境に及ぼす影響をめぐる論争は、暴力と不安定と極度の苦しみに満ちた新たな構図の下で、徐々に沈黙へと追いこまれる。そしてウランが歴史の唯一の〈勝者〉、市民社会が最大の〈敗者〉として浮かび上がる。

終　章

「脱原発なんて自分の腕を切り落とすようなものだ」。日本の福島第1原発が爆発して数週間後、当時の共和国大統領ニコラ・サルコジはこう言い放った[1]。「私は（わが国の核産業を）大いに信頼していますが、（その信頼は）新世代の原子炉に向けられなければいけません、古い原発ではなく」。その1年後、次期大統領に選出される少し前に、フランソワ・オランドはこう言明した[2]。

フランスでは、日本を見舞った核惨事の後も、核利用の是非が根本的に問い直されることはなかった。それに比べて、他の国々では重要な決定が下されている。アンゲラ・メルケルのドイツは、世論の圧力の下、2022年までに脱原発を実現する方向へと完全に舵を切った。段階的な廃炉計画が2003年に決定されつつ、延期決定が2009年になされていたベルギーでは、〔全7基の商用炉のうち〕2基を2015年に、5基を22〜25年に閉鎖する方針が確認された。スイスでは、段階的な脱原発が電撃的に決定された。2011年6月12日に国民投票を実施したイタリアは、チェルノブイリの後の時と同様に、原発に再び否を突きつけた。

フランスの「例外的」状況

フランスの為政者は、あの惨事の直後にも信じてやまなかった。日本——自然災害に関して「地に呪われたるところ」——で起きたことはまったくの「例外的」な事態です。その種の発言は、ただちに国民を安心させた。結局は技量の問題です。フランスは、安上がりな原発を認めない姿勢で知られています。懸念すべき点も自責すべき点もありません。そこで話を関係機関に振る。「核事業の番兵」の異名をとる安全当局や、それを補佐する専門機関の防護安全研は確言する。フランスの原発は現在も今後も、万全の監督体制、モニタリング体制の下にあります。そうした空気の中で、安全当局は時に意外な姿勢も見せている。欧州新型炉の一時的

---

1 « Sarkozy : sortir du nucléaire reviendrait à "se couper un bras" », *Le Monde*, 28 avril 2011.
2 2012年5月2日、第1回投票と決選投票の間に行われたサルコジとのテレビ討論の際のオランドの発言より。

な凍結もありえなくはないと、安全当局長官のアンドレ＝クロード・ラコストは2011年3月下旬の時点で発言している。政府広報官と矛盾する見解だ。彼はその数日後に国民議会で開かれた公聴会の際、フランスの原発では設計時に多重災害、たとえば地震に続く津波の襲来といったシナリオが考慮されなかったことを認めている。空恐ろしい話だ。しかし、一般大衆はさほど動揺しなかった。フランスではいずれにせよ、日本を見舞ったような自然災害の連鎖はありえないと、すかさず為政者たちがコメントしたのが奏功した。チェルノブィリ事故から25年を経て、またしても例外論を軸とした安心言説が流されたのだ。ソ連の時は「まずい技術」の犠牲になったという「技術的例外論」、それが日本に関しては「地理的例外論」に切り替わっている。

　国家とその専門機関はこう高言した。福島から「あらゆる教訓」を引き出します。事故のシナリオを何通りも作成します。「考えられない事態も考える」ことにします。ストレス・テストを通じて安全対策を強化します。こうした言説に対し、「でも、考えられない事態を考え尽くし、すべてを統御できるような日がいつか来るとしても、それまではどうするのですか。その間に大惨事が起こったらどうするのですか。だって、同時に複数の衝撃にやられたら、今の原発では耐えられないとおっしゃってますよね」といった憤激が、束になって表明されることはあまり見られなかった。福島の直後、専門機関あるいは国家自体に対して、一般市民つまり世論が不信感をもったとはいえない。

　専門機関が異議の対象となることは、むしろ減っていたかもしれない。2011年3月11日をめぐる広報という難題を、彼らは「もののみごとに」切り抜けた。チェルノブィリの経験から学習した行政と事業者は、透明化のカードを徹底的に利用した。爆発が起きた後すぐさま、フランス電力総裁のアンリ・プログリオがテレビに出演し、核産業は全産業中で「最も透明性のある産業」だとして、一般市民の疑念を抑えにかかる。防護安全研と安全当局も事故の当日から、あらゆる手段で最大限の情報を国民に提供すると請け合ってみせる。この種の言説を駆使したのは閣僚も同様だが、福島の事態の矮小化に走った者もなくはない。当時の産業大臣エ

リック・ベソンが「事故」という言葉を最初のうち避けていた事実は記憶に新しい。とはいえ全体としては、不協和音や放言は飛び出さなかった。安全当局のラコスト、防護安全研の〔所長ジャック・〕ルピュサール、アレヴァのロヴェルジョン、フランス電力のプログリオら、こういう場合の広報役になるべき者たちが、数値を片手に一般市民への情報提供にあたった。惨事に続く時期の広報は大成功を収めた。福島のプルームが通過した時、CRIIRADのプレスリリースと防護安全研――チェルノブィリの際の防護中央局の後継組織――のプレスリリースが大筋一致したほどである。チェルノブィリの後のフランスと、福島の後のフランスは、隔世の感があるように思えなくもない。

　つまり、闘争活動が効いたのだろうか。そこに疑問の余地はない。批判活動は、核事業機関の近代化を促す結果を生んだ。広報戦略と危機管理制度の改善を迫り、一般市民へのよりよい情報提供を要求した。1986年の時には、核事業の将来を守るには手段を選ばない――その筆頭は極端なまでの秘密主義――という発想が支配的だった。しかし、批判活動はそれに呑まれなかった。

　では、核利用路線について民意が問われるようになったのか。いや、まったく違う。スリーマイル事故が起きた際、フランスはミッテラン選出という結果となった大統領選を控えていた。当時は強力だった反原発運動は、この社会党候補に国民投票の実施を公約させたが、空手形に終わっている。歴史の皮肉というべきか、それから30年後に再び事故を経験した時期に大統領に選出されたのは、同じく社会党の候補〔オランド〕であった。だが今度は、国民投票の公約はない。社会党はヨーロッパ・エコロジー＝緑の党（EELV）と選挙協定を交わすことで、かつてと同じように政治的エコロジーと手を結んだ。しかしミッテランの時と違って、公約の中身は生彩を欠いた。選挙協定には原発比率を50％に減らすことが盛りこまれていたが、そのつもりは現政権〔2012年5月〜17年5月〕にはない。2012年の大統領選では、脱原発の展望を開くことも、核利用の是非について民意を問うことも、争点となるには至らなかった。核エネルギーへの

賛否を問う国民投票の必要を公言したのは左翼戦線[i]だけだった。

40年を経ても、核利用路線を民主的な評価にかけることは、今なお遠く見果てぬ願望の域にある。この間に民意の問われた数少ない例も、欧州新型炉に関する公衆討議をはじめ不発に終わっている。あたかも、核事業はデモクラシーと両立しないという反原発派の主張を裏づけるかのごとくだ。エコロジーを剽窃した核エネルギー産業は、福島の事態にもかかわらず攻勢に乗り出している。電気自動車（すなわち核電自動車）を「クリーン」な技術革新だとする宣伝の増大ぶりを見るがいい。対する批判活動の側は弱体化している。核事業の将来を左右する政策決定の場でなかなか現実の力をもてず、そのために引き裂かれた状態だ。

「デモクラシー」の内実を問う

本書の主題は、原子力とデモクラシーとの歴史的な緊張関係の分析である。三つの時期に大別して比較検討したことが、解明に向けた非常に有効な方法となった。

1970年代は、科学とリスクと社会の関係が変容した節目の時期であり、豊かな分析の沃野を提供してくれる。この時期には、まるで万事が極端にまで駆り立てられていたかのようだった。社会的批判活動は頂点に達していた。それに対して核エネルギーもまた、まさに一事が万事といった様相であった。メスメール計画は謳い文句からして「万事の電化、万事の核エネルギー化」である。この計画は、一個の自己規定をなす。第2次世界大戦後につくり上げられた自己規定、フランスは産業においても軍事においても「偉大」であるという自己規定だ。この計画は、一個の緊急事態を根拠とする。産油国の「気まぐれ」に対処するために、エネルギー「自立」が焦眉の急であるという。この計画は、一個のイデオロギーを体現する。経済成長・大量生産・大量消費のイデオロギーだ。この計画はまた、「大

---

[i] 日本語版のための序章で言及されている2017年大統領選・第1回投票で第4位の得票を集めた（ジャン=リュック・メランション候補の）政党は、2012年に左翼戦線を構成していた政党のひとつを前身とする〔訳注〕。

きな技術システム」[3]として名乗りをあげる。中央集権型・国家統制型であるだけでなく、国境をまたいでヨーロッパ規模に広がりながら、新しい複合的な技術群[4]（軽水炉、再処理、高速増殖炉、ガス拡散法ウラン濃縮、ガラス固化処理、等々）に依拠したシステムだ。そして74年の原発事業計画は、一個の高リスク産業である。それはきわめて甚大な被害を潜在的に組みこんでいる。この分野の技術革新の当事者自身が異例と考えるほどの被害だ。こうしてみると、メスメール計画は、リアルスケールで展開された一個の実験に等しいものだった。それはテクノロジーによるバラ色の未来、専門家たちの楽観論に彩られながら、国家と事業体と個人の間の責任負担を再編したのである。

　このような強烈な問題意識と願望に織りなされた構図の下で、核エネルギー主義者と糾弾勢力は全面的に激突する。国家はフランス電力を通じて、原発を「できるだけ迅速に」建設し、可及的すみやかに〈不可逆化〉する政策に邁進した。それが反対活動〈にもかかわらず〉フランスの核エネルギー化を達成する唯一の方法のように思われたからだ。政策措置の核心は、早わざによる統治である。特許が取られてはいても実証済みの技術の採用・標準化、中央集権的な舵取りという道を選んだのも、日程をうまく消化しながら早わざで進める戦略の一端だ。抗議活動に対する推進組織体の権力を強化した統治手段は、それだけではない。行政的な手段が公衆意見調査や公益認定の制度である。これらは決定プロセスに批判的アクターが実効的に参加するのを妨げた。司法的な手段は不完全で不適切なものに終わっている。経済的な手段が金銭補償措置であり、基礎自治体をうまく「誘惑」した。そのような資金力は抗議勢力の側にはない。エコロジー主義への世論の「感染」を防ぐのは、広報の手段である。これは情報提供と秘密化を両輪とする力学によって強化された。抗議勢力の分析と監視を行い、敵対勢力の実体化と追跡を進めるの

3　T. Hughes, *Networks of Power : Electrification in Western Society, 1880-1930*, Baltimore, Johns Hopkins University Press, 1983.〔T・P・ヒューズ『電力の歴史』、市場泰男訳、平凡社、1969年〕

4　この点については以下を参照。C. Perrow, *Complex Organizations : A Critical Essay*, New York, McGraw-Hill, 1983.〔C・ペロー『現代組織論批判』、佐藤慶幸監訳、早稲田大学出版部、1978年〕

は、社会科学に依拠した監視の手段である。そこから得られた知識をもとにして、反対派は社会のはみ出し者、イデオロギーを弄する者、合理性に欠けた者だというレッテル貼りを徹底的に行った。核事業計画に反対するなんて無責任な連中だ、国難の時期だというのに一般利益を重視できない個人主義の振る舞いだ、ホモ・エコロジクスからホモ・エコノミクスへと脱皮できない者たちだ、といった具合である。このような個人の自己責任化は、統治形態として70年代から組み立てられ、続く時代にますます強化されていく。統計という手段の飛躍的な発展も、70年代序盤に始まっている。それは世論の単なる監視にとどまらず、抗議勢力に対峙する「正当な一般市民」たる世論の創出をめざす。

　81年にミッテラン政権が発足する。社会党は選挙の間際に反原発運動に急接近したが、政権交代によって反原発運動に追い風が吹いたわけではない。それどころか、原発事業計画の行く手にただよっていた暗雲は完全に払拭され、計画はさしたる変更もなしに既定路線となる。要するに核事業界は70年代の間に、事業の長期的安定のためには、世論統制に特化した専門部署が不可欠だという大きな教訓を引き出していた。原発の設置が進んだ段階になると、さらに批判活動の中の有識者、つまり彼らの中では最も合理的だと踏んだ者に着目し、その制度化を図るのが得策だと見るようになる。こうして科学者と組合活動家を積極活用し、公的制度に組み入れる動きが80年代序盤に始まった。それまで管理の対象とされていた彼らは、徐々に管理の道具に切り替えられて、リスク・コントロールの改善のみならず、新たな正当性の構築にも荷担させられた。以上のように記述される第1期は、一方では市民社会――もはや社会運動ではなく――が創出された場、また他方では、批判活動を統御する手段の研究と開発が進められた現場として把握されよう。

　第2期の発端は、86年4月26日に発生したチェルノブイリ事故である。まず目につくのは、騒然とした70年代に比べて社会が静まりかえっていたことだ。例外と極端に満ちている点に変わりはない。ありえないとされていた重大事故が発生し、核分野におけるフランスの特異性がまたしても、この時期には秘密主義の徹底という形で発揮された。ところが第2期に

は、第1期とは明白に異なる点がある。核利用路線のストレートで大々的な拒絶の声はしぼんだも同然になっていた。チェルノブイリの危機管理でフランス政府はひどい失策を重ねていたのに、ドイツやイタリアのような拒絶の声は浮上していない。フランスの批判的アクターの焦点は、もはや核エネルギーへの反対からは逸れていた。彼らは国家の近代化、核事業の管理体制の改善をめざしており、とりわけ監督機関の独立性、政策措置の透明化の2点を主張していた。秘密主義が推進組織体の内部だけでなく、科学界・市民団体・メディアでも規範化／常態視され、効果を発揮したのはそのためだ。すなわち批判活動の枠組み設定は組み換えられ、「一般市民への情報提供」をめぐる論争は誘導され、核エネルギーとそのリスクの全般的な評価は二の次にされた。規範化／常態視された秘密主義が、逆説的にも核事業の将来を「救う」結果になっている。

批判的アクターは、チェルノブイリ事故が発生した時点では、すでに70年代の「経験」から大きな政治的教訓を引き出していた。みずからの活動の正当性を確立し、批判活動が真剣であることを示し、推進勢力によって仕立てられた「イデオロギー的、非合理的、無責任な反対勢力」のイメージを払拭するのが先決だ。彼らの政治的な挙動は一変する。核利用の提起する問題に自分たちも責任をもつとアピールしながら、「再帰的な専門科学化〔＝自己内省的な科学化〕」[5]へと突き進む。批判的アクターはまた、施設の監視のような新しい種類の活動を重視した。ピエール・ロザンヴァロンの用語を借りるなら、社会成員の側が自己に規制を課す「非闘争」である[6]。正面切って反対するのは反近代的で時代遅れだとして、そうした非闘争を彼らは活動の中心に据えていく。批判活動の自己統治は、具体性の優先という形でも進行する。核エネルギーの社会的リスクは具体的に論証しにくいので持ち出すのをやめ、健康リスクや環境リスクの問題に特化したのだ。こうして放射能調査専門の市民団体という世界にも類

5　U. Beck, *La Société du risque, op. cit.*〔ウルリッヒ・ベック『危険社会』、前掲書〕

6　P. Rosanvallon, *La Contre-Démocratie. La politique à l'âge de la défiance*, Paris, Seuil, 2006.〔ピエール・ロザンヴァロン『カウンター・デモクラシー――不信の時代の政治』、嶋崎正樹訳、岩波書店、2017年〕

のない組織が誕生し、70年代の物理学者たちの試みを受け継いだ「独立的」対抗調査の確立をめざすようになる。核利用に賛成か反対かという「不可分」の抗争は消滅し、それが提起する各種の問題をめぐる「可分」の抗争[7]に替わった。そこでは（正確を期すなら対抗的な）専門評価が、抗議勢力サイドの挙動のルール、自己規制のルールを変える手段として重視された。変更されたルールの下では、核の統治の究極目的は問われることがない。その種の専門評価はもはや、リモート式の統治を可能にする「知的テクノロジー[8]」のようなものと化している。

　それだけではない。市民団体アクターが求めた透明化は、すぐに体制機構側の「グッド・ガバナンス」言説へと変換された。核事業の新たな、「透明化」という自己規定に対し、NGOはたとえば次のような追及を繰り広げた。放射性物質の処分場で未曾有の汚染が起こっています。「隠蔽」されたプルトニウムを「発見」しました。ラ・アーグのプラントからの排出物に関する法令、核廃棄物の保管に関する法令への「違反」があります。公式にはそういうお話になっているわけですけど、ここに違うことが書かれた公文書があるんですよ。このような新たな、きわめて専門科学的な批判活動に対し、さまざまな戦略が総動員されていく。一般市民向けの情報提供・広報キャンペーンが展開され、威圧的な措置がとられただけではない。批判的アクターの制度化を強化するしくみも整えられている。一つめは、放射能測定法を整合化・標準化することで、測定専門の市民団体を政府認定の対象にするという戦略だ。これによって証拠管理の面で、専門的な市民団体のほうが体制機構の慣行に合わせる状況が確定した。二つめは、「透明性のある核事業」を一緒に創出しようということで、81年に設置の始まった地元情報委の門戸をNGOにも開放する方策だ。チェルノブィリに続く10年間は、国際的には核エネルギーの将来性が疑問視されていた時期である。しかし、この時期を通じて最もうまく機能した委

7　これらの概念はアルバート・ハーシュマンが最初に考案した。それをめぐる議論については以下を参照。Y. Barthe, *Le Pouvoir d'indécision*, *op. cit.*

8　L. Jeanpierre, « Une sociologie foucaldienne du néolibéralisme est-elle possible ? », *Sociologie et sociétés*, 38, 2, 2006, p. 87-111.

員会のひとつ、ラ・アーグ情報委を仔細に分析すると、秘密主義を打ち砕こうという政治的意思はほとんど感じられない。第2期は総じて見ると、核事業のリスク・危険・被害に関わる情報が全面的に提供された――批判的アクターが夢みたような――透明化の時代であるとは言い難い。むしろ際立つのは、行為遂行的な用語と言説の伸長である。それは一種のニュースピークとして、核エネルギーを脱神聖化し、異例の域にあると指弾されたリスクを常態／規範の域に引き入れることを意図していた。

　90年代中盤以降になると、気候変動の懸念の高まりを受け、エコロジーと公衆参加を基軸とした新たな「グッド・ガバナンス」の流れの中で、推進組織体は核エネルギー事業を「グリーン」だと言い出した。20年前にエコロジーに貼りつけたレッテルはどこ吹く風だ。この第3期には、「関係当事者」に耳を傾け、対話を行い、門戸を開くといった姿勢が示された。それに対して批判的アクターは、エコロジーの取りこみと市民活動の取りこみを図っていると反発し、90年代終盤から全国的な反原発活動への回帰を高唱するようになる。第2期の基本路線をなしていた専門家的な振る舞いは後回しである。それは核エネルギーの、核エネルギーによる「エコ統治性[9]」に対するストレートな拒絶にほかならなかった。90年代中盤以降に展開された反原発の批判活動は、70年代に比べて規模も小さく、報道される機会も少なくなったが、多様な戦略を駆使して一定の広がりを見せている。情報通信技術の活用によって全国的、国際的なネットワークを形成し、オルターグローバリズム運動、遺伝子組み換え反対運動、ナノテクノロジー反対運動のような新しい集合的アクション[10]とつながっている。「歴史の犠牲者たち」とも、すなわち半世紀にわたってフランスで、そ

9　マイケル・ゴールドマンが論じたエコ統治性の観念は、「統治の技法〔＝統治術〕」に関する分析の視角を変えた。この観念は、環境と天然資源に関わる法・真理のグローバル体制構築の、質と規模にまたがる変化を捉えている。それが記述する権力行使の生産は、一方では（効率的な国家の確立に不可欠な）近代的な合理的主体を創出し、他方では彼らのその環境との関係に対する規制を強化する（M. Goldman, « Constructing an Environmental State : Eco-Governmentality and Other Transnational Practices of a "Green" World Bank », *Social Problems*, 48, 4, 2001, pp.499-523）。

10　I. Sommier, *Le Renouveau des mouvements contestataires à l'heure de la mondialisation*, Paris, Flammarion, 2003.

して世界有数のウラン産出国にして最貧国のニジェールをはじめ、旧植民地で続けられてきた核エネルギー開発の被害を明るみに出し、可視化するに至った人々とも連帯している。過去15年間に展開された批判活動には、もうひとつ特筆すべき点がある。なにやらつかみどころのない新機軸、参加の至上命令なるものを前にして生じた自問と試行と分裂だ。これをある者は分析し、ある者は採用し、ある者は非難した。批判的アクターの多種多様性そのままに、政治学者アルバート・ハーシュマンの定義した3通りの行動、離脱・発言・忠誠が総動員された反応だ。

　参加という手段によって批判活動を統べようとする動きは、実務への反映という点では千差万別であったにせよ、90年代中盤から絶頂期を迎えていく。この時期に参加の至上命令が試された場のうち、今日の「民意を反映した核事業」言説を支えているものが二つある。一つめは、いわゆる多元的専門評価の制度である。核物質リスクの評価に関わる専門サークルに、「関係当事者」を一時的に迎え入れる。二つめの参加「モデル」は、いわゆる「共同専門知」方式である。それは事故後管理に個々の人々を関与させる。ベラルーシで用いられただけではない。2001年9月11日の事件を受けた公安強化の下で、超長期に及ぶ放射能汚染を引き起こす事故が想定されるようになったフランスとヨーロッパにも適用された。

　いわゆる多元的専門評価制度の場合、関係当事者という白羽の矢を立てた相手は、技術的な問題に特化していて、体制機構の慣行を取り入れ、専門家的な物言いと振る舞いを身につけた市民団体アクターである。要するに、合理的な対話ができると見なした相手に限られる。この制度は専門知識の「共同構築」を謳っていたが、市民団体の参加をアリバイとして、核事業の正当性を（改めて）確立したい思惑が透けて見える。北コタンタンとリムザンに設けられた実例を検討すると、両調査委は80年代序盤に始まるプロセスの発展形になる。とはいえ、これによって参加モデルの規範が完成されたとはまったくいえない。事業者アクターと批判的・市民団体アクターのリソース配分が不均等であることを踏まえて、標榜された多元主義の内実を問い直さなければならない。両調査委の事例はさらに、以下の点も明らかにした。専門式デモクラシーには、いかに改良が

なされようとも、二つの本質的な限界がある。第1に、そこに参加する関係当事者は、少数の個人からなるサークルに属している。動員されるアクターはあらかた同じ顔ぶれである。この種の機関の内側で専門的な対抗調査のゲームに乗れるような市民団体アクターの数は限られている（知識のレベルによって参加を排除される）し、実際の制度が参加型・オープン・透明であるのか、つまり改革志向であるのかの判断や評価は、関係当事者となりうるNGOの間でも分かれてくるからだ。専門式デモクラシーの第2の限界は、まさにこの点に関わっている。専門式デモクラシーが統合と宥和につながるといった見方は、批判的アクター全体の共通認識ではなく、共有されるべくもない。核利用の「選択」が民主的な評価にかけられる可能性がない（数少ない実例を見ても、予想どおりというべきか、所期の目標を断念する結果に終わった）以上、専門式デモクラシーなるものは、たかだか「細分化」デモクラシーでしかないからだ。最後にもうひとつ述べておく。いわゆる「多元的専門評価」方式は、あくまで傍流的なモデルにとどまるものだった。推進組織体サイドでは、文化革命が起こりつつあるといった発言も飛び出し、核事業の舵取りの中核に今や市民社会が入っていくのだと喧伝された。しかし、さまざまな推進組織体で、この種のモデルがこぞって採用された状況には程遠い。

　いわゆる「共同専門知」モデルのほうは、核事業界に近いフランスの専門家グループが組み上げて、事業者およびフランスとヨーロッパのハイレベル機関が大々的に後援したものだ。チェルノブィリ事故によるベラルーシの被災地の管理体制をリニューアルすることが目的だった。ここでの関係当事者は、法的には被害者である。このモデルの下では、彼らはそれぞれ個人として、被害者意識を捨てて、自分の人生を自分で決めなければいけない。そして「共同専門知の担い手」として、持続的な放射能リスクの管理への不断の参加を求められる。一般市民のエンパワーメント、「自由を付与する自己責任化」である[11]。リスクは個人化される。新自由主義秩序の要請に基づき、責任は国家から個人に移される。ソロバン勘定

11　É. Hache, « La responsabilité », art. cit.

と最適化を個々の人々が内面化する。新たな形の主体性、新たな形の自己統治が創出される。エンパワーメントの意味するところはそれだけではない。異例とされていたはずの「汚染された世界」が、常態／規範の域に引き入れられる。放射能に強要された制約にしたがって、場所や食物の定義が根こそぎ変更される。新たな語法が組み立てられ、禁止事項との、空間との、時間との新たな関係が編み上げられる。このような新たな統治性モデル、いわゆる「参加型ガバナンス」を前にした抗議勢力は、重大な政治的・道徳的ジレンマにおちいり、激しい緊張と分裂に見舞われた。彼らは三つの問題意識に板ばさみにされる。一方には、重大な核事故による惨禍が政治的に常態視／規範化されるおそれがある。また、市民団体の批判活動が取りこまれて、そのような常態視／規範化に荷担させられるおそれがある。その一方で、現場の深刻な問題と人々の苦しみは、待ったなしの人道援助を必要とする。

80年代以降に進行した事態は、「核テクノクラシー(ニュークレオクラシー)」から「核のデモクラシー」への「明るい」移行どころではない。「細分化」デモクラシー、「原子化」デモクラシーの漸進的な確立である。ゲームの規則と領域があらかじめ体制機構によって定められ、それに後から見直しを迫るのは難しい構図の下で、欽定されたにすぎないデモクラシーの確立である。そこでの体制機構側の最大の関心は、核エネルギーとそのリスクの「管理」体制の改善でしかない。要するに、市民団体によるモニタリングにも——急進的な異議申し立てをともなわないかぎり——実利的な役割があり、「専門式デモクラシー」にも利点があると認識したということだ。

それでも希望がある

福島の惨事の少し前、生涯を通じて核エネルギーへの反対闘争を続けてきたひとりの科学者にインタビュー調査を行った。彼はその時、こんなふうに独りごちた。「批判活動が何の役に立つのか、まだ何か役に立つのだろうか」。原子力に反対する気持ちは40年前と変わらない。それでも、ずっと闘争してきたことが本当によかったのか、という疑念がよぎりも

する。顔には皮肉な疑問が浮かんでいた。「自分たちは結局のところ、核（の）世界の向上に役立っただけではないのか。私たちが、私が望んでいたのは、もっと別のことだ。あの〈世界〉の肥やしになるのではなく、ケリをつけるはずだったのに」

　生涯にわたる闘争が「現実に」報われなかった人が、このような苦い思いを抱くのも無理からぬかもしれない。だからといって、諦観にとらわれるべきではない。受け容れてはならないこと、つまり活動を放棄することには、逆に断固として抗うべきである。〈世界〉はどのようなものにもなりうるからだ。将来を独占する技術など存在せず、批判活動が既存の高リスク技術の共同管理に引き入れられるいわれはない。環境・社会・道徳の観点から受け容れやすい代替技術のめどがつかないという理由で、高リスク技術の監督体制の改善に荷担するいわれはない。批判活動には力がある。依然として力がある。創造性があり、旧弊を打破する気概がある。（複数の）惨事を経験した今この時期に、「テクノロジーによる侵奪[12]」に抵抗するために、批判活動は欠かすことができない。それが成功するか、技術の選択に民意を反映させるようにできるかは、歴史から教訓を引き出せるか、そして世界各地に生まれた新たな展開を追い風にできるかにかかっている。すぐにも仕事に向かわなければいけない。というのも、核エネルギー批判活動の再興が徐々に、しかし根底から進んでいるように思えるからだ。フランスの場合はかなり最近になって始まった動きだが、2011年11月には〔コタンタン半島の〕ヴァローニュで、放射性廃棄物の輸送に反対する大規模なアクションがあった。2012年3月には、壮大なスケールの「核事業に反対する人間の鎖」がつくられた。2012年10月には、政府の約束したエネルギー・シフトに関する国民的議論への「街頭からの参加」として、「脱原発を求める市民の結集行動」が実行された。それらを含め、フランスの環境運動全体が今や再興期を迎えている。頁岩ガス反対闘争は、2011年を通じて非常に活発だった。〔中西部ナント郊外の〕ノートル＝ダム＝デ＝ランド空港開設に反対する活動[(i)]は、全国規模に拡大し

12　A. Gras, *Fragilité de la puissance, op. cit.*

(i)　政府は2018年1月に、空港開設を断念することを発表した〔訳注〕。

ている。

　ここで大切なのが「記憶する義務」である。原子力とフランスの間に、一般的に信じられているように歴史的な盟約があるわけではない。70年代のフランスの反原発運動は、ヨーロッパで最も激しいもののひとつだった。きわめて多彩で、空前の広がりを見せ、たちまち科学界、労働組合、政界などの各界に浸透した。ありとあらゆる問題が槍玉に挙がった。低線量被曝のリスクや、想定される核事故だけではない。資本主義も消費社会もいただけない。エネルギーの浪費はおかしいし、国家の権威主義・治安部隊・上命下服の論理も問題だ。廃棄物なんてお断り、権力を「濫用」する専門家も退場だ。70年代の運動は、闘争するために、主張を届けるために、成功するために、あらゆる問題を俎上に載せ、多様なアクションを展開した。70年代に広く共有されたのが、「核利用を選ぶかどうかは社会的な選択」という枠組み設定であり、デモクラシーの要求を──フランスであれ、どこであれ──堅持していく効果を大いに発揮した。公の場で関与の機会、発言の機会があるごとに、これを死守して、上から課せられる限定的な枠組み設定を跳ね返さなければならない。ことは無論、核エネルギーだけに限らない。社会成員との摩擦をきたすテクノロジー全体に関わる問題である。

　80年代以降の状況は、その対極にあった。焦点が技術リスクにしぼりこまれたせいで、批判活動は必然的に専門科学化され、さらには官僚的実務と化してしまった。改めて距離を置いて見ると、推進組織体の誘導に乗せられて、科学と専門評価の土俵だけで対決しようとすれば、おそろしく危ない橋を渡るはめになるだろう。そこでは公的機構は抗議勢力とは比べものにならないほど大きなリソースを享受しているからだ。では、どういう方向に進んでいくべきか。さまざまな形の集合行為の共存を図らなければならない（専門的な対抗調査はそのひとつでしかないはずだ）。〈正攻法たる〉政治的な振る舞いと物言いを崩すことなく、専門性の高い活動に他の活動が圧されたりしないようにするべきだ。そのためには、核事業アクターの発動する用語と言説を読み解くこと、核エネルギーの根拠づけを強化する（言説その他の）道具がいかにリニューアルされているの

かを常時分析すること、が絶対に欠かせない。

　原子力とデモクラシーと社会の関係の再思三考に向けて、フランスの反原発運動の歴史から今日学べるものは多い。核の「権力」に対して、どのようなアクションを（再び）編み出すべきか、どのような政治的分析を行うべきか。そこに本書の著者が自分なりの方法で貢献できたことを願ってやまない。

本書に登場する組織、団体名の正式名称と原著中の略号

※原著の略号リストをもとに、邦訳版用に編集した。

アルファベット表記 (アルファベット順)

本書の表記	原著略号	正式名称
[A]		
ACRO	ACRO	西部放射能管理協会
AEC	AEC	原子力委員会(米国の政府機関)
[C]		
CORE	CORE	ベラルーシの汚染地の生活条件の回復をめざす協力
CRIIRAD	CRIIRAD	放射能に関する独立研究情報委員会
[I]		
IAEA	AIEA	国際原子力機関
IN2P3	IN2P3	国立核物理・素粒子物理研究所
[N]		
NGO	ONG	非政府組織
[O]		
OECD	OCDE	経済協力開発機構
[P]		
PWR	PWR	加圧水型原子炉
[W]		
WHO	OMS	世界保健機関

日本語表記（五十音順）

本書の表記	原著略号	正式名称
［あ］		
安全中央局	SCSIN	核施設安全規制中央局
安全当局	ASN	核事業安全規制当局
エネ機構	AFME	フランス・エネルギー管理機構 （現行組織たる環境・エネルギー管理機構の前身）
エネルギー経法研	IEJE	エネルギー経済法律研究所 （グルノーブル大学の機関）
欧州新型炉	EPR	欧州加圧水型原子炉
［か］		
科学者集団	GSIEN	核情報のための科学者集団
核エネルギー機関	AEN	核エネルギー機関（経済協力開発機構の機関）
学術研	CNRS	国立学術研究センター
共産党	PCF	フランス共産党
原子力本部	CEA	原子力本部 （現行組織たる原子力・代替エネルギー本部の前身）
原発情報広域会議	CRIN	原発情報広域会議
コジェマ	Cogéma	核物質総合公社（現オラノ）
コタンタン調査委	GRNC	北コタンタン放射生態学グループ
国会科技局	OPECST	国会科学・技術選択評価局
国家公聴委	CNDP	国家公衆討議委員会
コミナック	Cominak	アクータ鉱山会社
［さ］		
サクレ核研	CENS	サクレ核研究センター
事故後指針会議	CODIRPA	核事故または放射線緊急事態の事故後局面の管理に関する指針会議
地元情報委	CLI	立地地元情報委員会
地元情報・モニタリング委員会	CLIS	地元情報・モニタリング委員会
社会党	PS	社会党
省合同支局	DRIR(E)	産業・研究（・環境）省合同地方支局
新型炉公聴委	CPDP EPR	欧州加圧水型原子炉公衆討議特任委員会
ソマイル	Somaïr	アイル鉱山会社

[た]

対処計画	PPI	個別対処計画
多元調査委	GEP	多元的専門評価グループ
脱核ネット	RSN	脱核ネットワーク
統一社会党	PSU	統一社会党
闘争会	CRILAN	反原発検討・情報・闘争会議

[は]

廃棄物機構	ANDRA	国家放射性廃棄物管理機構
防護評研	CEPN	核分野における防護の評価に関する研究センター
フェセナイムとライン平野を守る会	CSFR	フェセナイムとライン平野を守る会
フランス電力	EDF	フランス電力
防護安全研	IPSN	防護・核事業安全性研究所 (現行組織たる防護安全研の前身組織のひとつ)
防護安全研	IRSN	放射線防護・核事業安全性研究所
防護中央局	SCPRI	電離放射線防護中央局 (現行組織たる防護安全研の前身組織のひとつ)

[ま]

民労同	CFDT	フランス民主労働同盟
マンシュ保管センター	CSM	マンシュ集中保管施設

[や]

ユーロディフ	Eurodif	欧州ガス拡散法ウラン濃縮コンソーシアム

[ら]

ラ・アーグ情報委	CSPI	ラ・アーグ施設近隣情報特別常任委員会
ラ・アーグ反公害	CCPAH	原子力公害に反対するラ・アーグ会議
労働総同盟	CGT	労働総同盟

補遺——情報源〔抄訳〕

本研究で用いた情報源は、以下の4種類からなる。

1. 政府機関の文書等

閲覧は容易ではなく、機密指定手続き中、データベースの未整備、等の理由で婉曲に拒否されるケースも多々あった。足りない文書を出してもらうために掛け合わないといけなかったこともある。しかも手続きに非常に時間がかかる。そのため途中で方針を切り替えて、同定しやすい文書を中心に開示を求めることにした。さまざまな書簡や、関連の媒体（*Revue générale nucléaire, Contrôle, EDF Relations publiques actualités*）も情報源に用いた。

2. 市民団体の保管資料や刊行物

保管資料のほか、諸団体が発行した通信、ビラ、レポートなども用いた。

3. 個人蔵の資料

4. 口頭のインタビュー調査

政府機関のOB・OGや公設委員会の委員経験者（彼らが見せてくれたおかげで知りえた資料もある）、市民団体の関係者に、平均2時間半のインタビュー調査をのべ51回行った（複数回の面談を行った相手も多い）。大半の者は三重の役割、すなわちインフォーマント、コメンテイター、自己批判者の役割を意識的にこなした。

訳者あとがき

　本書の原著は著者の博士論文をもとに学術書として刊行されたものである。邦訳では著者の了承の下に、指導教授による序文、著者による序論のうち先行研究に関する節（＊）、巻末の謝辞を割愛し、また典拠に関する補遺は抄訳とした。他方で著者が「日本語版のための序章」を書き下ろした。さらに便宜のためにフランスの地図を追加した。

　文中、丸カッコは原文に由来し、亀甲カッコは訳者による補足を示す。

　固有名詞のカタカナ表記は全体としての整合性を重視しなかった。一般的に知られた表記に合わせる、既訳書の著者名に合わせる、といった複数の基準を併用したためである。

　各章冒頭や文中で引用されている著作については、脚注に特記した以外は既訳書を用いなかった。全体の訳語の整合などの理由によるが、たいへん参考にさせていただいたことは改めて記したい。

　術語の訳は、亀甲カッコまたはルビを用いて、学術的な訳語と一般向けの訳語（あるいは既訳書中の訳語）の併記を試みた。術語以外でも本書の、とくに第6章の趣旨に照らし、通例の訳語より語義を優先させたものがある。

　それ以外のキー・ワードについても、文脈に応じて「核」に相当する語に「エネルギー」「事業」「物質」「利用」等々を補ったのをはじめ、複数の訳語をあてたものがある。

　以上いずれにせよ恣意性は免れまい。不適切な訳があればひとえに訳者の責任である。

　訳書刊行にあたり、解説を引き受けてくださった神里達博氏、原文の不明点について御教示くださった増田一夫氏、出版の労をとってくださったエディション・エフの岡本千津氏には、いくら感謝しても足りない。

2019年2月　訳者

　　＊本書42ページの「『専門式デモクラシー』から批判活動に対する統治へ」の前節にあたる。
　　文献データはhttp://www.netlaputa.ne.jp/~kagumi/prive/topcu.htmlご参照。

解説

「無かったこと」にしないために、学ぶ

神里 達博

　私たちは、8年前、とてつもない災厄に見舞われた。人類が経験したことがないタイプの「複合災害」である。しかも、私たちはその全貌を、依然として見通せていない。これは福島第一原発の事故対応にかかる「費用の見積」に注目するだけでもわかることだ。

　事故後、経済産業省は、廃炉や賠償、除染などの費用総額は約11兆円としていたが、2016年に示した数字は22兆円に倍増している。だが、2019年3月、民間シンクタンク「日本経済研究センター」が発表した試算では、最低でも35兆円、最大で81兆円にのぼるという。これだけ予測にブレがあると、説明を聞く気力も失せるというものだ。

　そうしている間にも、サイトには汚染水を貯めるタンクが増え続ける。"Google Earth"の航空写真で、現在の福島第一原発の姿を上空から見ると、誰もが背筋に嫌なものが走るのではないか。これを最終的にどうやって収束させるつもりなのだろうか、と。

　しかし今や、日本列島に住まう人々の多くは、その日々の生活において、この「大事件」のことを、意識していないかのようにも、見える。とりわけ、責任ある立場の者が、このできごとを「無かったこと」にしようとしていると感じる時、底知れぬ不安感を覚えるのは私だけではなかろう。

　漠然とそのようなことを考えていた時、旧知の翻訳家、斎藤かぐみさんから本書の解説を依頼された。そもそも専門性の観点からして、私はその任に耐える人間ではないのだが、つい、引き受けてしまった。

　理由は二つある。まず一つは、自分の頭で理解している「事故後の厳しい状況」こそが、本当の現実なんだということを、この本を読めば、いくばくか確信できるかもしれない、と直観したからだ。

　それはどういうことか。

　どうやら、私たちの社会には、2011年の春に起きたことを「否認」しよ

うとする傾きがある。それは、このクローズドな社会の中に閉じこもっている限りは、抱き続けることができる幻影なのかもしれない。たしかに、有名な観光地には世界中から観光客が来て、住民の日常に支障を来すほどだし、テレビをつければ外国人が「日本は素晴らしい国」と連呼する自画自賛番組が溢れている。つい最近まで、景気は「かつてないほど」長期の拡大を続けている、ということになっていた。また来年は東京オリンピックが、そして数年後には大阪万博が行われるという。それらの「予想される経済効果」についても、さまざまな数字が報じられている。

　そうやって、ふわっと明るい話題だけを集めてつなぎあわせると、なんだか日本も大丈夫だ、という気になってくる、のか。

　本当に？

　この疑問に対する答えを見つけるには、いろいろなやり方があるだろうが、一つの手っ取り早い方法は、別の社会と比較してみることだ。そもそも社会とは空気のようなもので、普段はその存在を意識できないし、またする必要もない。だからその実態を認識するには、「別の空気」を吸ってみるのが早道なのだ。

　とりわけ、原子力発電の問題は、さまざまな理由で、認知されにくいように奇妙に構造化されている。そういう複雑な問題を認識する上で、比較研究ほど頼もしい武器はない。きっと、この社会は「あの日」から、どうかしてしまっていて、今も日々、どうかしてしまったままであるということが、「比較」という理性によって、見えてくるのではないかと考えたのである。

　そしてもう一つ、私のアンテナにひっかかったのは、「フランス」というキーワードであった。

　日本人の多くは、ファッションやアート、またグルメの国とでも思っているのかもしれないが、一応、「科学の歴史」を専門とする者からすれば、何よりも「科学」の国であり、そして「進歩」の国である。

　実際、物理量の単位である、電流の「アンペア」も、放射線の話題でよく登場する「ベクレル」も、フランスの科学者の名に由来する。社会科学の世界にもスターを大勢輩出していて、コンドルセもレヴィ＝ストロースもサルトルも、フランスで活躍した。

そんな「科学と進歩」の国が、一貫して原子力発電を重視する政策を続けている。これはいったいどう受けとめるべきなのか。東洋の揺れやすい島国では、とても扱えないプロメテウスの火も、「科学のプロ」がマネジメントする「進歩の国」ならば大丈夫、ということなのだろうか——そんなことを感じていた。

　加えて、原子力は20世紀の冷戦体制と密接な関わりがある。フランスが国連安全保障理事会の常任理事国として、依然、世界に大きな影響を与え続けていることも、やはり気になる。

　そもそも、「国連」＝「連合国」であって、五つの常任理事国は第二次世界大戦の主要戦勝国だが、いうまでもなく米国は日本の戦後を統治した。またロシアと中国は「旧東側陣営」であり、英国は一貫して米国との「特別な関係」を維持している。となると、日本から見て「ニュートラル」な関係を結べるとすれば、唯一、フランスということになるのではないか。そう思って改めてフランスという国のことを思い描いてみると、なんだかトリックスター的な存在に見えてくるものだから、人間の「偏見力」を侮ってはいけない。

　脱線ついでの余談だが、全体として原発事故の隠喩として捉えうる、映画「シン・ゴジラ」（2016）では、フランスが日本の命運に大きな影響を与えるという筋立てになっていた。これも、監督の庵野氏が仕掛けた巧妙なトリックなのかもしれない。

　そういうわけで、前置きが長くなり——そして前置だけで終わってしまいそうだが——、本書は、フランスにおける原子力発電の歴史を、徹底的に突き放して描いている力作である。もともと、「3・11」以前に、著者トプシュ氏の博士論文としてほぼ完成していたが、当時は出版を引き受ける版元が見つからなかったという。まさに、あの事故以前の世界は、「原発という問題」が「無かったこと」になっていた、ということの証であろう。これは、日本でもまったく同じ状況で、私自身、静か過ぎる世間の空気を不気味に感じていたことを思い出す。

　そんな彼女はフランスの代表的な研究機関CNRSに籍を置く若手研究者であり、科学技術や環境問題などを研究対象としている。とくに、エネ

ルギー問題に対しての造詣が深く、本書はその集大成といえそうだ。

　基本的な構成としては、フランスの原子力の約40年にわたる歴史を、三つの時期に分けて論じている。まず、1970年代の石油危機を受けて、フランスが原発に舵を切った激しい左右衝突の時代、そしてチェルノブイリ原発事故以降の専門主義・科学主義の前景化、さらに90年代以降の原子力問題の構造的な変容を、多様な観点で切り取っている。

　全体として、フーコーの権力論に依拠しつつ、膨大な資料と丁寧な取材をベースに、この問題が、さまざまなレベルで、いかにして政治的・科学的に「無化」されようとしてきたかを、実に興味深く描いている。日本の読者からすると、やや縁遠いディテールを含むのも事実だが、原子力を離れて社会運動論の文脈として読むことも可能であり、太い記述が光る好著といえるだろう。

　さらに、日本での出版に際して、読み応えのある「日本語版のための序章」が新たに寄稿されており、「比較」への意欲をエンカレッジしてくれる。この章を読むだけでも、さまざまな示唆が与えられるだろう。

　私が関心を持ったエピソードは多々あるが、ここでは一つだけ触れておきたい。それは、フランスにおいては、日本の国会事故調査委員会の報告書の内容が、「フクシマ」をフランスとは無関係の事件として切り離す作用をしていた、という指摘である。

　実は、リアルタイムで委員長談話を聞いていた私自身、危うさを感じていた。それは、「ウチ向け」と「ソト向け」で、説明の仕方が違ったからだ。

　日本の国会事故調の報告書は、日本語版と英語版があるが、実は重要な点において、記述のトーンが異なる部分がある。英語版では、"made in Japan"の事故であり、また"ingrained conventions of Japanese culture"が原因であるとして、「文化論」が強調されていた。しかし、日本語版には、ほとんどそういう記述は見当たらないのである。

　そして、フランスの原子力関係者は、その英語版に基づいて、要するに、揺れやすい地盤と、文化的な欠点のせいで起きた事故だと説明していたというのだ。これには私も驚かされた。トプシュ氏も、日本語版と英語版の記述が違うことまでは、きっと気づいていないだろう。

ともかく私自身、本書によってフランスの原子力の社会史について多くを学んだ。そして、これを日本のそれと比較することで、より深く考えさせられ、それは今も継続中である。日本の原子力の経緯についてあまり詳しくない読者の方は、できれば『原子力の社会史』（吉岡斉／朝日選書／1999 年、新版あり）や『「核」論』（武田徹／勁草書房／2002 年、改訂版あり）といった文献を、本書と併せて参照されることをお勧めする。そうすることで、まさに複眼的で堅牢な視座を得ることができるだろう。

加えて本書は、現代科学論に対する示唆も大きい。それは、最近の科学論、科学技術社会論で重視されてきた「参加」という方向性について、別の見方を提示している点だ。

ごく簡単に背景を説明しておこう。遺伝子組み換え食品の問題や、生殖補助医療、また地球温暖化問題への対処などのように、専門的な科学知・技術知が深く関わっているが、社会的・政治的にも重要な課題については、専門家のみならず、一般の市民も政策決定のシーンに参加すべきであるという考え方が、前世紀の後半から浸透してきている。これは「科学技術への公共的関与（Public Engagement in Science and Technology）」と呼ばれることもあるが、実際、先進国ではさまざまなやり方が模索されている。

鍵となるのは、専門家と市民の間の専門知のギャップが、議論の障害にならないよう、適切にサポートする仕組みを用意することだ。また、そもそも「何が問題か」という、議論全体を支配する最初の問いを、市民の側が主体的に立てることも、重視されてきた。比較的広く行われている方法として、たとえばデンマークで開発された「コンセンサス会議」というやり方が知られている。

私はこのような一般市民の関与は、科学技術を真に民主化する上で、かなり有効な方法であり、今後も拡大していくべきと考えている。しかし、本書を読むと、少なくともフランスの原子力の問題においては、うまく機能していなかったことが読み取れる。たとえば、最初から結論が決まっていて、ある種のガス抜きとしてデモクラシーの体裁をとる、といったことが行われていたようだ。市民の側と専門家の側の、知識・資金・メディアとの

距離などに関する、非対称性の問題についても言及されている。

この例をもって、市民参加の有効性が否定されたとは私は考えないが、とりわけ、原子力を含め、社会的な分断がすでに大きくなっているイシューについては、「参加」も決して万能ではないということの実例として、注意深く検討されるべきものであると感じた。

いずれにせよ、私たちは今こそ、別の社会に生きる他者の声を、注意深く聞き取るべきである。自らを客観視するという、近代の基本的な姿勢が、世界のさまざまなシーンで切り崩されようとしている現在、本書が訳出されたことの意義は大きいといえるだろう。幅広い読者が得られることを期待したい。

【著者】セジン・トプシュ (Sezin Topçu)

科学史家・科学社会学者、国立学術研究センター (CNRS) 研究員、社会科学高等研究院 (EHESS) マルセル・モース研究所社会運動研究センター所員。ボスポラス大学卒業後、ストラスブール大学を経て、社会科学高等研究院 (EHSS) で博士号取得 (« L'agir contestataire à l'épreuve de l'atome. Critique et gouvernement de la critique dans l'histoire de l'énergie nucléaire en France (1968-2008) », 2010)。技術分野・医療分野におけるイノベーションの諸々の統治形態を研究テーマとする。とりわけ注目している現象が核エネルギー化および医療化、批判勢力として注目しているのが環境運動およびフェミニスト運動、研究対象とする国がフランスおよびトルコである。単著に本書の原著 *La France nucléaire. L'art de gouverner une technologie contestée* (Seuil, 2013)、共編著にS. Topçu, C. Cuny et K. Serrano-Velarde, *Savoirs en débat. Perspectives franco-allemandes* (L'Harmattan, 2008) ; C. Pessis, S. Topçu et C. Bonneuil, *Une autre histoire des Trente Glorieuses. Modernisation, contestations et pollutions dans la France d'après-guerre* (La Découverte, 2013)、査読論文に« Confronting nuclear risks : counter-expertise as politics within the French nuclear energy debate » (*Nature and Culture*, Vol.3, No.2, 2008, pp.91-111) ; « Caesarean Nation ? Technological Management of Childbirth and Its Risks in Turkey » (*Health, Risk & Society*, forthcoming) 他。

＊著者名の音写についてはご本人に確認済み。

【訳者】斎藤 かぐみ（さいとう　かぐみ）

　Institut Européen des Hautes Études Internationales 修了（学位取得論文« Le droit de propriété intellectuelle. Les enjeux économiques et commerciaux de la technologie »）。株式会社東芝を退職後、『ル・モンド・ディプロマティーク』日本語版を創刊、2011年末まで発行人を務める。国際基督教大学 Othmer 記念科学教授職付き助手（STS担当、非常勤）を経て、フランス語講師（非常勤）。訳書に『力の論理を超えて』（共編訳／NTT出版／2003年）、オリヴィエ・ロワ著『現代中央アジア』（白水社／2007年）、アンヌ＝マリ・ティエス著『国民アイデンティティの創造』（共訳／勁草書房／2013年）他。

【解説者】神里 達博（かみさと　たつひろ）

　東京大学工学部卒。東京大学大学院総合文化研究科博士課程満期退学。三菱化学生命科学研究所、科学技術振興機構、東大・阪大特任准教授などを経て、現在、千葉大学国際教養学部教授。朝日新聞客員論説委員、阪大客員教授等を兼任。博士（工学）、専門は科学史、科学技術社会論。著書に『食品リスク――BSEとモダニティ』（弘文堂／2005年）、『文明探偵の冒険――今は時代の節目なのか』（講談社現代新書／2015年）、『ブロックチェーンという世界革命』（河出書房新社／2019年）、共著に『没落する文明』（集英社新書／2012年）などがある。

核エネルギー大国フランス
「統治」の視座から

2019年6月30日　初版第一刷発行

著　者　セジン・トプシュ
訳　者　斎藤かぐみ
解　説　神里達博

ブックデザイン　ウーム総合企画事務所　岩永忠文
編集・発行人　岡本千津
発行所　　　　エディション・エフ　https://editionf.jp
　　　　　　　京都市中京区油小路通三条下ル148　〒604-8251
　　　　　　　電話 075-754-8142
印刷・製本　サンケイデザイン株式会社

Japanese text copyright ©Kagumi SAITO, 2019

© édition F, 2019
ISBN 978-4-909819-05-5　Printed in Japan